化学工业出版社"十四五"职业教育规划教材

植物保护技术

邓小敏 主编

化学工业出版社

·北京·

内容简介

本书采取"项目-任务"体制，共 8 个项目，详细介绍了农业昆虫与植物病害、植物病虫害综合防治技术及农药应用等方面的基础知识，系统阐述了水稻、小麦、玉米、大豆、花生、棉花等常见农作物主要病虫害的防治技术，苹果、梨、桃、草莓等常见果树及十字花科、茄科、葫芦科作物等园艺作物主要病虫害的防治技术，草本、木本、藤本植物中观赏植物主要病虫害的防治技术，农田杂草防除技术等内容。通过学前导读、知识导图引导学生学习，将任务实训、知识或技能拓展融入了每一个任务，以帮助学生在实践中夯实理论知识，掌握基本植保技能，提高职业素养与应岗能力。

本书可供中职与高职农业院校种植类专业师生以及广大农户、农民技术员、农技推广人员参考，也可作为乡镇干部现代农业技术培训教材和农村成人学校教材。

图书在版编目（CIP）数据

植物保护技术 / 邓小敏主编. -- 北京：化学工业
出版社，2025. 1. -- （化学工业出版社"十四五"职业
教育规划教材）. -- ISBN 978-7-122-46800-0

Ⅰ. S4

中国国家版本馆 CIP 数据核字第 2024GF4447 号

责任编辑：孙高洁　刘　军　　　　文字编辑：李　雪
责任校对：刘　一　　　　　　　　装帧设计：刘丽华

出版发行：化学工业出版社
　　　　　（北京市东城区青年湖南街 13 号　邮政编码 100011）
印　　装：三河市君旺印务有限公司
787mm×1092mm　1/16　印张 14½　字数 333 千字
2025 年 6 月北京第 1 版第 1 次印刷

购书咨询：010-64518888　　　　　售后服务：010-64518899
网　　址：http://www.cip.com.cn
凡购买本书，如有缺损质量问题，本社销售中心负责调换。

定　　价：48.00 元　　　　　　　　版权所有　违者必究

编写人员名单

主　　编：邓小敏

副主编：王　娟　李　强

参编人员：(按姓名汉语拼音排序)
何宏晔　李　娜　刘景海
赵　杨　赵志顺

前言

中共中央办公厅、国务院办公厅印发的《关于推动现代职业教育高质量发展的意见》就改进教学内容与教材再次强调完善"岗课赛证"综合育人机制。"岗课赛证"综合育人模式近两年先后被相关会议或政策提及，也为中职学校提供了人才培养模式改革的新思路，开启了国家认可、政策推举与学界关注的新征程。

《教育部办公厅关于加强和改进新时代中等职业学校德育工作的意见》提出，中等职业学校应按照规定开足开齐开好思想政治必修课程，在其他公共基础课、专业理论课和实习实训中渗透思想政治教育内容，形成协同育人效应。中职教育是我国职业教育的重要组成部分，根据培养技能型、应用型人才的要求，本着知识必需、够用、加强实训的原则，为保持教材的先进性、实践性，更切合当前职业教育改革与农业生产形势，更好地为农业职业教育服务，我们组织编写了适于中等职业学校种植专业学生学习的《植物保护技术》教材。

植物保护技术课程涉及的植物种类繁多，病虫害种类也多种多样，但讲授的课时有限，为精简内容，与实践教学紧密衔接，采多教材改革之长，结合中职学生的学情，总结多年中职教学实践经验，在教学讲义结构与内容上进行了重新构思与编写。依据课程教学基本要求规定的知识、能力、素养三个课程教学目标，共分为四大模块，采取"项目-任务"制。全书共分为 8 个项目，35 个任务，项目一至项目四为通用模块；项目五至项目八为根据各地实际情况以及专业课程需要设置的选用模块；每个任务设置了相应的实践性教学模块共 40 个，以提高实践技能；同时，每个任务中均设有知识（技能）拓展，以融入课程思政理念、拓宽专业知识面、提高职业素养。

本教材编写分工如下：由邓小敏负责编写项目一、项目三、项目四，王娟编写项目五，李强编写项目六、项目八，李娜编写项目二的任务一、任务二、任务四、任务五，何宏晔编写项目七，赵志顺编写项目二的任务三，刘景海、赵杨负责课程教材材料的收集与整理。全书最后由邓小敏统稿。

由于本书涉及面广，编者水平有限，教材中难免有疏漏和不足之处，敬请读者批评指正。

邓小敏
2025 年 1 月

目录

项目三　植物有害生物的综合防治技术　　058

项目四　农药的应用　　086

项目七　观赏植物病虫害防治技术　177

农业昆虫基础知识

📖 学前导读

"昆虫"一词是人们在对大自然的认识过程中逐步演化而来的。"昆虫"一词起于汉代。明朝李时珍在《本草纲目》中对昆虫形态、分类、生活史各方面都有记述，但一直没有对昆虫在分类学上作明确的界定。与此同时，1758年瑞典博物学家林奈在其《自然系统》著作中，从自然史的科学分类观出发，建立了"昆虫纲"。在此基础上，后起的分类学家又进一步研究得出更明确的依据，将昆虫规范为头、胸、腹3个体段和6只脚，在动物界中分出节肢动物门昆虫纲，旧称"六足纲"。

到了19世纪60年代后，世界昆虫学才作为一门现代生物学传入中国。在光绪庚寅年（1890年），方旭在《虫荟》中将219种小虫归为昆虫卷，这是文献上第一次将小虫之属定名为昆虫，以规范名词载入中国史册，也是我国把"昆虫"作为现代概念的最早记载。此后，以昆虫为研究对象的昆虫学，经历了从描述到实验两个阶段，并随着科学渗透和研究手段的更新，进入了多学科协同发展的新时期。

通过本项目的学习，我们将知道什么是昆虫；昆虫有哪些形态特征与生活习性；昆虫是如何繁衍后代与生长发育的；与农业生产息息相关的昆虫类群有哪些。

📄 **知识导图**

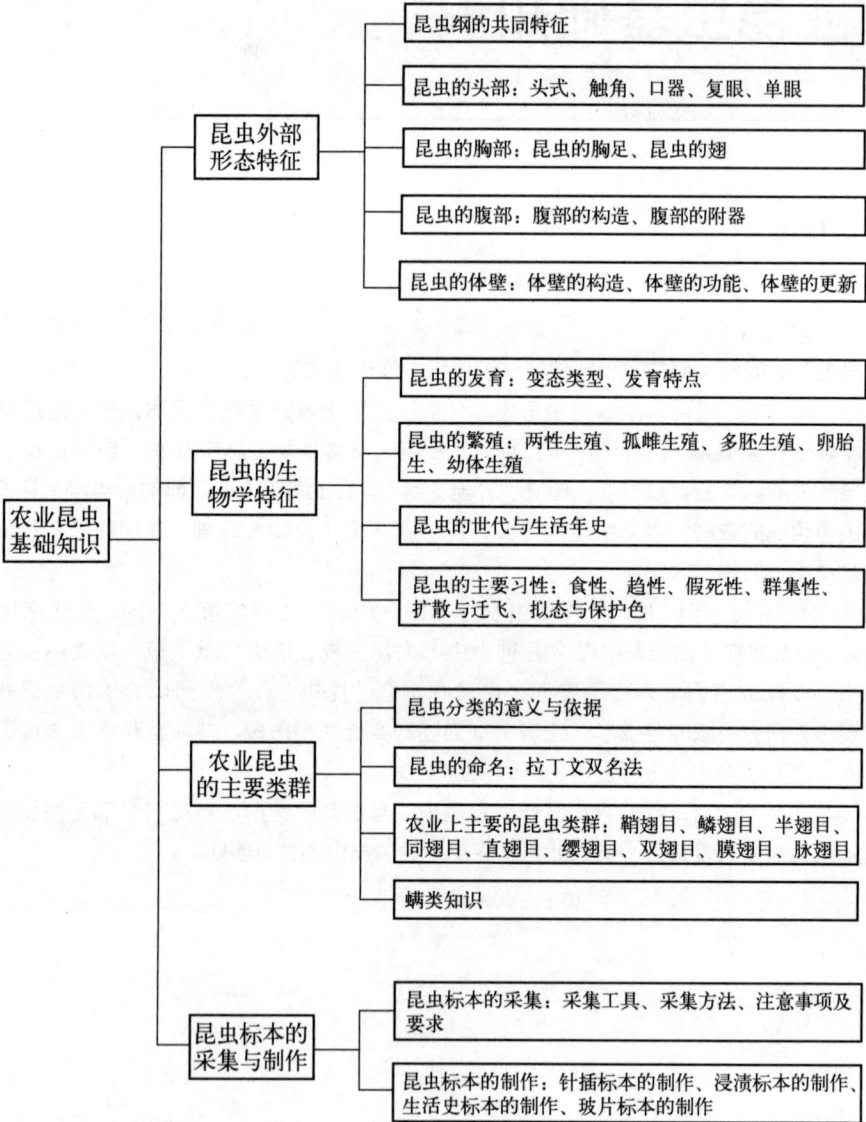

昆虫纲的共同特征

昆虫的头部：头式、触角、口器、复眼、单眼

昆虫的胸部：昆虫的胸足、昆虫的翅

昆虫的腹部：腹部的构造、腹部的附器

昆虫的体壁：体壁的构造、体壁的功能、体壁的更新

昆虫的发育：变态类型、发育特点

昆虫的繁殖：两性生殖、孤雌生殖、多胚生殖、卵胎生、幼体生殖

昆虫的世代与生活年史

昆虫的主要习性：食性、趋性、假死性、群集性、扩散与迁飞、拟态与保护色

昆虫分类的意义与依据

昆虫的命名：拉丁文双名法

农业上主要的昆虫类群：鞘翅目、鳞翅目、半翅目、同翅目、直翅目、缨翅目、双翅目、膜翅目、脉翅目

螨类知识

昆虫标本的采集：采集工具、采集方法、注意事项及要求

昆虫标本的制作：针插标本的制作、浸渍标本的制作、生活史标本的制作、玻片标本的制作

昆虫外部形态特征

昆虫的生物学特征

农业昆虫基础知识

农业昆虫的主要类群

昆虫标本的采集与制作

任务一

昆虫外部形态特征识别

🌐 任务目标

知识目标：　① 掌握昆虫纲的共同形态特征。
　　　　　　② 了解昆虫主要附器的结构、功能和类型。
　　　　　　③ 掌握昆虫不同口器类型对植物造成的为害状。

能力目标：　① 能够观察并记录昆虫的外部形态特征。
　　　　　　② 能够识别咀嚼式口器与刺吸式口器造成的为害状。

素质目标：　① 有辩证思维，能爱护益虫，保护生态环境。
　　　　　　② 有挑战新事物的勇气，能克服心理恐惧和观察捕捉昆虫。
　　　　　　③ 学习昆虫学家法布尔的科学精神和优秀品质。

📖 基础知识

昆虫属于无脊椎动物中的节肢动物门，昆虫纲是世界上数量最多的动物群体。昆虫种类繁多、数量多、分布广，已发现 100 多万种，比其他动物种类加起来还多。昆虫体型虽小，感官却很发达。它们拥有比许多大型动物更为灵敏的感觉，可以看到人眼看不到的光线，听到人耳听不到的声音，嗅到百米之外的同伴的气味。昆虫在生物圈中扮演着很重要的角色。虫媒花需要得到昆虫的帮助，才能传播花粉。而蜜蜂采集的蜂蜜，也是人们喜欢的食品之一。在非洲、东南亚和南美的一些地方，昆虫本身就是当地人的食品。

> **议一议**
> 蝴蝶、蝉、蜘蛛、蜈蚣以及虾、蟹等动物都是昆虫吗？为什么？

一、昆虫纲共同特征

昆虫纲主要形态特征：身躯分为头、胸、腹三个体段。头部着生有口器、触角、1 对复眼及 2～3 个单眼，是昆虫的感觉和取食中心。胸部由 3 节组成，分别着生有 3 对分节的足和两对翅，是昆虫的运动中心。腹部由 9～11 节组成，末端有外生殖器，有的具 1 对尾须，是昆虫内脏活动和生殖中心。昆虫体壁高度骨质化称为"外骨骼"（表 1-1）。容易被误认为是昆虫的动物如蜈蚣、蜘蛛等不符合以上特征，因此不是昆虫。

表 1-1　昆虫近缘纲的区别

种名	纲名	体躯分段	复眼	触角	足	翅
蝗虫	昆虫纲	头、胸、腹	1 对	1 对	3 对	2 对
蜘蛛	蛛形纲	头、胸、腹	无	无	2～4 对	无
蜈蚣	唇足纲	头、胴	1 对	1 对	每节 1 对	无

续表

种名	纲名	体躯分段	复眼	触角	足	翅
马陆	倍足纲	头、胴	1 对	1 对	每节 2 对	无
虾、蟹	甲壳纲	头、胸、腹	1 对	2 对	至少 5 对	无
蜗牛、蛞蝓	腹足纲			2 对	无	无

二、昆虫的头部

昆虫的头部位于其体躯最前面，以膜质的颈与胸部相连，由多个体节愈合而成一个不分节的坚硬头壳。头部着生有口器、1 对触角、1 对复眼以及 0~3 只单眼，是昆虫的感觉和取食中心。

1. 昆虫的头式

昆虫的头部根据口器着生位置的不同，可以分为 3 种头式（表 1-2）。

表 1-2　昆虫的头式类型及其形态特征

头式类型	特征	代表昆虫
前口式	口器向前着生，与身体几乎平行	步行虫
下口式	口器向下着生，与身体成直角	蝗虫
后口式	口器向后着生，与身体成锐角	蝉

> 想一想
> 昆虫不同触角类型对防治虫害有什么意义呢？

2. 昆虫的触角

绝大多数昆虫有 1 对触角，着生于两复眼之间。触角是昆虫的感觉器官，具有触觉、嗅觉和听觉的功能。

（1）**触角的构造**　触角从基部到端部依次由柄节、梗节和鞭节三部分构成。

（2）**触角的类型**　触角的类型多种多样，可利用其类型的不同，辨别其雌雄，用以预测分析虫情和制定防治策略。昆虫触角常见类型见表 1-3。

表 1-3　昆虫触角的类型及其形态特征

触角类型	形态特征	代表昆虫
膝状	柄节长，梗节细小，鞭节各节大小相似，鞭节通过梗节与柄节呈膝状曲折相接	蜜蜂、蚂蚁
丝状	除基部两节稍粗大外，其余各节大小相似，相连成细丝状	蝗虫、蟋蟀
球杆状	基部各节细长如杆，端部数节逐渐膨大，整体形似棍棒	蝶类
羽毛状	鞭节各节向两侧作细枝状突出，形似鸟羽	樟蚕蛾
刚毛状	很短，基部 1~2 节较粗大，鞭节纤细似刚毛	蜻蜓、蝉
鳃叶状	触角端部数节扩展成片状，相叠一起形似鱼鳃	金龟甲
具芒状	触角短，鞭节仅一节，但异常膨大，其上生刚毛状的触角芒	绿蝇
锯齿状	鞭节各节近似三角形，向一侧做齿状突出，形似锯条	叩头虫
念珠状	鞭节各节近似圆珠形，大小相似，相连如串珠	白蚁
环毛状	鞭节各节都具有 1 圈细毛，越近基部的毛越长	库蚊
锤状	基部各节细长如杆，端部数节突然膨大似锤	皮蠹

3. 昆虫的眼

昆虫的眼包括单眼和复眼。昆虫能看见人类和绝大多数动物都看不到的紫外线，而有些花瓣可以反射紫外线，可根据紫外线的变化找到花蜜和花粉。

（1）**复眼**　绝大多数昆虫具有 1 对复眼，位于头部上方。复眼由许多小眼组成。复眼只能够看清近距离物体的形象。复眼是昆虫主要的视觉器官。

（2）**单眼**　昆虫头顶上有 0～3 个单眼，若为 3 个则呈倒三角形，位于两复眼之间。有的昆虫只有 1～2 个单眼，甚至没有单眼。单眼只能分辨光线强弱和方向，不能看清物体的形象。

4. 昆虫的口器

口器是昆虫的取食器官，具有取食作用，由上唇、下唇、上颚、下颚及舌五部分构成。因食性及取食方式的不同，昆虫也具有不同类型的口器，主要有以下几种常见类型。

> **查一查**
> 常见害虫中有哪些具咀嚼式口器？哪些具刺吸式口器？

（1）**咀嚼式口器**　最原始、最基本的口器类型，取食固体食物，如直翅目和鞘翅目的成虫与幼虫、鳞翅目的幼虫等。咀嚼式口器会造成明显的机械损伤，被害植物器官的完整性遭到破坏，如叶片缺刻、穿孔，甚至被吃光，根、茎、枝被咬断等。

（2）**嚼吸式口器**　为膜翅目蜜蜂总科成虫所特有的口器类型。这种口器保留一对发达的上颚，用来营巢和咀嚼固体食物，下颚、舌、下唇及下唇须延长成针状，借以从花中吮吸花蜜。嚼吸式口器既能吮吸花蜜，又能咀嚼花粉，兼食固体和液体食物。

（3）**刺吸式口器**　这种口器呈针状，能刺入动植物组织内，吸取血液与植物细胞汁液，如蚊、蚜虫、叶蝉等。刺吸式口器下唇延长成为一个管状分节的喙，1 对上颚和 1 对下颚演化成 2 对细长的口针，包被在喙管内，上唇很短，多退化成三角形小片，盖在喙管基部上面，下颚须和下唇须多退化或消失。刺吸式口器通常会使被害植物局部组织受损，破坏叶绿素，形成色斑，引起卷叶、虫瘿、畸形瘤，还能传播植物病毒。

（4）**虹吸式口器**　绝大多数鳞翅目昆虫特有的口器类型。虹吸式口器的上唇仅为一条很窄的横片，上颚除少数原始蛾类外均已退化。下颚演化成一条能弯曲和伸展的喙，不取食时喙像发条一样盘卷，舌退化，下唇退化成三角形小片，下唇须发达，卷曲的喙被夹在两下唇须之间。这种口器一般不会对植物造成损害，只有吸果夜蛾类会刺破成熟果实的果皮，吸食果汁造成损害。

（5）**锉吸式口器**　为缨翅目蓟马类昆虫所特有。这种口器类型的显著特点就是各部分不对称，两下颚口针组成食物道，上唇、下颚的一部分及下唇组成喙，上颚不对称，右上颚退化或消失，左上颚和下颚的内颚叶特化成口针。

（6）**舐吸式口器**　为双翅目蝇类昆虫所特有。口器粗短，主要由下唇特化成的喙构成。刺刮固体颗粒食物，碎粒和液体直接吸入食物道内。

了解昆虫口器的构造类型，不仅可以知道害虫的为害方式，而且对于正确选用农药及合理施药有着重要意义；同时，熟悉害虫的口器类型后，即使害虫已经离开寄主，也可以根据植物的被害特征和部位大致判断害虫的类别。

三、昆虫的胸部

胸部是昆虫身体的第二体段，由三个体节组成：前胸、中胸和后胸，其各具一对足，分别称为前足、中足和后足。大多数在中胸及后胸分别着生一对翅，称为前翅和后翅，翅与足是昆虫的运动器官，因而胸部是昆虫的运动中心。

昆虫各个体节由背面的背板、腹面的腹板以及左右两侧的侧板构成。

1. 昆虫的胸足

（1）**胸足的结构**　胸足着生于胸部左右两侧，从基部到端部依次由基节、转节、腿节、胫节、跗节和前跗节六部分构成。

（2）**胸足的类型**　因为生活环境和生活方式的不同，不同种类昆虫胸足的结构和功能发生了很大的变化，形成了不同类型的昆虫（表1-4）。可以根据昆虫胸足类型的不同，辨识昆虫、防治害虫、保护益虫。

表 1-4　昆虫胸足的类型及其形态特征

胸足类型	形态特征	代表昆虫
跳跃足	腿节发达，胫节健壮细长，适于跳跃	蝗虫、蟋蟀的后足
步行足	一般较细长，无显著的特化现象，适于行走，是最常见的胸足类型	步行甲三对足
捕捉足	基节延长，腿节与胫节相对面上具齿，形成捕捉构造，用以捕捉猎物	螳螂、螳蛉的前足
开掘足	胫节和跗节常宽扁，外缘具坚硬的齿，便于挖土	蝼蛄、金龟子的前足
携粉足	后足胫节宽扁，外侧略凹陷，两边缘密生长毛，构成可以携带花粉的花粉篮；内侧有多排毛刷，用以梳集黏附在体毛上的花粉	蜜蜂总科后足
游泳足	足扁平似桨，适于游动	龙虱后足
抱握足	较粗短，跗节膨大，具吸盘状结构，在交配时抱持雌性昆虫	雄性龙虱的前足

2. 昆虫的翅

昆虫是无脊椎动物中唯一具有翅的类群。昆虫纲大多数成虫具有两对翅，有一些种类具有一对翅，后翅演化为平衡棒，只有少数种类（如雌蚧虫等）无翅。翅是昆虫的飞行器官，对昆虫的觅食、避敌、筑巢、求偶以及寻找产卵和越冬、越夏场所具有重要作用。

（1）**翅的构造与翅脉**　翅通常呈近三角形，有三条边、三个角和四个区。翅展开时，前面的边缘称为前缘，后面的边缘称为内缘或后缘，在前缘与内缘之间外面的边缘称为外缘。前缘与外缘间的角称顶角，前缘与内缘之间的角称肩角，内缘与外缘之间的角称为臀角。昆虫翅面的褶纹，将翅面划分为四个区（腋区、臀前区、轭区、臀区）。

昆虫的翅在两层膜间纵横分布着起骨架支撑作用的翅脉。翅脉主要分为纵脉和横脉，从基部伸向边缘的脉称为纵脉；横列在两纵脉之间的脉称为横脉。翅脉将翅面划分成若干小区，称为翅室；翅脉在翅面的分布形式称为脉序。

（2）**翅的类型**　昆虫翅的类型如表1-5所示。

表 1-5 昆虫翅的类型及其特征和用途

翅的类型	特征及用途	代表昆虫
膜翅	膜质透明,翅脉明显,为飞行翅,是最常见的翅类型	蜂类前后翅
鳞翅	膜质翅面上覆盖有许多鳞片,不透明,为飞行翅	蛾蝶类前后翅
覆翅	革质、不透明或半透明,翅脉可见,保护后翅	直翅目前翅
半鞘翅	翅基半部角质,翅脉不可见,端半部膜质,翅脉清晰可见,具有飞行功能	蝽类前翅
鞘翅	质地坚硬、角质,翅脉不可见,保护后翅	甲虫类前翅
缨翅	细长、膜质,翅脉退化、少,翅缘有很长的缨毛,为飞行翅	蓟马前后翅
平衡棒	小型棍棒状,起感觉和平衡体躯的作用	蝇、蚊类后翅

四、昆虫的腹部

腹部是昆虫身体的第三个体段,前端与胸部紧密相连,末端着生有肛门和外生殖器,有的种类还有 1 对尾须。腹部包被有消化、排泄、神经、循环、呼吸等大部分内脏器官和生殖器官,因此腹部是昆虫的新陈代谢和生殖中心。

1. 腹部的构造

昆虫腹部一般由 9～11 节组成,1～7 节为内脏节,8～9 节为生殖节,10～11 节为生殖后节,一般无附肢。1～8 腹节两侧各着生有 1 对气门,各腹节间由节间膜相连,腹部两侧没有侧板,而是由膜质的侧膜连接背板和腹板。因此,腹部可以作弯曲伸缩运动,有助于昆虫的交配、产卵、呼吸等活动。

2. 腹部的附器

(1) **外生殖器** 昆虫外生殖器是用以交配、受精或产卵的器官,包括雄性生殖器和雌性生殖器。雄性生殖器称为交配器,雌性生殖器称为产卵器。

交配器一般由一管状阳茎和一对钳状抱握器构成;产卵器一般由 2～3 对瓣状产卵瓣构成。昆虫有的种类没有特别的产卵器,而是由腹部末端几节伸长成一细管来产卵,如鞘翅目、鳞翅目、双翅目的雌虫;有的种类产卵器特化成螯刺,如胡蜂、蜜蜂、泥蜂等蜂类。

(2) **尾须** 尾须是由腹部的第 11 节上的附肢演化而成的须状物。尾须上有许多感觉毛,起感觉的作用。有的种类尾须呈铗状用以捕获猎物或折叠后翅,如蠼螋。

(3) **幼虫的腹足** 有的昆虫种类幼虫具有用以行走的附肢,称其为腹足。鳞翅目幼虫一般具有 5 对腹足;膜翅目叶蜂类幼虫腹足有 6～8 对,甚至有的可达 10 对。

五、昆虫的体壁

体壁是昆虫体躯外层骨化的组织构造,称为昆虫的"外骨骼"。

> **想一想**
> 为什么在杀虫剂中加入脂溶性有机溶剂能提高杀虫效果?

1. 体壁的构造

体壁是昆虫身体最外层的组织,由外向里依次分别是表皮层、皮细胞层、底膜。表皮层由内向外分为内表皮、外表皮和上表皮 3 层。内表皮最厚，质地柔软而具有延展性。外表皮质地致密而具有坚硬性。上表皮最薄，主要由脂质、蛋白质和蜡质构成。蜡质具有不透水性，可以使体内水分免于过量蒸发，以及阻止病原微生物和杀虫剂的侵入，增强了昆虫对环境的适应性。

昆虫为适应各种特殊需要，体壁向外形成各种外长物，如棘、刚毛、刺、距和鳞片等；向内凹入形成各种腺体，如唾液腺、丝腺、蜡腺、毒腺和臭腺等。体壁衍生物有些是昆虫生活所必需，有些用来攻击外敌。

2. 体壁的功能

昆虫体壁构成昆虫体形，并着生肌肉，防止体内水分蒸发，保护昆虫内脏器官，防止微生物和其他有害物质的入侵，还具很多感觉器官，具有感觉的功能。

3. 体壁的更新

昆虫的体壁形成后，体躯仅能在关节处及节间膜弯曲与伸缩，体形的生成和发育只能在蜕皮的过程中进行。因此，周期性的蜕皮就成为昆虫发育期中一个必需的过程。一般有翅的昆虫到成虫期后不再蜕皮。

昆虫蜕皮同时受到蜕皮激素和保幼激素的综合调控。在整个蜕皮过程中，蜕皮激素主要促进皮细胞合成和分泌新表皮物质，促进成虫器官等形成；保幼激素则主要作用是抑制幼虫发生变态，延缓成虫特征的出现。两种激素综合作用的结果决定昆虫的生长与变态。

✳ **任务实训** 昆虫外部形态特征观察

一、实训目的

① 熟练识别昆虫形态特征。
② 培养挑战新事物的勇气与克服心理恐惧，观察、捕捉昆虫。

二、实训准备

① 物品准备：放大镜、双目镜、解剖剪、挑针、玻片、镊子、多媒体设备。
② 标本材料准备：蝗虫、蝼蛄、家蝇、蛾类、蝶类、蜜蜂、蝉、椿象、螳螂、龙虱、草蛉、金龟甲、步行甲、蚜虫、蓟马、象鼻虫及白蚁等浸渍或针插标本。

三、实训操作要求

1. 练习使用双目镜

① 取镜，一手握底座支柱，一手托住底座保持镜身平直。
② 调镜，旋松制紧螺钉，调节镜体至适当高度，大体可见实物时为宜，再锁紧制紧螺钉。
③ 载物圆盘颜色要与所观察的标本反衬明显，以便观察。
④ 调瞳距时，通过两个目镜应观察到一个完全重合的圆形视场。
⑤ 观察标本时，先用左目观察，转动调焦手轮至物像清晰，再转动右镜筒视度圈直至两眼都清晰。

⑥ 调焦手轮不得旋至最高或最低，切忌大力旋扭。

2. 观察标本

用双目镜、放大镜认真观察每一种昆虫标本，边观察边记录，将观察结果记入记录表。
① 观察体躯：头、胸、腹三体段。
② 观察头式类型：下口式、前口式、后口式。
③ 观察口器类型：咀嚼式、刺吸式、虹吸式等。
④ 观察触角类型：刚毛状、丝状、羽毛状、膝状、具芒状、球杆状、鳃叶状等。
⑤ 观察足类型：步行足、跳跃足、开掘足、捕捉足、携粉足等。
⑥ 观察翅类型：膜翅、覆翅、半鞘翅、鞘翅、鳞翅等。
⑦ 双目镜使用完毕后，及时降低镜体，将载物台面擦拭干净，放回镜箱。
⑧ 整个过程始终保持实验台的整洁。

四、实训考核

① 填写昆虫外部形态特征记录表。
② 书写实验报告。

🔆 知识拓展 昆虫内部器官与昆虫防治的关系

昆虫种类繁多，内部器官的构造和新陈代谢的方式也有很大的差异，了解其内部各系统的基本结构和生理功能，对分析昆虫的行为习性、生态适应及有效地开展害虫防治和益虫利用等都具有十分重要的意义。

昆虫内部器官按生理功能分为消化、呼吸、循环、神经、生殖、分泌 6 大系统，位于体壁包被的体腔内。体腔内充满血液，各种器官都浸浴在血液中。

消化系统包括消化管（前肠、中肠、后肠）、唾液腺，具有消化食物的功能。化学农药胃毒剂和拒食剂是通过害虫的消化道而起作用的。

呼吸系统包括气门、气管（侧纵干、支气管、微气管），具有呼吸功能。可使用熏蒸杀虫剂，在一定的温度范围内，气温高，虫体呼吸快，药剂进入虫体内就越多，虫体死亡也就越快。

循环系统包括血液、背血管（大动脉、心室、心门），具有运输、排泄、吞噬、愈伤、孵化、蜕皮、羽化的功能。一般血液循环越快，杀虫效率越大。可利用杀虫剂扰乱血液循环，降低心脏搏动率等。

神经系统包括中枢神经系统、交感和周缘神经系统神经元，具有感觉功能。可采用新烟碱类杀虫剂，干扰昆虫神经系统的刺激传导，从而导致昆虫麻痹，最终死亡。

生殖系统包括雌性生殖器官与雄性生殖器官，具有繁殖后代、延续种族的功能。昆虫生殖率的大小，直接关系到害虫的危害程度。利用昆虫生殖系统是害虫防治研究的新方向，可采用不育技术、人工合成性外激素诱集与诱杀害虫等方法防治害虫。

分泌系统包括内分泌与外分泌系统，具有调节昆虫的发育和变态、传递种类个体间信息、调节诱发同种间行为的功能。可以人工合成保幼激素，增加幼虫蜕皮次数，致使成虫不孕，阻止胚胎发育，引起昆虫各个发育期反常，以达到防治害虫之效。

任务二

掌握昆虫的生物学特性

任务目标

知识目标：　① 了解昆虫在繁殖发育过程中的特性以及习性。
　　　　　　② 掌握昆虫蜕皮、羽化、世代、年生活史、性二型、多型现象等基本概念。
　　　　　　③ 掌握昆虫的主要习性与害虫防治的关系。

能力目标：　① 能够区分昆虫变态类型。
　　　　　　② 能够准确识别完全变态昆虫幼虫类型、蛹类型。

素质目标：　① 培养耐心细致、团结协作的职业素养。
　　　　　　② 观察标本时认真细致，爱护标本资源。
　　　　　　③ 能够从昆虫的变态过程中感悟生命的蜕变和价值。

基础知识

一、昆虫的发育

昆虫的个体发育过程分为胚胎发育和胚后发育两个阶段。胚胎发育在卵内完成，是从卵发育至孵化为幼虫（若虫）的过程。胚后发育是从卵孵化为幼虫（若虫）至成虫性成熟为止的过程。

昆虫的发育是一个变态发育的过程。昆虫在生长发育过程中，需要经过持续的新陈代谢，体积增大，外部形态和内部构造都会发生一系列变化，这种变化现象就叫作昆虫的变态。

（一）昆虫的变态类型

昆虫在生长演化过程中，随着幼虫、成虫的分化，以及幼虫期对环境的特殊适应性，形成了不同的变态类型，主要分为完全变态和不完全变态两种类型（表1-6）。

表 1-6　昆虫的变态类型

变态类型	特征	代表昆虫
完全变态	发育经过卵、幼虫、蛹、成虫四个阶段。幼虫与成虫在外部形态、内部构造和生活习性上都完全不同。翅在体内发育，经过在蛹期发生的剧烈变化，而形成成虫的触角、口器、翅、胸足等构造	瓢甲类、蛾类、蝶类、蜂类等
不完全变态	发育经过卵、若虫、成虫三个阶段。若虫与成虫在外部形态、内部构造和习性上都很相似，仅在个体大小、翅及生殖器官上发育程度不同。翅在若虫体外发育	蝗虫、椿象类、蚜虫等

(二) 昆虫各发育期特点

1. 卵期

查一查
常见昆虫中还有哪些是完全变态？哪些是不完全变态？

卵从产下到孵化为幼虫（若虫）所经历的时间就称为卵期。昆虫的卵是一个大细胞，最外面一层是坚硬的卵壳，紧贴卵壳的是一层薄膜，为卵黄膜，卵黄膜里包裹着原生质、卵黄和细胞核。有些昆虫种类的卵壳有各种刻纹，端部有 1 个或数个卵孔，受精时精子由此进入卵内，因此又称受精孔。

不同种类昆虫的卵，其大小、形状、颜色及结构各不相同。昆虫卵的大小一般与其成虫大小成正比。昆虫的卵形状多样，常见的有卵圆形或肾形，此外还有桶形、球形、纺锤形、瓶形、丝柄形等。

昆虫因其种类与生存环境的不同，其产卵方式也各不一样。有的单粒散产，如天牛；有的聚成块产，如杨毒蛾；有的卵表面着覆盖物，如舞毒蛾。昆虫产卵场所也各有不同，有的产在植物表面，如三化螟；有的产在植物组织内，如稻飞虱；有的还产在土壤中，如蝼蛄；甚至有的产在其他昆虫体内，如寄生蜂类。

2. 幼虫（若虫）期

昆虫幼虫（若虫）从孵化为幼虫（若虫）至发育为蛹（成虫）为止的时间就称为幼虫（若虫）期。该阶段是昆虫的生长时期，也是为害植物的主要时期。

比一比
鳞翅目的幼虫与鞘翅目幼虫有什么区别？

孵化是指昆虫在胚胎发育完成以后，幼虫（若虫）破壳而出的过程。不同种类的昆虫孵化方式不同。初孵化的幼虫体壁薄而柔软，抗药能力差，这时有些种类常群集在一起，因而此时是化学防治的有利时机。

幼虫（若虫）生长到一定程度后，体壁会限制其生长，因此必须蜕去旧皮，才能继续生长，这种现象就称为蜕皮。昆虫每蜕一次皮，其体重、体积会显著增大，食量会增加，形态也会相应发生变化。卵孵化至第 1 次蜕皮之前称为一龄幼虫（若虫），以后每蜕 1 次皮就增加 1 龄，因此虫龄的计算方法就是：虫龄＝蜕皮次数＋1。前后两次蜕皮之间所经历的时间就称为龄期。

完全变态幼虫因种类的不同有不同的幼虫类型。依据足的多少与发育情况将完全变态类型的幼虫分为四个类型，见表 1-7。

表 1-7 完全变态昆虫的幼虫类型及其特征

幼虫类型	特征	代表昆虫
无足型	整个虫体无任何附肢	天牛、吉丁虫、大蚊及蝇类
原足型	附肢不发达，只是几个突起，腹部不分节，不能独立生活，只能寄生在寄主体内	寄生性膜翅目幼虫早期
寡足型	只有 3 对胸足，无腹足	步甲、金龟甲、叩头甲、瓢虫
多足型	除具有 3 对胸足外，腹部还具有多对腹足	叶蜂类、鳞翅目蛾蝶昆虫

3. 蛹期

蛹期是完全变态昆虫胚后发育过程中，由幼虫转变为成虫所必须经历的特有的发育时期。昆虫在此期表面不食不动，但在体内发生着旧器官解体、新器官形成的剧烈变化。蛹期是昆虫的薄弱时期，对外界的抵御能力差，是防治害虫的有利时期。根据蛹的外形特征可将其分为离蛹（裸蛹）、围蛹、被蛹三种类型（表1-8）。

表 1-8　蛹的类型及其特征

类型	特征	代表昆虫
离蛹（裸蛹）	附肢游离于蛹体外	金龟甲、蜂类、天牛
围蛹	蛹体被幼虫最后一次蜕的皮所包围，蛹的本体是离蛹	蝇类
被蛹	附肢和翅紧贴于蛹体不能活动，表面只能隐约见其形态	蛾蝶类

4. 成虫期

昆虫自羽化为成虫至死亡的时间就称为成虫期。成虫期是昆虫个体发育的最后一个时期，主要进行交配、产卵、繁衍后代，因此成虫期也是昆虫的生殖时期。此外，成虫期形态固定、特征高度发展是昆虫分类的主要依据。

（1）**羽化**　不完全变态的若虫或完全变态的蛹蜕去最后一次皮成为成虫的过程称为羽化。

（2）**性成熟**　有些昆虫羽化后性器官就已发育成熟，不再需要取食，可交配、产卵。这类昆虫成虫口器往往退化，寿命短，不再为害植物，如一些蛾、蝶类。但是大多数昆虫羽化为成虫时，性器官还未发育成熟，需要继续取食才能达到性成熟，这类昆虫成虫期仍然会为害植物，如蝽类、蝗虫、叶蝉等。

（3）**交配与产卵**　成虫达到性成熟后，即可交配、产卵。成虫从羽化到第一次交配的时间间隔期称为交配前期，从羽化到第一次产卵的时间间隔期称为产卵前期，从第一次产卵到产卵终止的时间称为产卵期。昆虫的交配前期、产卵前期、产卵期的长短除了受种类不同影响外，还受环境因素的影响。掌握其交配产卵规律，在防治害虫上有重要意义，如可以在产卵前期诱杀成虫，在产卵盛期释放寄生性昆虫，提高防治效果。

（4）**性二型与多型现象**　雌雄两性昆虫，除生殖器官第一性征不同外，在其个体大小、体形、颜色等第二性征方面有明显差异的现象称为性二型现象。如介壳虫、蓑蛾等昆虫雄虫有翅，雌虫无翅；小地老虎雄虫触角为羽毛状，雌虫为丝状；蟋蟀、蝉的雄虫具有发音器，而雌虫没有。

昆虫在同一性别中还存在不同类型的现象称为多型现象。如蜜蜂可分为蜂王、雄蜂、工蜂三种类型；蚂蚁可以分为蚁后、雌蚁、雄蚁、工蚁和兵蚁；生长季节雌性的蚜虫分为有翅型和无翅型两种。

二、昆虫的繁殖

昆虫为适应环境、种群繁衍的需要，在长期的演化过程中逐渐形成了以两性生殖为主，但同时也存在其他多种生殖方式，常见的繁殖方式如下。

> 议一议
> 生殖方式的多样性对昆虫数量变化及种的延续有何意义？为什么？

1. 两性生殖

雌雄两性昆虫交配后，精子与卵子结合产出受精卵，发育成新个体的过程，称为两性生殖，是昆虫繁殖后代最常见的一种繁殖方式。

2. 孤雌生殖

有的雌虫不经过交配或未受精而产下的卵发育成新个体的生殖方式，称为孤雌生殖。孤雌生殖根据发生的频率，分为 3 种生殖类型：

(1) **偶发性孤雌生殖** 正常情况下营两性生殖，偶尔有卵未受精发育成新个体的现象，称为偶发性孤雌生殖。如家蚕、舞毒蛾等。

(2) **季节性孤雌生殖** 两性生殖与孤雌生殖随季节的变化而交替进行的生殖方式，称为季节性孤雌生殖。如多数的蚜虫，秋季可产生雄蚜虫，进行两性生殖，产下受精卵越冬；春季则进行孤雌生殖，产生雌虫，几乎没有雄虫，直到秋末变冷之前。

(3) **经常性孤雌生殖** 正常情况下营孤雌生殖，偶尔进行两性生殖的现象，称为经常性孤雌生殖。如膜翅目昆虫中的蜜蜂、蚂蚁，未经交配或未受精的卵发育为雄虫，受精卵发育为雌虫；还有一些昆虫如蓟马、粉虱、介壳虫等，雄虫极少，甚至未曾发现有雄虫，几乎都是孤雌生殖，因此还可称为永久性孤雌生殖。

3. 多胚生殖

由一个卵发育成两个或两个以上新个体的生殖方式，称为多胚生殖。如膜翅目的一些寄生性蜂类：小蜂、赤眼蜂、茧蜂等。蜂卵形成胚胎的数目变化较大，少则 2 个，多则可达 2000 个胚胎。

4. 卵胎生

某些昆虫在母体内孵化，直接产出幼虫（或若虫）的生殖方式，称为卵胎生，其与哺乳动物的胎生不同，所以又称为伪胎生。如蚜虫的卵就是在母体内发育并孵化，产下的则是若蚜。

5. 幼体生殖

有些昆虫在母体未达到成虫阶段，还处于幼虫期就能繁殖新个体的生殖方式，称为幼体生殖。幼体生殖的昆虫产出的不是卵，而是幼虫，也不涉及两性生殖产出受精卵。

三、昆虫的世代与生活年史

昆虫自一个新个体（卵或若虫）离开母体开始到成虫性成熟并能产生后代为止的个体发育史称为世代。昆虫自当年的越冬虫态到下一年的越冬虫态为止的发育史称为生活年史。昆虫因种类、环境的不同，完成一个世代历时长短、一年内的世代数各不相同。短的一年数代，长的一年一代，甚至数年、数十年一代。如蚜虫一年发生 10～30 世代，舞毒蛾一年发生一世代，金龟子 2～3 年一世代，蝉 17 年完成一世代。掌握昆虫的世代及生活年史便于了解其发生发展规律，进行预测预报，利用其薄弱环节采取有效防治措施。

四、昆虫的主要习性

昆虫在长期的演化过程中，为适应各种复杂的环境条件，形成了特殊的行为和习性。了解害虫的习性，有利于进一步认识昆虫，进行预测预报，并控制其危害作物。

1. 食性

昆虫对食物的选择性称为食性。根据食物来源可以分为五大类（表1-9）。

表 1-9　昆虫的食性类别

食性类别		特征	代表昆虫
植食性	单食性	只取食一种植物	大豆食心虫
	寡食性	取食同属、同科或近缘科的植物	菜粉蝶
	多食性	取食多科、属的植物	棉铃虫、棉蚜
肉食性	捕食性	捕食动物为食，绝大多数是益虫	瓢虫、步甲
	寄生性	寄生在其他动物卵内、体内或体表并以其为食	赤眼蜂
粪食性		以动物粪便为食	蜣螂
腐食性		以死亡的动植物为食	蝇蛆
杂食性		既取食植物，又食动物	胡蜂、蜚蠊（蟑螂）

2. 趋性

趋性是昆虫对外界环境刺激作出的定向反应。有正趋性和负趋性之分。趋向刺激来源的反应称为正趋性，躲避刺激来源的反应称为负趋性。根据外界刺激源的性质，可将趋性分为趋光性、趋化性、趋温性、趋湿性、趋音性等。农业害虫防治中常利用昆虫的趋光性、趋化性。

（1）**趋光性**　昆虫对光源刺激所产生的反应称为趋光性。趋向光源的反应为正趋光性，如蝼蛄、金龟子、蛾类等。避开光源的反应为负趋光性，如蜚蠊、臭虫等。根据昆虫的趋光性，可以利用黑光灯诱集昆虫，利用其对光的敏感性进行诱杀。

（2）**趋化性**　昆虫对化学物质刺激产生的反应称为趋化性。趋向某化学物质的反应为正趋化性，躲避某化学物质的反应为负趋化性。利用昆虫对某些化学物质的趋或避的反应，进行诱杀或驱除害虫，如利用糖醋液诱杀一些蛾类昆虫，杨树诱集棉铃虫、黏虫等。掌握昆虫的趋化性，对了解昆虫的取食、求偶、产卵、避敌等都有重要意义。

3. 假死性

昆虫受到外界刺激时，身体蜷曲、静止不动或从停留处坠落下来，呈死亡状态，片刻又恢复活动的现象称为假死性。这是昆虫一种反射性的抑制状态，是昆虫逃避敌害的一种有效方式。可利用这一习性，通过震落法捕杀昆虫。

4. 群集性

同种昆虫大量个体高度聚集在一起的习性称为群集性。不同昆虫聚集的时间长短不同，据此可以分为临时性群集和永久性群集。某些昆虫在某一虫态或一段时间内群集在一起，过后就分散的现象称为临时性聚集，如毒蛾、叶蜂等低龄幼虫。某些昆虫终生群集在一起的现象称为永久性群集，如蜜蜂、白蚁等。

5. 扩散与迁飞

昆虫因密度效应或因觅食、求偶、寻找产卵场所等，由原发生地向周边转移、分散的过程称扩散，如蚜虫。昆虫通过飞行而大量、持续地远距离迁移的现象称为迁飞，如东亚飞蝗。扩散与迁飞的行为有利于昆虫觅食、繁衍生殖和扩大生存空间。

6. 拟态与保护色

（1）**拟态** 某些昆虫形态因与生活环境中的某种物体或其他动、植物形态极为相似，从而保护自己的现象称为拟态。如竹节虫、尺蠖幼虫形态与树枝相似，从而逃避天敌。

（2）**保护色** 某些昆虫躯体的颜色与其生活环境相似，称为保护色，这能有效帮助昆虫躲避天敌的视线，从而起到保护自己的作用，如蝗虫、天蛾幼虫等。

✳ **任务实训** 昆虫的变态类型及各虫态的观察

一、实训目的

① 熟练识别各类昆虫变态类型及虫态类型。
② 培养学生仔细认真严谨的科学态度。

> **查一查**
> 生产上如何利用昆虫的习性防治害虫？

二、实训准备

① 物品准备：镊子、放大镜、双目镜、多媒体设备。
② 标本材料准备：蝶类、天蛾、椿象、蝗虫、叶蝉、地老虎、螟蛾类、瓢虫类、草蛉类等的卵或卵块；蝗虫、有翅蚜虫、椿象的若虫，蛾类、蝶类、瓢虫类、蝇类、金龟甲、叶蜂、寄生蝇类的成虫、幼虫及蛹；凤蝶、介壳虫、地老虎、蚜虫等成虫的性二型和多型现象的标本或图片；完全变态和不完全变态昆虫的生活史标本或图片。

三、实训操作要求

① 观察完全变态和不完全变态昆虫的生活史标本。
② 观察卵的类型、排列、被盖物。
③ 观察不完全变态若虫形态：蝗虫、椿象、蚜虫等若虫与成虫。
④ 观察完全变态幼虫形态：无足型、寡足型和多足型。
⑤ 观察蛹类型：离蛹、被蛹和围蛹。
⑥ 观察昆虫成虫的性二型和多型现象。
⑦ 双目镜使用完毕后，及时降低镜体，将载物台面擦拭干净，放回镜箱，保持实验台整洁干净。

四、实训考核

① 填写昆虫变态类型与虫态类型记录表。
② 书写实验报告。

💡 知识拓展 蚕与丝绸之路

蚕为鳞翅目昆虫，蚕丝是丝绸的主要原料来源。蚕在人类经济生活及文化历史上占有重要地位，原产于中国。蚕是完全变态昆虫，是以桑叶为食料吐丝结茧的经济昆虫之一。发育温度7～40℃，饲育适温20～30℃。蚕幼虫共要蜕皮四次，成为熟蚕后开始吐丝结茧。

传统的丝绸之路，丝绸就是其最具代表性的货物，自中国古代都城长安（今西安），经中亚国家、阿富汗、伊朗、伊拉克、叙利亚等而达地中海，以罗马为终点，全长6440公里，是连结亚欧大陆的古代东西方文明的交汇之路。数千年来，游牧民族、商人、教徒、外交家、士兵和学术考察者沿着丝绸之路四处活动。

随着时代发展，丝绸之路成为古代中国与西方之间政治、经济、文化往来通道的统称。有西汉张骞开通西域的官方通道"西北丝绸之路"；有北向蒙古高原，再西行天山北麓进入中亚的"草原丝绸之路"；有西安到成都再到印度的山道崎岖的"西南丝绸之路"；还有从广州、泉州、杭州、扬州等城市出发，从南洋到阿拉伯海，甚至远达非洲东海岸的海上贸易的"海上丝绸之路"等。

任务三
了解农业昆虫的主要类群

🌐 任务目标

知识目标：① 掌握农业昆虫的主要目。
② 掌握农业昆虫主要类群识别要点。
能力目标：① 能区分害虫和益虫。
② 能够识别重要目的区别特性。
③ 对常见昆虫能准确分类。
素质目标：① 具备耐心细致、团结协作的职业素质。
② 观察标本时认真细致，爱护标本资源。

📚 基础知识

一、昆虫分类的意义与依据

目前已知昆虫有100余万种，种类繁多。为防治害虫、保护与利用益虫，需要认识昆虫、研究昆虫、鉴别昆虫。昆虫分类是识别昆虫的基本途径，也是研究一切昆虫科学的基

> **想一想**
> 昆虫分类在保护利用益虫与控制害虫方面有什么作用？

础。昆虫与其他生物一样，都是由低等到高等进化而来。因此，昆虫分类也与其他生物一样，根据形态特征、生理特征、生态及亲缘关系的远近，按照界、门、纲、目、科、属、种七个分类阶元进行分类。现以飞蝗为例说明这一分类阶梯，界：动物界，门：节肢动物门，纲：昆虫纲，目：直翅目，科：蝗科，属：飞蝗属，种：飞蝗。

二、昆虫的命名

昆虫的命名是采用国际上统一的拉丁文双命名法，每一物种都有一个学名。每一个种的学名组成为：属名＋种名＋定名人的姓氏（或其缩写），属名第一个字母大写，种名全部小写，姓氏第一个字母大写。书写时，属名和种名要用斜体，定名人的姓氏（或其缩写）要用正体。例如东亚飞蝗拉丁学名为：

Locusta	*migratoria*	*manilensis*	Meyen
属名	种名	亚种名	定名人

三、农业上主要的昆虫类群

与农业生产密切相关的昆虫类群主要有：鞘翅目、鳞翅目、半翅目、同翅目、直翅目、缨翅目、双翅目、膜翅目、脉翅目等。

1. 鞘翅目

统称甲虫，为动物界最大的目，全世界已知约 35 万种，我国记载的约 7000 种，是农林业重要害虫。①主要形态特征：体微小至大型，体壁坚硬；咀嚼式口器，无单眼，复眼发达，触角形状多样；前翅鞘翅，后翅膜翅或无；腹末无尾须。②生物学特性：完全变态类型；食性复杂，多数为植食性，还有肉食性、腐食性、杂食性等；成虫多数种类具有趋光性和假死性。

（1）**步甲科** ①形态特征：体小至大型，多为黑色或褐色，少艳丽色泽，多数种类具有金属光泽；前口式，头部较前胸狭窄；触角丝状，触角间距大于唇宽度；土栖种类后翅退化；足多细长，为步行足，适于行走。②生物学特性：成虫、幼虫均为肉食性，捕食各种昆虫，部分种类兼有植食性。③常见种类：金星步甲、广肩步甲。

（2）**虎甲科** ①形态特征：体中型，色泽艳丽，常具金属光泽和斑纹；下口式，头部较前胸宽；触角丝状，触角间距小于唇宽度；后翅发达，能飞行，足细长，为步行足，适于行走。②生物学特性：成虫、幼虫多为土栖，捕食性，少数种类为害棉花等。③常见种类：中华虎甲。

（3）**金龟甲科** ①形态特征：体中型至大型，粗壮，卵圆形或长形；触角鳃叶状，8～11 节；前足开掘足，适于掘土；鞘翅不能完全覆盖腹部，末端背板外露。②生物学特性：幼虫寡足型，常弯曲呈"C"形，称为蛴螬，常为害幼苗地下部；成虫为害植物叶片、嫩芽等，多为植食性、粪食性、腐食性，是园艺植物的重要害虫。③常见种类：日本丽金龟、铜绿丽金龟、暗黑鳃金龟等。

（4）**吉丁甲科** ①形态特征：体小至中型，较长，常具金属光泽；下口式，嵌入前胸；触角多为锯齿状；前胸与中胸紧密相连不可活动，前胸膨大呈"T"形；腹部可见腹板第 1、2 节愈合。②生物学特性：幼虫体扁、头小，为无足型；成、幼虫均为植食性，幼虫钻蛀于枝干、根部，是林木、果树的重要害虫。③常见种类：金缘吉丁甲、柑橘小吉丁虫、六星吉丁虫等。

(5) **叩甲科** ①形态特征：体小至中型，体狭长、略扁平，末端尖；触角锯齿状或丝状；前胸背板后侧角呈刺状，前胸腹板突刺状向后插入中胸腹板的凹窝内，能弹跳，前胸与中胸连接不紧密，当虫体被压时头和前胸作叩头状活动。②生物学特性：幼虫又称"金针虫"，体细长，光滑而坚韧，黄褐色，生活在土壤中；取食植物的根、变态茎、幼苗、种子等，主要为害园艺作物及中药材等。③常见种类：沟金针虫、细胸金针虫、褐纹金针虫等。

(6) **瓢甲科** ①形态特征：体小至中型，呈半球形或卵圆形，体色多样，常有鲜明的星斑；头小，后部嵌入前胸背板下；触角棒状、锤状。②生物学特性：大多数肉食性，捕食蚜虫、介壳虫、粉虱、螨类等；少数植食性，多为害茄科植物。③常见种类：七星瓢虫、二十八星瓢虫、龟纹瓢虫、异色瓢虫等。

(7) **天牛科** ①形态特征：体小至大型，长形；头前口式；触角丝状；复眼肾形，内缘凹陷，围于触角基部。②生物学特性：均为植食性，大多数幼虫钻蛀植物木质部，成虫取食植物幼嫩部位，是林木、园艺植物的重要害虫。③常见种类：柑橘褐天牛、桃红颈天牛、星天牛等。

(8) **叶甲科** ①形态特征：小至中型，椭圆形，具金属光泽；头部外露，亚前口式或下口式；触角丝状，复眼肾形，不围绕触角。②生物学特性：幼虫一般为寡足型，成、幼虫均植食性。③常见种类：莹叶甲、黄条跳甲、白杨叶甲等。

(9) **象甲科** ①形态特征：体小至大型；额和颊向前延伸形成明显的喙，口器生于其顶端，因此又称象鼻虫；触角膝状，末端3节膨大呈锤状；鞘翅长，多盖及腹端。②生物学特性：幼虫体为无足型，柔软，肥胖而弯曲；成、幼虫均植食性。③常见种类：竹象、山茶象、玉米象等。

2. 鳞翅目

包括蛾类和蝶类，幼虫多为植食性害虫，是农林害虫中最重要的一个目。

①主要形态特征：体小至大型；成虫身体、翅及其他附器上布满鳞片；口器虹吸式或退化，触角棒状、丝状、羽状，雄性触角常较雌性发达；前胸小，中胸发达，前后翅常具翅缰或翅轭等连锁器。腹部10节，可见7～8节，一般第7节有交配孔，第9节有生殖孔。②生物学特性：完全变态，被蛹；幼虫咀嚼式口器，多足型，腹足上有趾钩，体壁上有各种外长物，如刚毛、毛瘤、毛簇、枝刺等；成虫一般不为害植物，只取食花蜜或不取食，多具趋光性、趋化性。

(1) **凤蝶科** ①形态特征：体中至大型，多为黄色或绿色而有黑斑，或为黑色而有红、绿、蓝斑。触角球杆状。许多种类的后翅有修长的尾突。②生物学特性：完全变态；幼虫食叶，幼虫受惊时可散发臭气以御敌；雌雄区别非常明显，有些种类呈性二型；有些种类具有观赏价值。③常见种类：黄凤蝶、玉带凤蝶、柑橘凤蝶。

(2) **粉蝶科** ①形态特征：体中型，翅多为白色、黄色而有黑斑，少数有红斑；前翅三角形，后翅卵圆形；幼虫圆筒形，体表有小突起和短毛，每节有若干横皱纹。②生物学特性：幼虫食叶，主要为害十字花科、豆科及蔷薇科植物。③常见种类：菜粉蝶、山楂粉蝶等。

(3) **弄蝶科** ①形态特征：体小至中型，身体较粗，颜色深暗，黑色、褐色或棕色，少数为黄色或白色；头大，触角棒状，末端呈钩状；翅常为黑褐色、茶褐色，有透明斑；雌、雄虫前足均发达；卵为半圆球形或扁圆形，幼虫纺锤形，光滑或有短毛；蛹为长圆柱形。②生物学特性：完全变态的昆虫，主要为害禾本科植物，有些也为害豆科，是水稻、甘蔗等作物的重要害虫。③常见种类：直纹稻弄蝶、玉带弄蝶等。

（4）尺蛾科　①形态特征：小至中型，体细长，翅宽且薄，常有细波纹，少数种类雌蛾翅退化或消失；腹部基部有1对鼓膜器；幼虫称为"尺蠖"，体细长，仅在腹部第6节和末节上各着生1对足，行动时一屈一伸。②生物学特性：幼虫取食叶片，幼虫栖息时直立用腹足固定于植株上拟态似枝条，许多种类是林木、果树的重要害虫。③常见种类：棉大尺蛾、女贞尺蛾、槐尺蛾、春尺蛾等。

（5）菜蛾科　①形态特征：体小型，成虫为灰褐色小蛾；翅狭，前翅为披针状，后翅为菜刀形；卵为椭圆形；老熟幼虫纺锤形，黄绿色；茧为纺锤形，一般为灰白色。②生物学特性：完全变态，具群集性、趋光性。③常见种类：小菜蛾。

（6）刺蛾科　①形态特征：体中型，密生绒毛和厚鳞，大多黄褐色、暗灰色和绿色，间有红色；雄蛾触角一般为双栉齿状；幼虫体扁，蛞蝓形，生有枝刺及毒毛，有些种类光滑无毛或具瘤，头小可收缩，无胸足，腹足小；蛹结硬茧，有些种类茧上具花纹，形似雀蛋。②生物学特性：有趋光性。少数为害竹竿和水稻，是森林、园林、行道树、果园常见害虫。③常见种类：黄刺蛾、扁刺蛾、褐边绿刺蛾等。

（7）小卷蛾科　①形态特征：体小至中型；前翅前缘弯曲，外缘较直，顶角突出，静止时呈钟罩形。幼虫圆柱形，腹足，肛门上常有梳状的臀棘。②生物学特性：幼虫主要为害木本植物，卷叶、蛀果、蛀食嫩梢等；在残屑、树皮下或土中化蛹；许多种类是农林重要害虫。③常见种类：梨小食心虫、苹果食心虫等。

（8）毒蛾科　①形态特征：中至大型，体粗壮多毛，喙退化，无单眼，触角通常双栉齿状，雄蛾的触角长于雌蛾的触角；有些种类雌蛾无翅；幼虫密被浓长毛。②生物学特性：有性二型现象，幼虫取食叶片。③常见种类：舞毒蛾、杨毒蛾等。

（9）螟蛾科　①形态特征：体小至中型，触角丝状，喙发达；前翅近三角形，足细长；腹部基部有1对鼓膜器。幼虫体细长仅有原生刚毛，腹足较短。②生物学特性：幼虫通常陆生，也有水生的。多为植食性，钻蛀茎秆、果实或卷叶。③常见种类：玉米螟、稻纵卷叶螟等。

（10）灯蛾科　①形态特征：体中等大小，色泽艳丽；喙退化或缺失；翅面上有鲜明的斑点；腹部多为红色或背面与侧面常具黑点；幼虫密生长短不一的长毛，常着生在毛瘤上。②生物学特性：美国白蛾、纹散灯蛾是检疫害虫，为害玉米、棉花、园林植物等。③常见种类：美国白蛾、纹散灯蛾等。

（11）天蛾科　①形态特征：体大型，粗壮，纺锤形；触角丝状；前翅狭长，后翅较小；幼虫粗大，无明显的毛，第8腹节背面常有1向后上方斜伸的尾角。②生物学特性：幼虫食叶，是常见的农林害虫。③常见种类：豆天蛾、蓝目天蛾等。

（12）夜蛾科　①形态特征：体中至大型，粗壮多毛，体色灰暗；复眼大，常有单眼，喙发达，触角丝状，有些雄蛾栉齿状。前翅三角形，常有斑纹，后翅宽；幼虫常有纵条纹，5对腹足，有些种类第1、2对腹足退化。②生物学特性：趋光性、趋化性强，幼虫食叶、蛀茎或蛀果，是园艺作物的重要害虫。③常见种类：小地老虎、斜纹夜蛾等。

3. 半翅目

① 主要形态特征：体小至中型，个别种类大型，体壁较坚硬；体扁平，多为椭圆形；刺吸式口器；前胸背板及中胸小盾片发达，前翅半鞘翅，后翅膜质；陆生种类胸部腹面有臭腺。②生物学特性：不完全变态。植食性或肉食性，陆生或水生。卵产于植物表面或植物组织内。

（1）蝽科　①形态特征：体小至大型，扁平盾形；前胸背板六边形，中胸小盾片发达，三角形或舌状，通常盖住腹部长度的1/2。②生物学特性：臭腺发达，一般为植食性，亦有捕食性种类，很多种类是农林作物的重要害虫。③常见种类：菜蝽、稻绿蝽、柑橘角肩蝽等。

（2）缘蝽科　①形态特征：体中至大型，多为长椭圆形；头部常短小，触角4节，有单眼，喙4节。前胸背板侧方常有各式叶状突起，膜翅基部常无翅室，后足腿节有时膨大或具齿列。②生物学特性：全部为植食性。③常见种类：大豆缘蝽、稻棘缘蝽等。

（3）盲蝽科　①形态特征：体小至中型；触角4节，无单眼，喙4节；前翅具楔片，膜翅有1～2个翅室，纵脉无。②生物学特性：大多数植食性，少数种类捕食性。③常见种类：绿盲蝽、三点盲蝽等。

（4）网蝽科　①形态特征：体小型，扁平；头部、前胸背板及前翅呈网状花纹；无单眼，触角4节，喙4节；前胸背板向后延伸盖住小盾片，向侧方翼状突出。②生物学特性：大多数为植食性，少数捕食性。③常见种类：梨网蝽、杜鹃冠网蝽等。

（5）猎蝽科　①形态特征：小至大型；头部常在眼后细缩如颈，喙3节，弯曲成弧形；前翅革片脉纹发达，膜翅常有2个大翅室；腹部中段常向两侧扩大。②生物学特性：肉食性，是常见的农林害虫天敌。③常见种类：黑红赤猎蝽、环斑猛猎蝽。

4. 同翅目

① 主要形态特征：体小至大型；刺吸式口器；触角短，呈刚毛状或丝状；前翅质地均匀，膜翅或革质，后翅膜质；许多类有蜡腺，常分泌蜡被、介壳、蜡粉等。②生物学特性：多数两性生殖，有的种类孤雌生殖（蚜、蚧、粉虱）；有的种类具有性二型现象和多型现象；全部为植食性；受害部位呈现黄白失绿斑点或出现畸形生长，形成虫瘿，能传播病毒病。

（1）蝉科　①形态特征：体中至大型。头部和复眼大，3枚单眼呈三角形排列，触角刚毛状。前、后翅膜翅，前足腿节膨大；雄虫腹面基部有发音器。②生物学特性：生活史4～17年；成虫刺吸枝条汁液，雌虫将卵产在幼嫩枝条中，导致枝条枯死；若虫生活在土壤中吸食根部汁液。③常见种类：黑蚱蝉、螳蝉等。

（2）叶蝉科　①形态特征：体小至中型；单眼2枚或无，触角刚毛状或丝状；前翅覆翅，后翅膜翅；后足胫节具棱脊。②生物学特性：多在叶部刺吸汁液，多数种类能传播植物病毒病。③常见种类：大青叶蝉、小绿叶蝉、棉叶蝉等。

（3）飞虱科　①形态特征：体小型，长多在5mm以下；触角生于复眼下方的凹陷内；中胸生有翅基片；后足胫节末端有一能活动的大距。②生物学特性：全部植食性，刺吸植株茎秆汁液，可致叶片发黄，甚至整株干枯或倒伏，有一些还会传播植物病毒病；成虫和若虫都能走善跳。成虫具有迁飞性，大多具有趋光性。③常见种类：褐飞虱、灰飞虱、白背飞虱等。

(4) 蜡蝉科 ①形态特征：体中至大型，色泽艳丽；头部多为圆形，有些具大型头突，触角刚毛状；前、后翅发达，翅脉呈网状。②生物学特性：植食性，吸食植物汁液分泌蜜露。③常见种类：碧蛾蜡蝉、斑衣蜡蝉、八点广翅蜡蝉等。

(5) 蚜科 ①形态特征：体小型，柔软；触角末节端细，刺吸式口器，有翅个体具单眼，无翅个体无单眼；膜翅；腹部常有腹管。②生物学特性：具有无翅、有翅多型现象，有两性生殖、孤雌生殖、卵胎生 3 种繁殖方式；生活周期复杂，全年孤雌生殖和两性生殖交替进行；全为植食性，刺吸植物汁液，并传播植物病毒病，是最重要的农业害虫类群之一。③常见种类：葡萄根瘤蚜、桃大蚜、苹果棉蚜等。

(6) 木虱科 ①形态特征：体小型；单眼 3 个；前翅革质或膜质。②生物学特性：多数为害木本植物，成、若虫虫体包被白色蜡粉，分泌的蜜露可诱发烟煤病。③常见种类：梨木虱、柑橘木虱等。

(7) 蚧科 ①形态特征：一般称为介壳虫，形态奇特，雌雄异型。雌虫无翅，口器发达，触角、复眼和足通常消失，体段常愈合，体上常被蜡粉、蜡块或有特殊的介壳保护。雄虫具 1 对前翅，后翅退化为平衡棒，触角念珠状，口器退化。②生物学特性：有性二型现象，营孤雌生殖或两性生殖；卵圆球形，产在雌虫腹面、介壳下或体后的蜡质袋内；从 2 龄若虫开始失去触角和足，固定在植物上直接吸取植物汁液，有的种类还会传播植物病毒病。③常见种类：朝鲜球坚蚧、吹棉蚧、日本蜡蚧、褐盔蜡蚧、草履蚧等。

(8) 粉虱科 ①形态特征：体小纤弱，表面被白色蜡粉；两性均有翅，翅脉简单。②生物学特性：若虫吸取植物汁液，有些种类还会传播植物病毒病。③常见种类：温室白粉虱、橘绿粉虱、烟粉虱、黑刺粉虱等。

5. 直翅目

①主要形态特征：中至大型，咀嚼式口器，触角丝状；前翅覆翅，后翅膜翅；多数种类后足为跳跃足或有些种类前足为开掘足；产卵器发达，呈刀状、剑状或锥状；听器位于前足胫节基部或腹部第一节两侧，多数种类雄虫具有发音器。②生物学特性：不完全变态，若虫多为 5 龄，卵产于土中，植食性或肉食性；有的种类具有迁飞性。

(1) 蝗科 ①形态特征：体粗壮，触角多呈丝状、剑状或棒状。前翅覆翅，后翅膜翅，常有鲜艳的颜色；雄虫以后足腿节摩擦前翅而发音，听器位于第 1 腹节两侧；产卵器锥状。②生物学特性：植食性，少数种类有群居型与散居型两种；蝗科中除飞蝗等具有迁飞性外，一般种类无迁飞现象。③常见种类：黄脊竹蝗、东亚飞蝗等。

(2) 螽斯科 ①形态特征：体中至大型，翠绿或浅褐色；触角丝状，长于身体；雄虫前翅具发音器，听器位于前足胫节基部；产卵器剑状。②生物学特性：肉食性或植食性；卵扁椭圆形，产在植物枝条组织内。③常见种类：绿螽斯、布氏螽斯等。

(3) 蝼蛄科 ①形态特征：前足开掘足，胫节阔，有 4 个大型齿用于掘土或切断植物的幼根，后足不善跳跃；前翅短，后翅长，伸出腹部末端；前足胫节有听器但不发达，雄虫具有发音器；雌虫产卵管不外露。②生物学特性：典型的地下害虫。③常见种类：东方蝼蛄、华北蝼蛄等。

(4) 蟋蟀科 ①形态特征：体粗壮，色暗；触角丝状；产卵器呈矛状、弯刀状；尾须长，不分节；听器位于前足胫节上，多数种类雄虫具有发音器。②生物学特性：多生活于土穴、地表或杂草灌木丛中，趋光性较强。大部分在土中产卵，少数种类产于树枝组织内；食性复杂，多取食植物柔嫩部分或幼苗，少数种类为肉食性。③常见种类：油葫芦、中华蟋蟀等。

6. 缨翅目

①主要形态特征：体形微小至小型，一般为 1~2mm；体细长而扁，或椭圆形；锉吸式口器；缨翅，翅狭长，翅脉简单，至多具 2 条长的纵脉；具翅的种类有单眼和复眼，无翅的种类仅具复眼。②生物学特性：蓟马中很多种类营孤雌生殖，或无雄虫营经常性孤雌生殖。大多数蓟马是植食性昆虫，少数为捕食性，很多种类是农林牧业的重要害虫。

（1）**蓟马科**　①形态特征：体长 0.7~3.0mm；有翅型翅狭长，末端尖锐，翅脉简单，有 2 条纵脉，无横脉或仅具痕迹；雌虫腹部末端呈锥状，锯状产卵器。②生物学特性：大多数为植食性，取食叶片、嫩梢、花和果实，有些种类是园艺作物的重要害虫。③常见种类：烟蓟马、黄胸蓟马、温室蓟马、花蓟马等。

（2）**纹蓟马科**　①形态特征：体粗壮，褐色或黑色；翅宽阔，翅尖钝圆，具横脉，前翅常具灰白色及暗褐斑纹；产卵器锯状。②生物学特性：种类不多，多为捕食性，有些为植食性。③常见种类：横纹蓟马、红带网纹蓟马等。

7. 双翅目

①主要形态特征：成虫体微小至中型。体短宽、纤细或圆筒形。口器刺吸式或舐吸式，复眼大。前翅膜翅，后翅特化为平衡棒；部分类群腹部具有伪产卵器。②生物学特性：完全变态，蛹为裸蛹或围蛹；多数种类的成虫取食植物汁液、花蜜，作为补充营养；幼虫为无足型；植食性、腐食性或粪食性、捕食性、寄生性等。

（1）**瘿蚊科**　①形态特征：外形似蚊，体小柔弱；触角长，念珠状，雄虫触角环毛状；翅宽阔，仅有 3~5 条纵脉，横脉很少或无；足细长。②生物学特性：成虫一般不取食。幼虫有捕食性、寄生性、植食性和腐食性等，植食性为农、林业的重要害虫，捕食性种类为益虫。③常见种类：柑橘花蕾蛆等。

（2）**食虫虻科**　①形态特征：体中至大型，多毛，略呈纺锤形；喙短而坚强；头顶在两复眼之间凹陷；足粗长。②生物学特性：成、幼虫均为捕食性。③常见种类：长足食虫虻、中华盗虻等。

（3）**食蚜蝇科**　①形体特征：体小至中型，外形似蜂，色彩鲜艳，常具黄、黑、白色相间的斑纹；头大，触角具芒状。②生物学特性：幼虫蛆形，体表粗糙；多数种类捕食蚜虫，其余的取食腐烂物质。③常见种类：黑带食蚜蝇、斜斑鼓额食蚜蝇等。

（4）**实蝇科**　①形态特征：体小至中型，常呈黄、棕、橙、黑等色；翅面有模糊的褐色斑纹；雌虫腹末数节形成细长的产卵器。②生物学特性：幼虫蛆式，植食性，有的可形成虫瘿，是柑橘类、坚果类、蔬菜类以及菊科等植物的重要害虫；有的种类是我国重要的检疫对象。③常见种类：地中海实蝇、柑橘小实蝇、蜜柑大实蝇等。

8. 膜翅目

本目包括所有的蜂类和蚁类。

①主要形态特征：体微小至大型；口器咀嚼式或嚼吸式（蜜蜂）；复眼 1 对，单眼 3

个；触角形状多样；膜翅，前翅大，后翅小，部分种类无翅；蜂类后足为携粉足；雌性有发达的产卵器，产卵器呈锯状或针状。②生物学特性：完全变态，叶蜂类幼虫为多足型，其余类幼虫为无足型，蛹为裸蛹；食性复杂，为肉食性、植食性和杂食性等，大多为捕食性与寄生性，多数为益虫，少数为害虫。

(1) **叶蜂科**　①形态特征：体中等大小，粗短，色彩常鲜艳，多见于叶片或花上；触角丝状；前胸背板后缘内，前翅具翅痣，前足胫节有2个端距；产卵器锯齿状。②生物学特性：幼虫为多足型；卵产于小枝条或叶内；幼虫食叶、卷叶、潜叶、蛀果，导致虫瘿，常为害农林作物。③常见种类：蔷薇叶蜂、麦叶蜂、日本菜叶蜂等。

(2) **茎蜂科**　①形态特征：体细长、中小型；头大，复眼大，触角丝状；前翅翅痣狭长；腹部末端膨大，产卵器短，能收缩。②生物学特性：卵为圆形，产在植物组织中。幼虫淡色，表皮多皱，足退化，腹部末端有尾状突起，蛀食作物茎秆。蛹被有透明的薄茧，藏于幼虫所蛀的隧道内。③常见种类：麦茎蜂、梨茎蜂等。

(3) **姬蜂科**　①形态特征：体小至大型、细弱。触角长丝状；前翅翅痣显著，胸腹节大，常有刻纹，胸腹部细长，呈圆筒形。②生物学特性：主要寄生于鳞翅目、鞘翅目、膜翅目幼虫或蛹的体内。③常见种类：舞毒蛾黑瘤姬蜂、黏虫白星姬蜂等。

(4) **茧蜂科**　①形态特征：体小型，2～12mm长，特征与姬蜂相似；少数雌蜂产卵管长度与体长相等或长于数倍。②生物学特性：主要寄生于鳞翅目、鞘翅目，也可寄生于膜翅目、同翅目、双翅目昆虫。③常见种类：斑头陡盾茧蜂、麦蚜茧蜂等。

(5) **赤眼蜂科**　①形态特征：体小型，0.3～1.2mm长，黄、橘黄或暗褐色，无金属光泽；触角短；前翅宽阔，后翅狭长，有缘毛。②生物学特性：全为卵寄生，大多数寄生于鳞翅目、同翅目昆虫，目前常用于农林业虫害的生物防治。③常见种类：松毛虫赤眼蜂、稻螟赤眼蜂等。

(6) **小蜂科**　①形态特征：多为黑或褐色，有白、黄或橙黄色斑纹，无金属光泽；触角膝状；翅宽阔，后足腿节膨大，胫节弯曲；腹部卵圆形或椭圆形。②生物学特性：主要寄生于鳞翅目、双翅目、鞘翅目昆虫。③常见种类：广大腿小蜂等。

(7) **金小蜂科**　①形态特征：体小型，3mm长，常具绿、蓝色金属光泽；头部、胸部密布网状细刻点；后足腿节不发达，胫节一般仅有1个距。②生物学特性：几乎能寄生各目昆虫。③常见种类：凤蝶金小蜂。

9. 脉翅目

① 主要形态特征：咀嚼式口器，触角长，多节，复眼发达，两对翅大小、形状和翅脉均相似，膜翅质地透明，翅脉网状；无尾须。②生物学特性：全变态，成虫、幼虫均为肉食性，主要捕食蚜虫、蚂蚁、叶螨、介壳虫、木虱及叶蝉等，是重要的天敌昆虫类群。

(1) **草蛉**　①形态特征：体中至大型，多数种类草绿色；复眼半球形，金黄色，有光泽，无单眼，触角丝状，细长；前、后翅膜翅，透明。②生物学特性：幼虫称为"蚜狮"，纺锤形，胸、腹部两侧生有毛瘤，口器前口式，主要捕食蚜虫；蛹附着在叶片背面；卵为丝柄形，产于植物叶片；可用于生物防治法。③常见种类：大草蛉、丽草蛉、中华草蛉等。

(2) **粉蛉科**　①形态特征：小型种类，体和翅覆灰白色蜡粉；触角长念珠状；翅脉简单，无翅痣。②生物学特性：肉食性，捕食叶螨及蚜虫等。③常见种类：中华啮粉蛉等。

（3）**褐蛉科**　①形态特征：体小至中型，黄褐色；触角长，念珠状，无单眼；翅脉上有毛。②生物学特性：卵为长卵形，单粒或成堆产在枝叶上；幼虫狭长而少毛；捕食蚜虫、木虱、介壳虫等。③常见种类：点线脉褐蛉、中国钩翅褐蛉等。

四、螨类知识

螨类属于节肢动物门，蛛形纲。农业害螨主要为害植物叶、嫩茎、花、果、块根、块茎，引起被害部位失绿、畸形，甚至枯死。螨类包括叶螨科、瘿螨科和跗线螨科等；有的还会寄生或捕食其他昆虫，成为它们的天敌，如植绥螨。

（1）**形态特征**　螨体一般为圆形或卵圆形；无触角，有刺吸式和咀嚼式两种口器；无翅，成虫有足 4 对（少有 2 对）。雌成螨深红色，体两侧有黑斑，椭圆形。越冬卵红色，非越冬卵淡黄色且较少。越冬代幼螨、若螨均为红色，非越冬代幼螨、若螨均为黄色，但是若螨体两侧有黑斑。

（2）**生物学特性**　螨类两性生殖或孤雌生殖。1 年发生 3～10 代，最多可发生 20 多代。螨类个体发育阶段因种类而不同，叶螨一般经过卵、幼螨（3 对足）、若螨（4 对足）和成螨 4 个阶段，其他螨类或缺某个阶段。农业螨类食性主要有植食性、捕食性、寄生性、腐食性和食菌性等 5 类。植食性螨类是农业生产上的重要防治对象。

螨类的发育繁殖适温为 15～30℃，在热带及温室条件下，全年都可发生。温度决定了螨类各虫态的发育周期、繁殖速度及产卵量。干旱炎热的气候条件易导致其发生严重。适温下螨类发生量大，繁殖周期短，隐蔽，抗性增强快，难以防治。

✱ 任务实训　主要农业昆虫类群的识别

一、实训目的

① 熟练识别各目昆虫。
② 培养学生仔细认真严谨的科学态度。

二、实训准备

① 物品准备：放大镜、双目镜、镊子、玻片、培养皿、多媒体设备等。
② 标本材料准备：各目昆虫的浸泡标本、针插标本等。

三、实训操作要求

① 利用双目镜、放大镜认真观察每一种标本，对照描述加强记忆。
② 边观察边记录。
③ 双目镜使用完毕后，及时降低镜体，将载物台面擦拭干净，放回镜箱。
④ 始终保持实验台的整洁有序。

四、实训考核

① 填写昆虫类群记录表。

② 书写实验报告。

知识拓展 蜗牛与蛞蝓

蜗牛和蛞蝓均为软体动物，属于软体动物门，腹足纲。它们常为害园林植物和蔬菜，主要取食植物的茎、叶、花、果、幼苗及根部，造成孔洞或缺刻，严重者将苗咬断，造成缺苗断垄。此外，它们排出的粪便还会污染植物。

蜗牛具有螺旋形贝壳，成虫的外螺壳呈扁球形，由多个螺层组成，壳质较硬，黄褐色或红褐色；头部发达，具 2 对触角，眼在后 1 对触角的顶端，口位于头部腹面。蜗牛卵球形，幼虫与成虫相似，体形较小。一般蜗牛寿命达 2～3 年，最长可达 7 年。蜗牛一般以植物叶和嫩芽为食，蜗牛雌雄同体，有的种类可独立生殖，但大部分种类需要两个同旋向的个体交配，互相交换精子。普通蜗牛将卵产在潮湿的泥土中，一次可产 100 个卵。每年 5～11 月间是蜗牛活动季节，冬季气温下降和夏季干旱酷热时，蜗牛进入休眠状态。蜗牛具趋光性，昼伏夜出，白天多潜伏于阴暗潮湿环境以及腐殖质多而疏松的土壤里，或藏在枯枝、落叶层和洞穴中。

蛞蝓没有贝壳，体长形、柔软，多为暗灰色；头部具 2 对触角，眼在后 1 对触角顶端，口在前方，口腔内有 1 对胶质的齿舌；卵椭圆形；幼体淡褐色，体形与成体相似。蛞蝓在北方地区 1 年 1 代，以成虫体或幼体在作物根部湿土下越冬。蛞蝓雌雄同体，既可异体受精，也可同体受精繁殖。卵产于湿度大且隐蔽的地缝中，每隔 1～2 天产一次，每次 1～32 粒，平均产卵量为 400 余粒。蛞蝓怕光，强光下 2～3h 即死亡，因此其均为夜间活动，清晨之前潜入土中或隐蔽处。阴暗潮湿的环境易于大发生，气温 11.5～18.5℃、土壤含水量 20%～30% 对其生长发育最为有利。

任务四

昆虫标本的采集与制作

任务目标

知识目标： ① 会使用昆虫标本采集用具采集昆虫标本。

② 会配制昆虫浸渍标本保存液，能制作昆虫针插标本、浸渍标本等。

③ 能运用昆虫分类知识对所采标本进行准确鉴定。

能力目标： ① 掌握昆虫标本的采集、制作与保存的方法。

② 熟悉当地常见虫害发生情况。

素质目标： ① 野外采集昆虫标本能做到安全防护、团结协作、吃苦耐劳。

② 捕捉昆虫时尽量保证昆虫标本的完整性，爱护昆虫标本。

③ 制作昆虫标本时要耐心细致、精益求精。

基础知识

一、昆虫标本的采集

1. 采集工具

(1) **捕虫网** 用来采集善于跳跃与飞翔的昆虫，如蛾、蝶、蝗虫等。

(2) **吸虫管** 用来采集蓟马、蚜虫、红蜘蛛等微小型昆虫。

(3) **毒瓶** 一般用封盖严密的磨口广口瓶专门毒杀成虫。毒瓶要注意清洁、防潮。注意要塞紧瓶塞、妥善保存，避免对人造成毒害；破裂后要远离水源，作深埋处理，避免污染环境。

(4) **三角纸包** 用于临时保存蛾蝶类昆虫的成虫。

(5) **活虫采集盒** 铁皮盒上装有透气金属纱和活动的盖孔，用来采装活虫。

(6) **采集箱（盒）** 防压的标本和需要及时插针的标本，以及用三角纸包装的标本，需放在木制的采集箱（盒）内。

(7) **指形管** 一般使用平底指形管，用来保存幼虫或小成虫。

此外，还需要配备采集袋、诱虫灯、放大镜、修枝剪、镊子、记载本等用具。

2. 采集方法

(1) **网捕法** 飞行速度快的昆虫，以及栖息于草丛或灌木丛的昆虫，可用捕虫网直接挥动网柄捕捉，将网袋下部连虫一并甩到网圈上来。如捕到的是大型蝶蛾类，可隔网捏住其胸部，然后投入毒瓶；如捕到的是有毒的或刺人的蜂类，可将带虫的一段网袋捏住一起塞入毒瓶中，毒死后再从网中取出。

(2) **观察搜索法** 通过观察昆虫栖息场所寻找昆虫，如树皮下和树干中采集天牛、小蠹、吉丁虫等；树干上采集天牛、金龟类、蜻类、蝉类；泥土中采集地老虎、金针虫、蛴螬等地下害虫及多种昆虫的幼虫和蛹等。还可根据植物被害状来寻找昆虫，如叶子发黄或有黄斑，可能会找到叶蝉、椿象等具刺吸式口器的害虫或红蜘蛛；如树木生长衰弱，树干下有新鲜虫粪或木屑，可能会找到食叶害虫和蛀干害虫。

(3) **捕捉法** 对于地面爬行或憩息于植物表面、行动迟缓的昆虫，可徒手或用镊子捕捉。

(4) **诱集法** 利用昆虫的趋光性、趋化性、趋食性、趋异性等特性，采用灯光、色板、气味等诱集源采集昆虫。如用雌虫的性外激素诱集雄虫；可采用陷阱采集蟋蟀、蜘蛛等在地面上生活的昆虫。此外，利用昆虫的特殊生活习性，设置诱集场所，如树干绑草，捕捉多种害虫。

(5) **震落法** 许多昆虫具假死性，可猛烈震击寄主植物，昆虫自行落下进行采集。

3. 注意事项及要求

① 采集害虫标本时，遇到的成虫、卵、幼虫、蛹和植物被害状，要全部采集，一虫一袋（瓶），不混淆。②昆虫的足、翅、触角极易损坏，要小心保护。③要及时做好采集记录，包括编号、采集日期、采集地点、采集人等，并将当时的环境条件、寄主和昆虫

的生活习性等记录下来。

二、昆虫标本的制作

最常用的昆虫标本是针插标本和浸渍标本。针插标本是指将成虫用昆虫针插起来制成的标本；浸渍标本是用特制的浸泡液保存昆虫制成的标本。鳞翅目成虫只能制作成针插标本。

1. 针插标本的制作

昆虫除幼虫、蛹和小型个体外，都可制成针插标本。

（1）制作用具

① 昆虫针：用来固定昆虫，一般长 4cm，分 0～5 号，0 号针仅长 1cm，号越大，针越粗。

② 三级台：三级台分为三级，各级高度分别为 8mm、16mm、24mm，每级中间有一小孔，一级台插标本，二级台采集签，三级台定名签，主要是使昆虫标本与标签在昆虫针上的高度一致，保存方便。

③ 展翅板：用于展开昆虫的翅。展翅板中央有一沟槽，沟槽两旁各有一块板，其中一块可以移动用以调节沟槽的宽度，以适应不同大小昆虫的展翅需要。

④ 三角台纸：多采用硬质纸片制作。小型昆虫应使用 0 号昆虫针，再将标本插在三角台纸上，或将标本用胶固定在三角台纸上，然后再用昆虫针固定。

⑤ 还软器：为便于整姿展翅，需软化标本。在还软器的缸中加水，并放入少许苯酚以用于防腐。将干标本放置在隔断上面。

⑥ 整姿台：适用于无须展翅的类群。整姿台用软木料板制成，板上有许多小孔，尺寸不一。针插后使昆虫平伏在台上，再用镊子整理足、触角，以保持昆虫的自然姿势。

（2）制作步骤

① 插针：根据标本的大小选用适当的昆虫针。针插的位置，因昆虫种类不同而异。一般直翅目昆虫从前胸背板中线偏右插入；半翅目成虫从小盾片的中线偏右插入；鞘翅目昆虫从右鞘翅的基部插入；鳞翅目、同翅目和膜翅目昆虫从中胸背面正中插入，通过两足中间穿出。插好后要进行整姿，使其保持自然姿态。

② 整姿：即调整昆虫姿态，使其前足向前、中足向两侧、后足向后，触角短的斜伸向前方，触角长的伸向背两侧，使之保持自然姿态。姿态整理好后，用大头针固定，待干燥后即定形。

③ 展翅：蛾、蝶等昆虫，针插后需要展翅。选择宽窄与虫体相适宜的展翅板与标本，在展翅板的两侧木板上从顶端各固定一条软纸条，纸条的宽度要与翅长相适应。调整虫体在针上的位置，然后把针插入展翅板槽内的软木上，使虫体背面与槽面相齐。在虫体腹部两侧各插一枚大头针，以防止展翅时虫体转动。用昆虫针向前轻拨前翅基部翅脉，至其后缘与身体相垂直的位置，轻拨后翅压在前翅内缘的下面，然后迅速地将固定在顶端的纸条压在翅上，前后用大头针固定。注意大头针不要插在翅面上。展好翅后，再整理触角使其前伸，腹部不上翘或下垂。置于通风处至虫体干燥后，取下放入标本盒内长久保存。

2. 浸渍标本的制作

所有昆虫的卵、幼虫和蛹，以及除鳞翅目以外的大部分种类的成虫与螨类，都可做成浸渍标本。浸渍标本最常用的保存液配方有以下几种。

（1）**酒精保存液** 酒精加水稀释至75%浓度，用以浸渍小型昆虫标本（保存液可略加上0.5～1.0mL的甘油，能使体壁保持柔软状态）。

（2）**福尔马林保存液** 福尔马林（含甲醇40%）1份＋蒸馏水17～19份；或者将福尔马林液用水稀释成含甲醛2%～5%的水溶液，此液较经济，但缺点是气味恶劣。或用95%酒精67mL＋福尔马林2mL＋白糖1g＋蒸馏水30mL的浸渍保存液。

（3）**卡氏液** 酒精（95%）17份＋福尔马林（40%）6份＋冰醋酸2份＋蒸馏水28份，固定及保存均可，此液对微小昆虫长期使用不甚佳，但作固定好。

（4）**幼虫保存液（也可保存幼虫体黄色的色素）** 白糖5g＋福尔马林（40%）40mL＋冰醋酸50mL＋甘油100mL＋蒸馏水1000mL。

（5）**幼虫绿色素保存液** 将硫酸铜10g溶于100mL水中，煮沸后，放入幼虫，煮的时间视虫体大小而定。刚放入时，幼虫绿色有褪色变黄现象，但不久即恢复原色彩，用清水洗涤后，浸渍于40%福尔马林液中。

3. 生活史标本的制作

通过生活史标本，可以认识害虫的各个虫态，了解其为害情况。制作时，先要收集或饲养得到昆虫的各个虫态（卵、各龄幼虫、蛹、雌雄成虫），以及植物被害状等。成虫需要整姿或展翅，干后备用。各龄幼虫和蛹需保存在封口的指形管内。将上述虫态分别装入盒中，贴上标签即可。

4. 玻片标本的制作

微小昆虫和螨类需制成玻片标本，在显微镜下观察其特征。为了观察昆虫身体的某些细微部分以便鉴定，蛾、蝶、甲虫等的外生殖器也常制成玻片标本。一般采用阿拉伯胶封片法。胶液的配方是：阿拉伯胶12g＋冰醋酸5mL＋水合氯醛20g＋50%葡萄糖溶液5mL＋蒸馏水30mL。标签贴在玻片一侧，注明编号、采集时间、采集地点、寄主、采集人和制作人。

任务实训　昆虫标本的采集、制作及识别

一、实训目的

① 会正确采集与制作昆虫标本。

② 培养学生严谨认真的态度及团结协作意识。

二、实训准备

物品准备：捕虫网、毒瓶、采集箱、展翅板、镊子、浸渍标本瓶、昆虫针、标本盒、浸泡液、标签、双目镜等。

三、实训操作要求

二人一组，选定具有代表性的采集线路，应尽可能覆盖所要采集标本的范围。

1. 野外昆虫标本采集

① 仔细观察害虫为害状部位，连同为害部分一起采下；及时挂好标签，做好采集记录，同时拍摄图片。

② 采集到的害虫标本要完整，即各个虫态都要采到，同时要采集一定数量的个体；害虫标本个体应当完好无损。

③ 连同植物为害状标本一起采集，并记录采集的时间、地点、寄主植物等，写好采集标签并进行编号。

④ 捕捉幼虫时，用镊子轻夹，避免毒蛾、刺蛾等幼虫蜇伤皮肤。

⑤ 团结协作，注意安全。

2. 室内昆虫标本制作

将采集到的不同种类的昆虫，制成不同的标本：

① 插针部位要准确。

② 整姿和展翅动作要轻，操作应耐心仔细。

③ 标本盒内放樟脑丸以防虫蛀。

④ 配制浸泡液时注意安全。

⑤ 每组完成一定数量的种类和个体标本。

四、实训考核

① 鉴别昆虫种类，并贴上标签，注明编号、采集时间、采集地点、寄主、采集人与制作人。

② 检查标本质量和数量并记录汇总。

③ 书写实训报告。

技能拓展　植物病虫害防治赛项昆虫标本制作评分标准

序号	考核内容	考核标准	分值	评分	得分
1	选针	依据昆虫大小选择合适的昆虫针	4	天牛选针错误，扣2分 凤蝶选针错误，扣2分	
2	插针	依据昆虫类型确定插针位置	4	天牛插针位置错误，扣2分 凤蝶插针位置错误，扣2分	
3	定高	使用三级台定高	4	天牛定高错误，扣2分 凤蝶定高错误，扣2分	
4	整姿	天牛触角向身体两侧伸展 天牛前足向前 天牛中足向两侧 天牛后足向后	12	天牛触角伸展方向错误，扣3分 天牛前足伸展方向错误，扣3分 天牛中足伸展方向错误，扣3分 天牛后足伸展方向错误，扣3分	

续表

序号	考核内容	考核标准	分值	评分	得分
5	展翅	插针后的凤蝶标本插放在展翅板凹槽内，虫体身体背面与展翅板两侧相平 凤蝶前翅后缘与体躯纵轴垂直 凤蝶前翅后缘压住后翅前缘 凤蝶前后翅自然展平左右对称	16	凤蝶虫体身体背面与展翅板两侧不平，扣 2 分 凤蝶前翅后缘未与体躯纵轴垂直，扣 6 分 凤蝶后翅基部未被前翅压住或压住过多，扣 4 分 凤蝶前后翅未充分展平，左右不对称，扣 4 分	
6	标本完成度	规定时间内完成制作 昆虫标本成品无破损	6	标本成品不完整，扣 3 分 昆虫标本成品破损，扣 3 分	
7	整理台面	台面整洁 制作工具归位	4	台面不整洁，扣 2 分 制作工具凌乱，扣 2 分	

资料来源：2023 年全国职业院校技能大赛。

项目测试

一、填空题

1. 植物＿＿＿＿、＿＿＿＿、草、鼠害又称生物灾害，是严重威胁农业生产的自然灾害之一。

2. 咀嚼式口器由＿＿＿＿、＿＿＿＿、＿＿＿＿、＿＿＿＿及＿＿＿＿五部分组成。

3. 咀嚼式口器典型的危害症状是造成各种形式的＿＿＿＿，为害植物的根、茎、叶、果等固体物质，造成缺刻、孔洞、钻蛀、卷叶、潜叶等。

4. 根据翅的质地分为：＿＿＿＿、覆翅、＿＿＿＿、＿＿＿＿、＿＿＿＿、缨翅、平衡棒。

5. 昆虫在生长发育过程中，经过持续的新陈代谢，体积增大，＿＿＿＿和＿＿＿＿发生一系列变化，从而形成几个不同的发育阶段，这种现象称为＿＿＿＿＿＿。

二、选择题

1. 可看清近距离物体的形象，并对颜色有一定分辨能力的器官是（　　）。

A. 单眼　　　　　　　B. 触角　　　　　　　C. 口器　　　　　　　D. 复眼

2. （　　）是昆虫最基本、最原始的口器类型。

A. 咀嚼式口器　　　B. 虹吸式口器　　　C. 刺吸式口器　　　D. 锉吸式口器

3. 发育不经过蛹期的昆虫是（　　）。

A. 蟋蟀　　　　　　　B. 蜜蜂　　　　　　　C. 菜粉蝶　　　　　　D. 家蚕

4. 昆虫主要的危害时期是（　　）。

A. 幼虫期　　　　　　B. 蛹期　　　　　　　C. 卵期　　　　　　　D. 成虫期

5. 昆虫直接产下幼虫或若虫的繁殖方式称为（　　）。

A. 两性生殖　　　　　B. 多胚生殖　　　　　C. 孤雌生殖　　　　　D. 卵胎生

三、判断题

1. 菜粉蝶的翅是鳞翅。　　　　　　　　　　　　　　　　　　　（　　）
2. 拒食剂是通过影响昆虫神经系统而起防治作用。　　　　　　　（　　）
3. 蚜虫的口器是刺吸式口器。　　　　　　　　　　　　　　　　（　　）
4. 蜜蜂的后足是携粉足。　　　　　　　　　　　　　　　　　　（　　）
5. 蝗虫幼虫第二次蜕皮后至第三次蜕皮前的这一时期是 3 龄幼虫。（　　）

四、简答题

1. 昆虫纲外部形态特征有哪些？
2. 体壁功能有哪些？
3. 昆虫主要的习性有哪些？

项目评价

评价项目	评价内容	自我评价 (10%)	教师评价 (70%)	学生互评 (20%)	得分
学习能力 (40分)	昆虫外部形态特征识别				
	昆虫的生物学特性				
	农业昆虫的主要类群				
	昆虫标本的采集与制作				
	项目测试				
技术能力 (40分)	昆虫外部形态特征观察				
	昆虫的变态类型及各虫态的观察				
	主要昆虫类群的识别				
	昆虫标本的采集、制作及识别				
素质能力 (20分)	协作意识				
	创新意识				
	学习态度				
总分（100分）					

植物病害基础知识

学前导读

在植物生长和贮存过程中，小李同学经常发现一些异常，比如草莓长毛、白菜腐烂、韭菜变黄、李子树的叶子有虫和柑橘冻伤等现象，经常问这些现象是不是植物病害。那么，如何准确判断这些情况是不是植物病害？是哪类病害？

通过本项目，同学们将学习到：①植物病害概述；②植物非侵染性病害；③植物侵染性病害；④植物病害的诊断；⑤植物侵染性病害的发生与发展条件；同时能准确地识别和区分植物病害。

真菌病害

叶枯病

病毒病害

锈病夏孢子

真菌病害

白粉病

知识导图

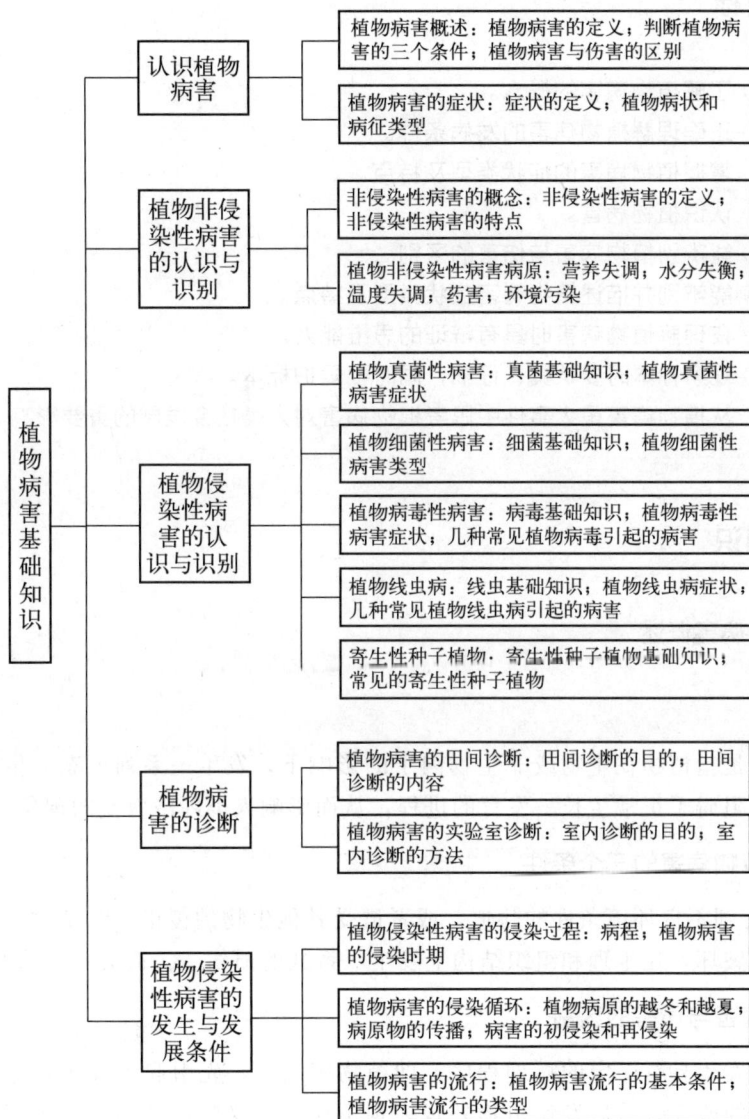

植物病害基础知识

认识植物病害
- 植物病害概述：植物病害的定义；判断植物病害的三个条件；植物病害与伤害的区别
- 植物病害的症状：症状的定义；植物病状和病征类型

植物非侵染性病害的认识与识别
- 非侵染性病害的概念：非侵染性病害的定义；非侵染性病害的特点
- 植物非侵染性病害病原：营养失调；水分失衡；温度失调；药害；环境污染

植物侵染性病害的认识与识别
- 植物真菌性病害：真菌基础知识；植物真菌性病害症状
- 植物细菌性病害：细菌基础知识；植物细菌性病害类型
- 植物病毒性病害：病毒基础知识；植物病毒性病害症状；几种常见植物病毒引起的病害
- 植物线虫病：线虫基础知识；植物线虫病症状；几种常见植物线虫病引起的病害
- 寄生性种子植物：寄生性种子植物基础知识；常见的寄生性种子植物

植物病害的诊断
- 植物病害的田间诊断：田间诊断的目的；田间诊断的内容
- 植物病害的实验室诊断：室内诊断的目的；室内诊断的方法

植物侵染性病害的发生与发展条件
- 植物侵染性病害的侵染过程：病程；植物病害的侵染时期
- 植物病害的侵染循环：植物病原的越冬和越夏；病原物的传播；病害的初侵染和再侵染
- 植物病害的流行：植物病害流行的基本条件；植物病害流行的类型

任务一

认识植物病害

任务目标

知识目标：　① 了解植物病害的概念。
　　　　　　② 正确理解植物病害的发病条件。
　　　　　　③ 掌握植物病害的症状类型及特点。

能力目标：　① 认识植物病害。
　　　　　　② 能辨别植物病害与伤害的区别。
　　　　　　③ 能辨别并描述植物病害症状类型及特点。

素质目标：　① 在理解植物病害时具有辩证的思维能力。
　　　　　　② 观察标本时要认真、仔细，同时要爱护标本。
　　　　　　③ 从植物病害重大事件中思考植物病害对人类社会发展的重要影响。

基础知识

一、植物病害概述

1. 定义

植物病害是指植物在生物或非生物因子的影响下，发生一系列形态、生理和组织上的病理变化，阻碍了正常生长、发育的进程，从而影响人类经济效益的现象。

2. 判断植物病害的三个条件

① 植物受到不良环境条件的胁迫，或者遭受其他生物的侵染。②植物正常的生长发育受到干扰和破坏，在生理和组织结构上发生一系列的损伤。③造成一定的经济损失。

3. 植物病害与伤害的区别

植物病害发生具有一定的病理程序。即植物感病后，先引起生理机能的改变，而后造成组织结构的改变，最后发病植物外观表现出病态。这些病变均有一个逐渐加深、持续发展的过程，称为病理程序。植物受到的虫伤、机械伤、风雹等，由于没有病理程序，称作伤害。

二、植物病害的症状

1. 定义

植物发病后其外表发生不正常变化，表现出病状和病征，称为症状。病状是指植物本身表现的不正常状态。病征是病

> **议一议**
> 植物病害都有病状和病征吗？

部表现出的病原物特征。

2. 植物病状和病征类型

（1）病状类型 由于病原物的种类不同，对植物的影响不同，植物发病后的症状表现也千差万别（表 2-1）。

表 2-1 植物病害病状类型及其形态特点

序号	病状类型	形态特点	代表病害
1	变色	最为常见的病状，主要指的是植物由最初的绿色褪为黄色，也有变成其他颜色的，绿变黄最为常见。植物在生长的过程中有很多因素都会导致变色，一般是养护不当引起，也有可能是病毒引起的	辣椒花叶病毒病
2	坏死	病状呈局部，一般是由植物局部的细胞和组织死亡引起的坏死，而局部细胞和组织死亡可能是一些病虫害所导致的。一般坏死主要表现在枝叶、果实和根茎上，病状相对较为严重，不及时处理植株就将面临死亡	桃穿孔病
3	腐烂	腐烂主要指的是植物根、茎、花、果等部位的组织和细胞被破坏和消除，是一种比较严重的病状类型，腐烂严重的植株会直接死亡。一般腐烂后的植株难以修复，因为植物腐烂往往是真菌、细菌引起的，已经严重损害了植物的组织	白菜软腐病、黄瓜疫病
4	萎蔫	病原菌侵染根、茎维管束，阻滞水分输导，造成枝叶萎垂，严重的整株枯死。植物迅速萎蔫而叶片仍维持绿色的称为"青枯"。萎蔫进展较慢，叶片变黄坏死的，称为"黄萎"或"枯萎"	棉花枯萎病
5	畸形	常见病状之一，通常根、茎、枝、叶、花、果等多个部位都容易畸形。有可能是种子种下的那一刻就已经自然畸形，还有可能是后天生长过程中外界因素导致的。畸形会改变植物的形态，让其看起来不美观	玉米粗缩病、根结线虫病

（2）病征类型 病征是鉴别病原物和诊断病害的重要依据（表 2-2）。

表 2-2 植物病害病征类型及其形态特点

序号	病征类型	形态特点	代表病害
1	霉状物	霉是真菌性病害常见的病征。不同的病害，霉层的颜色、结构、疏密等变化较大。可分为霜霉、黑霉、灰霉、青霉、白霉等	葡萄霜霉病
2	粉状物	粉状物是某些真菌的孢子密集地聚集在一起所表现的特征。根据颜色的不同又可分为白粉、锈粉、黑粉等	小麦白粉病
3	粒状物	病菌常在病部产生一些大小、形状、颜色各异的粒状物	水稻纹枯病
4	脓状物	是细菌特有的特征性结构。在病部表面溢出含有许多细菌和胶质物的液滴，称作菌脓或菌胶团	白菜软腐病

✖ **任务实训** 植物病害症状类型的观察和识别

一、实训目的

① 正确区别植物病害的病状和病征。

② 识别植物病害常见的症状类型。

③ 要求学生仔细观察标本，培养他们辨别和分析事物的能力。

二、实训准备

① 物品准备：放大镜、镊子、显微镜、搪瓷盘、挑针等。

② 病害标本材料准备：选用当地植物常见的不同症状类型的新鲜、干制或浸渍标本，如稻瘟病、小麦赤霉病、小麦白粉病、玉米干腐病、白菜软腐病、黄瓜疫病和番茄青枯病等；各类病害症状的图片等。

三、实训操作要求

1. 病状类型观察

① 用肉眼或放大镜仔细观察每一种病害标本，准确判断病变部位的症状。

② 识别病害标本的病状类型，并进行分类。

a. 变色：观察辣椒花叶病毒病、小麦黄矮病、柑橘黄龙病等标本，注意病变部位发病状态是花叶还是黄化，叶片颜色是变深、变浅还是全变色。

b. 坏死：观察桃穿孔病、玉米大斑病、花生褐斑病等标本，注意叶片或茎基病部的病斑颜色、形状、大小，以及坏死茎基部是否缢缩，坏死病状有无轮纹。

c. 腐烂：观察白菜软腐病、黄瓜疫病、玉米干腐病等标本，观察其是干腐还是湿腐，腐烂有哪些特性特点。

d. 萎蔫：观察棉花枯萎病、番茄青枯病等标本，注意枯萎、萎蔫、黄萎和青枯病状的类型与区别。

e. 畸形：观察玉米粗缩病、根结线虫病、桃缩叶病和玉米黑粉病等标本，注意徒长、矮化、卷叶、丛枝和肿瘤等畸形表现。

③ 记录各类病害标本发病部位、病状类型与特点。

④ 实验结束，物品归位，台面保持整洁有序，注意保持标本的完整性。

2. 病征类型观察

① 用肉眼或放大镜仔细观察每一种病害标本，准确判断病变部位的症状。

② 识别病害标本的病征类型，并进行分类。

a. 霉状物：观察小麦赤霉病、玉米大斑病、葡萄霜霉病标本，注意病部霉状物的颜色。常见的霉状物有霜霉、青霉、绿霉、黑霉、灰霉和赤霉等。

b. 粉状物：观察小麦散黑穗病、小麦锈病或豆类锈病和十字花科蔬菜白锈病等，注意病部粉状物的颜色。常见的粉状物有白粉、黑粉、锈粉等。

c. 粒状物：观察苹果树腐烂病、葡萄炭疽病和水稻纹枯病标本，注意观察病部粒状物的发生部位、大小和颜色等。常见的粒状物有褐色和黑色小点等。

d. 脓状物：观察水稻白叶枯病、水稻细菌性条斑病、白菜软腐病和番茄青枯病等标本，注意观察有无脓状黏液或黄褐色胶粒。

③ 记录各类病害标本发病部位、病征类型与特点。

④ 实验结束，物品归位，台面保持整洁有序，注意保持标本的完整性。

四、实训考核

① 填写植物标本病害症状类型观察记录表。

② 书写实验报告。

植物标本病害症状类型观察记录表

标本序号	病害名称	发病部位	病状类型	病征类型

知识拓展 科技专家王源超——攻克病害防控难题,保障作物生产安全

国家大豆产业技术体系岗位科学家,南京农业大学教授王源超深入田间,对世界农作物生产中的重大病害——根腐病进行了近20年的跟踪调查,明确了大豆根腐病菌的群体毒力特征,建立了大豆对根腐病的抗性鉴定技术体系。王源超通过产学研合作,与企业合作研发登记了大豆根腐病种衣剂及配套的轻简化使用技术。此外,还集成了"一拌(种)一封(封闭除草)一喷(多防)"的大豆病虫草害绿色综合防控技术模式,实现了大豆药肥减施增效。"大豆苗期病虫害种衣剂拌种防控技术"入选2023年农业农村部农业主推技术,2024年又入选农业重大引领性技术。

王源超提出的植物在不同细胞空间对病菌"分层免疫"的植物免疫学新概念,引领了植物-病原互作理论的新发展。2015年,王源超团队鉴定出大豆根腐病的一个核心致病因子——糖基水解酶XEG1。随后,他们成功鉴定到XEG1的植物识别受体——跨膜蛋白RXEG1。研究发现,RXEG1在大豆、棉花和小麦等植物上对多种病害具有广谱抗病性。这一发现对植物抗病工程的分子设计具有理论和实践价值。

任务二

植物非侵染性病害的认识与识别

任务目标

知识目标: ① 了解植物非侵染性病害的概念。

② 认识植物非侵染性病害的病原种类及致病特点。

能力目标: 能根据所学知识分析非侵染性病害发生的原因。

素质目标: ① 培养学生严谨的学习态度,要仔细辨别非侵染性病害的不同症状。

② 观察标本时要认真细致,爱护标本。

基础知识

一、非侵染性病害的概念

非侵染性病害是由非生物因素引起的植物病害，又叫生理性病害，主要由不适宜的气候和土壤等因素引发。非侵染性病害的特点：大面积同时发生，田间分布比较均匀，但受地形阻隔的田块并不会产生病害；没有病原物的侵染，没有病征；田间没有明显的发病中心，没有从点到面的扩散过程，不具有传染性；病害的发生与环境条件、栽培管理措施关系密切，采取适当措施，可使病状恢复正常。症状表现上有些与侵染性病害相似，但该病仅限于局部区域，发病较普遍，发病时间和部位也较一致。

二、非侵染性病害的病原

非侵染性病害的病原是指引起植物病害的不适宜环境因素，包括营养失调、水分失衡、温度失调、药害、环境污染。

1. 营养失调

植物在生长发育过程中，需要吸收各种必要的营养元素，如果营养元素缺乏（表 2-3）或过剩（表 2-4），就会影响植物体内的生理代谢过程，引起营养器官或生育器官发育不正常。

表 2-3　植物营养缺乏的主要症状

元素	缺素症状			
	植物形态	叶	根茎	生殖器
氮	植物瘦弱矮小，地上部分受影响严重	下部叶片先失绿黄化，新叶淡绿，而后整个叶片呈黄绿色	茎短而细，分枝或分蘖少，出现早衰现象	果小、果少、果硬，发育迟缓
磷	植株矮小、直立，地下部分严重受影响	叶色暗绿，叶茎基部紫红色，从下部叶片开始脱落，逐渐死亡	茎短而细，根发育不良，主根瘦长	开花推迟，种子小，不饱满，易出现秃尖
钾	植株矮小且柔弱	下部叶片先出现症状，叶片边缘黄化、焦枯、碎裂，叶缘灼烧状，脉间出现坏死斑点，叶卷曲或皱缩	茎易倒伏，细小，柔弱，根系生长不良，柔弱	果实易出现畸形，秕粒多
钙	植株矮小	幼叶变形、卷曲、脆弱，叶尖相互粘连呈弯钩状，新叶难抽出	茎、根生长点出现凋萎或坏死，有时根部易出现枯斑或裂伤	结实少或不结实
镁	植株没有明显变化，病态发生在生长后期，主要表现为黄化	中下部叶片有较明显的现象，叶色褪淡，脉间失绿，叶脉仍保持绿色，而后叶肉组织逐渐变褐而死亡	变化不大	开花受抑制，花色变苍白
硫	植株发僵，普遍缺绿	新叶失绿黄化，叶脉先缺绿，严重时老叶变为黄白色	茎细小、稀疏，侧根少	开花和成熟期推迟，结实率低

表 2-4 植物营养过剩的主要症状

病原	主要症状
多氮	植物贪青、徒长，加重缺钾
多磷	植物营养生长周期缩短，提早成熟
多钙	可导致或加重硼、铁、锌、锰的缺乏
多铁	植株叶色变暗，生长受阻
多锰	可引起老叶失绿坏死，生长受阻，导致植物缺铁
多锌	造成叶间失绿坏死，新叶条状失绿，导致植物缺铁
多硼	引起植株叶缘失绿，生长点坏死，老叶萎蔫、干枯、脱落
多钠	引起植株老叶死亡，新叶生长减慢，导致植物缺钙

2. 水分失衡

植物在正常生长发育过程中，如果遇到水分不足或水淹，植物生长发育就会受到抑制，还会诱发其他病害，严重的甚至死亡。水分失衡主要包括干旱、涝和先旱后涝。干旱相伴高温、强日照条件，易引发病害，导致植物枯黄死亡。涝多发生在雨季，导致土壤排水不良，植物根部缺氧而腐烂，地上部分生长缓慢或停止生长。先旱后涝，易发生西红柿脐腐病，苹果、梨裂果病。

3. 温度失调

常见的温度失调有低温和高温危害两种。常见的低温危害有冻害和冷害，高温危害指热害，如日灼，在果树、蔬菜果实上常发生。

(1) **冷害** 也称寒害，是指 0℃ 以上的低温所致病害。可造成对植物的直接伤害和间接伤害，导致植物缺水，干枯死亡。

(2) **冻害** 是指植物 0℃ 以下受到的伤害，可造成植物组织内水分结冰，导致植物死亡。

(3) **热害** 可抑制植物生长。高温可加速植物的发育，缩短生育期，促进早熟。温度太高可加速植物叶片衰老，缩短干物质的生长期，造成严重减产。

4. 药害

药害是指农药使用不当，导致植物生长发育受阻，产量和质量降低的危害，主要分为急性药害和慢性药害。

(1) **急性药害** 用药几小时或几天内叶片很快出现斑点、失绿、黄化等。

(2) **慢性药害** 用药后，药害现象出现相对缓慢，如植株矮化、生长发育受阻、开花结果延迟、落花落果增多、产量低、品质差等。

5. 环境污染

环境污染主要包括空气污染、水污染和土壤污染。空气污染最主要的来源是工业生产排放的有毒气体，农药使用过多、化肥用量过大与使用不当及工业废水灌溉农田等，都会造成土壤污染，从而使植物受害。

✖ 任务实训　植物非侵染病害主要症状的识别

一、实训目的

① 认识非侵染性病害的症状类型。
② 识别常见非侵染性病害的症状特点。
③ 培养学生辨别和分析事物的能力。

二、实训准备

① 物品准备：放大镜、镊子、搪瓷盘、挑针等。
② 病害标本材料准备：各类非侵染性植物病害标本。

三、实训操作要求

① 用肉眼或放大镜仔细观察每一种病害标本，准确判断病变部位的症状。
② 识别病害标本的症状类型，并进行分类。
a. 营养失调：缺素症（氮、磷、钾、钙、镁、硫等）；营养过剩（氮、磷、钙、铁、锰、锌、硼、钠）。
b. 水分失衡：干旱、涝和先旱后涝。
c. 温度失调：冷害、冻害和热害。
d. 药害：急性药害（斑点、失绿和黄化等），慢性药害（植株矮化、生长缓慢等）。
③ 记录各类病害标本发病部位、病原与症状特征。
④ 实验结束，物品归位，台面保持整洁有序，注意保持标本的完整性。

四、实训考核

① 填写植物标本病害症状类型观察记录表。
② 书写实验报告。

植物标本病害症状类型观察记录表

标本序号	受害植物	发病部位	病原	症状特征

任务三

植物侵染性病害的认识与识别

◉ 任务目标

知识目标：　① 了解真菌、细菌、病毒、线虫和寄生性种子植物基础知识。
　　　　　　② 掌握植物真菌病害、细菌病害、病毒病害、线虫病害特点以及寄生性种子植物对寄主的影响。

能力目标：　① 能够熟练使用显微镜，会制作植物病原菌玻片。
　　　　　　② 能够识别常见植物病原真菌形态。
　　　　　　③ 能够初步诊断植物真菌病害、细菌病害、病毒病害、线虫病害以及寄生性种子植物引起的病害。

素质目标：　① 培养学生善于观察、善于思考的习惯。
　　　　　　② 提升学生发现问题、分析问题和解决问题的能力。
　　　　　　③ 形成"预防为主，综合防治"的观念。

◉ 基础知识

一、植物真菌性病害

1. 真菌基础知识

（1）**真菌的形态**　真菌的形态通常分为两大类，一类是单细胞球形、卵球形、圆柱形等形态，如酵母菌；另一类是单细胞或多细胞丝状（称为菌丝），如霉菌和蕈菌，蕈菌菌丝达到生理成熟后可形成大型子实体。

（2）**真菌的结构**　真菌菌丝一般分为两类，一类是无隔菌丝，即菌丝没有横隔壁，整个菌丝可视为一个细胞，细胞内具有多个细胞核，如低等真菌中的根霉、毛霉、水霉等的菌丝。另一类是有隔菌丝，即菌丝具有很多横隔壁，横隔壁将其分隔成多个细胞，每个细胞中有一至多个细胞核。真菌菌丝直径一般为 $2\sim30\mu m$，最大的可达 $100\mu m$ 以上，如某些绵霉。许多菌丝聚集在一起称为菌丝体，菌丝体是真菌营养生长阶段的结构（称为营养体）。

有些真菌的菌丝体生长到一定阶段，为了适应一定的环境条件或抵御不良的环境条件，会形成疏松或紧密的组织（称为菌丝的组织体）。菌丝的组织体主要有菌索、菌丝束、菌核、子座等。菌索可抵抗不良环境，也有助于菌丝体在基质上蔓延。菌丝束具有输送营养的作用。菌核能抵抗不良环境，但当条件适宜时，菌核能萌发产生新的营养菌丝或从上面形成新的繁殖体（称为子实体）。子囊菌和高等担子菌常形成菌核。子座成熟后在其内部或上部形成子实体。

2. 植物病原真菌主要类群

植物病原真菌属于真菌界真菌门，真菌门又分为鞭毛菌亚门、接合菌亚门、子囊菌亚门、担子菌亚门和半知菌类。其中鞭毛菌亚门和接合菌亚门的真菌属于低等真菌，而其他几个亚门（或类）的真菌则属于高等真菌。

(1) 鞭毛菌亚门　①症状：引起植物腐烂型病状，病部产生绵霉状物。引起植株局部褪绿坏死或畸形肿大的病状，在病部产生霜霉状物、白锈状物等病征。②常见病害：水稻绵腐病、马铃薯晚疫病、白菜霜霉病。

(2) 接合菌亚门　①症状：常引起多种植物果实、块根、球茎等的腐烂病状，在病部表面初期出现疏松灰白色，后转为灰黑色的毛霉状物。②常见病害：茄子果腐病。

(3) 子囊菌亚门　①症状：引起植物茎、叶、果实坏死性斑点或少数根部出现腐烂等病状，也有的枝、叶形成丛枝、缩叶。病部出现白色粉状物、霉状物、小黑粒、棉絮状物、菌核等病征。②常见病害：葡萄白粉病、苹果树腐烂病（又称苹果腐病）、大豆菌核病。

(4) 担子菌亚门　①黑粉菌能引起多种植物黑粉病，病部出现大量黑色粉状物。锈菌能引起多种植物锈病，病部产生黄色或褐色粉状物。另外本亚门真菌还能引起花生紫纹羽病、柑橘膏药病、杜鹃叶肿病等。②常见病害：梨锈病、玉米黑粉病（又称玉米瘤黑粉病）。

(5) 半知菌亚门　①症状：病状类型主要包括斑点、腐烂、立枯、炭疽、萎蔫和畸形等；病征类型主要是在病部产生白粉、霉层、菌核、小颗粒状物等。②常见病害：棉花炭疽病、水稻稻瘟病、棉花黄萎病。

二、植物细菌性病害

1. 细菌基础知识

细菌是一种单细胞原核生物，广泛分布于土壤、水、空气以及其他生物体表或体内。细菌个体微小，通常以微米为测量单位。各种细菌大小不一，同种细菌因菌龄和环境影响不同亦有所差异。细菌种类繁多，根据形态可将细菌分为球菌、杆菌和螺旋菌。

细菌具有细胞壁、细胞膜、细胞质，没有完整的细胞核，其染色体位于核区，没有核膜和核仁。在核区外还具有比染色体小得多的环形 DNA，称为质粒。细菌结构简单，细胞质中没有由单位膜包围形成的细胞器，但是有大量散在的核糖体。某些细菌在一定环境条件下，细胞质浓缩并在其外围产生厚而致密的膜，从而在细菌营养细胞内形成了一种独特的结构，叫作芽孢。某些细菌细胞壁外包裹着一些黏液物质，其中边界明显的叫作荚膜。某些细菌具有从细胞膜长出的游离于菌体外的细长弯曲的丝状物（称为鞭毛）。细菌以简单的二分裂法繁殖。由于基因突变、转化、转导、接合等，细菌易变异。引起植物病害的细菌主要有以下 5 个属：假单胞杆菌属、黄单胞杆菌属、欧文氏杆菌属、野杆菌属和棒杆菌属。

2. 植物细菌性病害类型

(1) 斑点型　假单胞杆菌侵染引起的植物病害中，有相当数量呈斑点状。通常发生在叶片和嫩枝上，叶片上的病斑常以叶脉为界线形成角形病斑。病斑初为水渍状，扩大到一定程度时，中部组织坏死呈褐色至黑色，周围常出现不同程度的半透明褪色圈（晕环）。如水稻细菌性褐斑病、黄瓜细菌性角斑病等。

（2）**叶枯型** 多数由黄单胞杆菌侵染引起，感染从叶缘或者叶尖开始，并从小逐渐扩大，从红褐色变为灰褐色，最终导致叶片枯萎。如水稻白叶枯病、黄瓜细菌性叶枯病等。

（3）**青枯型** 一般由假单胞杆菌侵染植物维管束，阻塞输导通路，致使植物茎、叶枯萎，如番茄青枯病、草莓青枯病等。

（4）**腐烂型** 多数由欧文氏杆菌侵染所致。植物多汁的组织受细菌侵染后通常表现腐烂症状，细菌产生原粘胶酶，分解细胞的中胶层，使组织解体，流出汁液并有臭味。如白菜细菌性软腐病、茄科和葫芦科作物的细菌性软腐病以及水稻基腐病等。

（5）**溃疡型** 一般由黄单胞杆菌侵染所致。感染初期为潜伏状态，不会立即表现出来，在植物发生失水以及长势缓慢时，出现病斑。后期病斑木栓化，边缘隆起，中心凹陷呈溃疡状。如大豆细菌性斑疹病、番茄果实细菌性斑疹病等。

（6）**畸形** 由癌肿野杆菌侵染所致，植物的根以及枝干上的组织过度生长导致畸形，呈肿瘤状或使须根丛生，如菊花根癌病等。

三、植物病毒性病害

1. 病毒基础知识

病毒是一种个体微小，无细胞结构，只含一种核酸（DNA 或 RNA），必须在活细胞内寄生并以复制方式进行增殖的生物。病毒自身没有核糖体，不能独立生长和繁殖，但可以利用其宿主细胞中的物质和能量完成其自身的生命活动，按照病毒自身的核酸所包含的遗传信息产生和病毒本体一样的新一代病毒。植物病毒多呈杆状或丝状，亦有不少呈球状。

2. 植物病毒性病害症状

由病毒侵染植物引起的病害称为植物病毒性病害。植物病毒性病害种类繁多，绝大多数种子植物会发生病毒病害。植物病毒性病害主要通过蚜虫、叶蝉、粉虱等昆虫传播，也可以通过病株汁液接触无病植株伤口传播，有的则通过嫁接传播。一株植物可以同时感染两种或两种以上植物病毒。当混合感染时，有时可产生同单独感染完全不同的症状。植物病毒性病害常见症状：

（1）**变色** 植物病毒病最常见的症状。在变色中又以花叶和黄化居多。变色主要是由病毒侵染使叶绿素形成受到抑制引起的。

（2）**坏死** 病毒侵染造成宿主的某些组织或器官死亡，如叶片上形成各种坏死枯斑和环斑。此外，病毒有时还能引起全株性坏死。

（3）**畸形** 病毒感染宿主后引起卷叶、缩叶、皱叶、萎缩、丛枝、丛生、矮化、缩顶以及其他各种类型的畸形。

常见植物病毒有烟草花叶病毒、黄瓜花叶病毒、马铃薯 Y 病毒等。

四、植物线虫病

1. 线虫基础知识

线虫是一种低等动物，在数量和种类上仅次于昆虫。线虫分布很广，多数自由生活于水和土壤中，少数寄生于人、动物和植物体内。多数线虫身体呈细长的圆柱形，两端细，通常末端较前端尖细。线虫头部不明显，口部周围有 3 个或 6 个唇瓣。通常雌雄异形，雌虫末端直，雄虫末端常弯曲。线虫的体表有一角质层，无纤毛，有各种感觉功能的乳突。前端有头感器或侧器，尾端有尾感器，这也是分类的重要依据。线虫一般很小，长度通常不足 1mm，最大的也不过几毫米。危害植物的线虫称为植物病原线虫或植物寄生线虫，或简称植物线虫。植物线虫长 1mm 左右，无色或乳白色，其口腔壁加厚形成吻针的特征，是大多数植物线虫与其他线虫的重要区别。

2. 植物线虫病症状

大多数植物线虫危害植物的地下部分如根、块茎等，根部症状可表现为：①结瘤。入侵线虫周围的植物细胞由于受到线虫分泌物的刺激而膨大、增生，形成结瘤。②坏死。植物受害部分酚类化合物增加，细胞坏死并变成棕色。③根短粗。线虫在根尖取食，根的生长点遭到破坏，致使根不能延长生长而变短粗。④丛生。由于线虫分泌物的刺激，根会过度生长，须根呈乱发丛状丛生。此外还有萎蔫、枯死、茎叶扭曲、叶尖捻曲干缩、叶斑、虫瘿和花冠肿胀等表现。

线虫的侵害活动还可为其他病原微生物提供入口，有些线虫会在它们以植物为食的时候传染植物病毒。常见植物线虫及其引起的病害有：花生根结线虫病、大豆胞囊线虫病（又称大豆根线虫病）、小麦粒线虫病。

五、寄生性种子植物

1. 寄生性种子植物的基础知识

在植物界中，有少数种子植物由于缺少足够的叶绿素或某些器官退化而不能独立生存，必须依赖其他种类植物体内营养物质而生存，这种营寄生生活的种子植物称为寄生性种子植物。

根据对寄主的依赖程度不同，寄生性种子植物可分为两类：一类是半寄生性种子植物。这类植物有正常的茎、叶，能进行正常的光合作用，但根多退化，其导管直接与寄主植物的导管相连，从寄主植物内吸收水分和无机盐，例如，桑寄生和槲寄生。另一类是全寄生性种子植物。这类植物没有叶片或叶片退化，不能进行正常的光合作用，其导管和筛管与寄主植物的导管和筛管相连，从寄主植物内吸收全部或大部分营养和水分，例如菟丝子和列当。根据寄生性种子植物在寄主植物上的寄生部位划分，可分为根寄生和茎寄生。寄生在植物地下部分的为根寄生，如列当；寄生在植物地上部分的为茎生，如菟丝子、桑寄生。

寄生性种子植物由于摄取寄主植物的营养或缠绕寄主植物等，致使寄主植物生长发育受到不同程度的抑制。草本植物受害后，主要表现为植株矮小、黄化，严重时全株枯死。木本植物受害后，通常出现落叶、顶枝枯死、开花延迟或不开花，甚至不结实等。

2. 常见的寄生性种子植物

（1）**菟丝子** 菟丝子是一年生草本、寄生性种子植物。无根，叶片退化为鳞片状，茎为黄色丝状物，纤细、肉质。菟丝子以种子繁殖和传播。菟丝子种子成熟后落入土中，休眠越冬，次年萌发。

幼苗长出土面，遇到适宜寄主就缠绕于寄主茎部，在接触处形成吸根伸入寄主，吸根进入寄主组织后，自寄主吸取养分和水分。菟丝子生长速度非常快，会造成寄主的叶片被覆盖，影响寄主正常的光合作用；造成寄主生长发育不良；还能传播一些传染性病害，严重时会造成寄主死亡。菟丝子主要危害幼苗、幼树和灌木，寄生范围较广，可寄生于豆科、菊科、蔷薇科等许多木本和草本植物上。我国主要有中国菟丝子、南方菟丝子、田野菟丝子和日本菟丝子。

（2）**列当** 列当是二年生或多年生寄生性草本植物。茎直立，不分枝，具明显的条纹，基部常稍膨大；叶干后黄褐色，生于茎下部的较密集，茎上部的渐变稀疏，卵状披针形；穗状花序；全株密被蛛丝状长绵毛。

列当的种子在适宜的条件萌发长出芽管，芽管进一步生长形成吸器，吸器吸附于寄主的根部并侵入其内部与其维管组织连接，进而从寄主获取营养物质和水分形成寄生关系。寄主植物被寄生后，植株生长缓慢、矮化、黄化或枯死，造成寄主植物的产量和质量下降。列当可寄生于菊科、豆科、茄科、葫芦科等许多植物。

✳ **任务实训** 植物病原真菌及其所致病害的观察与识别

一、实训目的

① 熟悉病原真菌形态及病原真菌所致植物病害症状特点。
② 学会制作玻片标本。
③ 熟练使用光学显微镜。

二、实训准备

1. 器具准备

显微镜、放大镜、载玻片、盖玻片、镊子、挑针、小剪刀、解剖刀、刀片、小滴瓶、滴管、滤纸、多媒体教学设备。

2. 标本材料准备

植物真菌性病害新鲜标本、浸制标本、干制标本、病原菌永久玻片标本、蒸馏水、多媒体图片或视频。

三、实训操作要求

1. 玻片标本制作及显微镜观察

① 取一洁净载玻片，在其中央滴一滴蒸馏水。从新鲜病害标本上以挑、刮等方式获

取病原菌，随即将其轻轻放到上述载玻片预先滴放的水滴中央。然后，用镊子取一洁净的盖玻片，将其从载玻片上水滴的一侧慢慢放倒，盖在载玻片上，注意：操作时要轻稳，以免产生气泡或将病原菌冲到盖玻片外而影响后期观察。盖玻片边缘多余的水分用滤纸吸去。

② 将制作好的玻片标本置于光学显微镜下，先在低倍镜下找到要观察的适宜的病原菌区域并将其置于视野中央，然后改用高倍镜观察，边观察边绘图。

2. 标本观察

观察典型的植物真菌性病害新鲜标本、浸制标本、干制标本、多媒体图片或视频，将观察结果（症状特点）填入记录表格。光学显微镜镜下观察病原菌玻片标本，边观察边绘图（菌丝、菌丝变态结构、无性孢子、有性孢子等）。

① 鞭毛菌亚门病原菌。疫霉属病原菌与马铃薯晚疫病、霜霉属病原菌与白菜霜霉病及其所致植物病害观察与识别。

② 子囊菌亚门病原菌。钩丝壳菌属病原菌与葡萄白粉病及其所致植物病害观察与识别。

③ 担子菌亚门病原菌。胶锈菌属病原菌与梨锈病、黑粉菌属病原菌与玉米黑粉病及其所致植物病害观察与识别。

四、实训考核

① 绘制病原真菌显微观察形态图。
② 填写植物真菌性病害症状观察记录表。
③ 书写实验报告。

知识拓展　类病毒

类病毒是 20 世纪 70 年代初发现的、寄生于高等生物细胞中一类最小的新的病原体，有类似病毒的一面，有所谓亚病毒或不完全病毒之说，但又不属于病毒，故称类病毒。它们像病毒一样，严格专性寄生，只有在宿主细胞内才表现出生命特征——核酸分子的自我复制。

类病毒的化学组成与结构比病毒更为简单，仅仅是一个没有蛋白质外壳的、游离的 RNA 分子，其分子量为已知最小病毒分子量的十分之一左右。大约 99% 的类病毒为共价闭合环状单链结构，另一些则为带有不完全碱基对的双链分子。

植物类病毒病害的症状表现有植株矮化、黄化、坏死、畸形及裂皮等，植物类病毒病害还具有隐性感染普遍、潜育期长及容易传染等特点。

任务四

植物病害的诊断

任务目标

知识目标：　① 掌握植物病害的田间诊断和实验室诊断的步骤。
　　　　　　② 掌握植物病害的症状类型及特点。
　　　　　　③ 正确理解植物病害病原的类型。

能力目标：　① 能初步诊断植物的病害。
　　　　　　② 根据需要采集植物病害不同的标本，并进行准确鉴定。

素质目标：　① 通过植物病害的诊断，培养学生严谨的工作态度。
　　　　　　② 根据需要采集植物病害不同的标本，培养学生团结协作、吃苦耐劳的精神。

基础知识

一、植物病害的田间诊断

1. 田间诊断的目的

（1）**识别**　识别植物受害是病害还是伤害，是具有传染性的侵染性病害还是不具有传染性的非侵染性病害（生理性病害）。

（2）**调查和访问**　通过田间诊断，走访并调查非侵染性病害的病因，如营养失调、虫害、机械损伤和环境污染等。

（3）**初步诊断**　根据症状特征对具有传染性的侵染性病害进行初步诊断，判断是由哪类病原菌引起的。

2. 田间诊断的内容

（1）**看分布**　观察田间分布是区分侵染性病害和非侵染性病害，特别是病毒病害的重要手段。重点观察病害是否大面积连片发生，病株附近是否有健株，相邻地块发生情况和不同品种之间是否有差异等。非侵染性病害往往大面积连片发生，如降温引起的冻害与冷害；空气污染，往往与风向和毒气来向有关，不受地界限制；缺肥、缺水或肥水过多、农药污染，与邻近地块一般不同。病毒病常常零星发生，病株附近有健株，健株附近有病株。

（2）**看症状**　部分病害可根据特有病状和病征作出诊断。出现霉状物、锈状物、粉状物、颗粒状物和菌核等病征的，可诊断为真菌性病害；出现细菌菌脓、菌膜或细菌胶粒的可诊断为细菌性病害；出现花叶等病毒特征，可诊断为病毒病害；出现线虫虫瘿的可诊断为线虫病害。

（3）**调查和了解情况**　先了解前茬作物的种植情况，询问近年来的施肥用药情况和其他管理措施，再结合症状的差别和有无病变过程，基本可以确定植物受害是机械伤、虫害等非侵染性伤害，还是真菌、细菌、病毒等侵染性病害。如某地块某种作物不发芽，若种子没问题，邻近地块同品种作物发芽正常，就可能与当季或前茬施药施肥有关。

二、植物病害实验室诊断

1. 室内诊断的目的

一般对于室外诊断不能确定病原的病害、新发生病害和一些不太熟悉的病害，需要进行室内诊断，以免造成误诊，影响防治效果。

2. 室内诊断的方法

（1）**显微镜检查法**　对于怀疑是细菌性病害的，可以在叶片取新鲜的标本，在病健交界处切取小块寄主组织，低倍显微镜观察有无细菌溢脓（喷菌）现象，有细菌溢脓的是细菌病害，没有细菌溢脓的一般不是细菌病害。对于长有霉状物、粉状物、颗粒状物、锈状物的真菌病害和一些线虫病害，可通过适当的制片方法，在显微镜下观察其病原物特点，查阅相关资料，而后确定病害的具体种类。

（2）**保湿培养法**　对于没有直接找到病征或是没有出现病征的真菌性病害，可从田间采集新鲜的发病组织，在保证不杀死病原的前提下，对组织表面进行消毒或只用清水清洗而不进行消毒处理，然后进行保湿培养一至数天，在适当的时间镜检，确定病原的种类。

（3）**柯赫式法则鉴定法**　对新的或少见的细菌和真菌性病害的诊断，需采取柯赫式法则鉴定法。①需对病株上的病菌进行分离培养获得分离物；②将病原菌接种到相同的健康植物体上，引起植株发病，对比接种株症状与原病害症状是否相同；③从接种的发病株上进行重新分离培养，再与原分离物比较是否相同。经过两次反复比较，若结果都相同，才能最后确定这种分离物即为病原。

✸ **任务实训**　植物病害的标本采集与诊断

一、实训目的

① 熟悉植物病害诊断的一般程序。
② 掌握各类植物病害的诊断方法。
③ 培养学生专注力、观察力，同时激发学生对科学的兴趣和创新的能力。
④ 建立学生之间团队协作意识和培养学生吃苦耐劳的精神。

二、实训准备

物品准备：显微镜、标本夹、标本纸、采集箱、放大镜、培养皿、载玻片、盖玻片、解剖针、纱布块、镊子、剪刀、蒸馏水、记录本等。

三、实训操作要求

1. 田间观察

① 观察病害的田间分布情况，区分是侵染性病害还是非侵染性病害，重点观察是否大面积发生。

② 观察病害症状，根据病征类型初步诊断病害的种类，并做好观察记录。

2. 采集病害标本

① 在校园内或实习基地，采集病害植物标本。采集时要将病部连同健康组织一起采下，保证病害症状的完整性。

② 及时写好标签，分别装入采集袋（箱）中，避免混杂，并尽可能多地选择不同的病害种类。

3. 室内诊断

① 室内制作玻片：根据病原物的类型和特征采用挑针挑取病原物，或者采用刀片刮取，并用徒手切片的方法来选取病原物。注意挑和刮的密度不能太大，否则就会碰到枝叶的表皮，从而影响病原物的镜检观察。

② 镜检：严格按照显微镜使用操作步骤观察真菌孢子的形态和细菌溢脓现象，注意观察细菌溢脓的材料要新鲜，操作要快，以免溢脓现象消失。

③ 保湿培养：对于没有病征的病害，保湿培养出现病征后再镜检。

四、实训考核

① 绘制镜下所观察的病原微生物形态图像。

② 书写实验报告：要求内容详实、条理清晰，书写干净。

知识拓展　植物病理学专家朱有勇

朱有勇，植物病理学专家，中国工程院院士，是公认的生物多样性控制病虫害研究的开创者和集大成者；而在农民眼中，他就是一个对田间作物搭配最在行不过的庄稼好手。

从 20 世纪 80 年代开始，朱有勇从栽培角度利用作物多样性时空优化配置，解决了由单一品种大面积种植造成的病害流行，回答了三个关键的科学问题：一是能否控制病害？二是控制病害的机理是什么？三是能否推广应用？

经过十余年近千次试验研究，朱有勇确证了作物多样性时空优化配置控制病害的新途径，回答了第一个问题，在国内外产生了较大影响；从引起作物病害发生的寄主品种、病菌和气象因子"三要素"入手，揭示了作物多样性控制病害的主要机理，回答了第二个问题；通过机理研究，在传统技术的基础上，进行了品种搭配、空间配置和时间优化的技术创新，建立了一系列作物多样性控病增产新技术，在国内外累计推广应用上亿亩（1 亩＝667m^2），实践检验了作物多样性控制病害理论，产生了显著的社会经济效益，回答了第三个问题。

任务五

掌握植物侵染性病害的发生与发展条件

🎯 任务目标

知识目标：① 理解植物病害的侵染过程和侵染循环。
② 掌握植物的侵染性病害的侵染循环和流行循环。
③ 指出植物病害流行的基本条件。

能力目标：① 能认识植物病原物的寄生性和致病性。
② 能以某一病害为例，分析其侵染过程和循环过程。

素质目标：① 能辩证地分析植物侵染性病害的发生和发展规律。
② 通过对病害侵染过程和侵染循环的分析，培养学生独立分析问题的能力。

📚 基础知识

一、植物侵染性病害的侵染过程

（一）病程

植物侵染性病害的侵染过程是指从病原物侵入寄主植物到寄主植物表现发病的全过程。

（二）植物病害的侵染时期

病害的侵染过程是一个连续的过程，为了便于分析，分为接触期、侵入期、潜育期和发病期。

1. 接触期

指病原物通过一定的方式传播，到达寄主感病点的过程。病原物的繁殖体或休眠体通过各种途径传播到寄主。传播的途径包括气流、雨水、昆虫等传播以及人为传播方式。病原物与寄主接触后，常常在寄主表面或根围有一段侵入前的活动阶段，如真菌孢子的萌发、细菌的分裂繁殖、线虫卵的孵化等，这些活动都有助于病原物的侵入。在接触期内，病原物与寄主之间还有一系列的识别活动，在完成这一系列的识别活动后，才能进入实质性的侵入阶段。此时，病原物处于寄主体外的复杂环境中，受到外界各种因素的影响：寄主体表的淋溶物和根围存在的各种分泌物，有的可以促使真菌休眠体或孢子的萌发；环境中的温度、湿度可促进或抑制病原真菌孢子的萌发。这个时期病原物处于比较脆弱的阶段，尤其是病原物侵入之前是防治病害的有利时期。

2. 侵入期

从病原物侵入寄主接触感病点到与寄主植物建立关系为止的时期。

（1）**侵入途径** 病原物的种类不同，其侵入途径也不同，主要分为直接侵入、自然孔口侵入和伤口侵入。直接侵入，病原物在寄主体外可以直接穿透寄主表皮的角质层而侵入寄主。自然孔口侵入，病原物通过植物的自然孔口如气孔、皮孔、水孔、蜜腺及柱头进入植物体内。伤口侵入，病原物经植物体表的各种伤口如虫伤、斑伤、冻伤、机械伤、自然裂伤以及植物落叶的叶痕等形成的伤口，侵入寄主植物（表 2-5）。

表 2-5 生物性病害入侵途径

病原物	侵入途径
真菌	直接侵入、自然孔口侵入、伤口侵入
细菌	自然孔口侵入、伤口侵入
病毒	微伤口或昆虫口器传入寄主体内

（2）**环境条件对侵入的影响** 在影响病原物侵入寄主植物的各种环境因子中，湿度和温度的影响最大。温度和湿度是决定病原物侵入途径和影响侵入的主要因素，对于控制和减少病原物的侵染有重要的作用。

① 湿度。大多数真菌孢子的萌发、细菌的繁殖，都在有水的情况下才能进行，有水的条件有利于到达感病点和进入相应孔口，侵入寄主。

② 温度。温度主要影响病菌孢子萌发和侵入的速度。适宜的温度有利于孢子的萌发，病菌孢子萌发率高，萌发所需的时间较短，侵入率也随之提高。而距离最适温度越远，孢子萌发所需时间越长，甚至不能萌发。

（3）**潜育期** 从病原物侵入寄主建立寄生关系开始，到寄主表现明显症状为止的时期，称为潜育期。潜育期是病原物在植物体内进一步繁殖和扩展的时期，也是寄主植物与病原物相互斗争最激烈的时期。

① 病原物从寄主获得营养的方式。病原物必须从寄主细胞获得必要的养分和水分，才能生存繁殖。其营养方式分为两种，一是活体营养寄生型，指病原物侵入寄主后，并不立即杀死细胞，通常是菌丝在细胞间扩展，以吸器伸入寄主活细胞内吸收养分，如锈菌、霜霉菌和白粉菌等专性寄生物。二是死体营养寄生型，病原物产生酶和毒素先杀死寄主细胞，再从死亡细胞中吸收养分。

② 病原物在寄主体内的扩展。病原物在寄主体内的扩展根据侵染方式的不同分为局部侵染和系统侵染。局部侵染是指病原物在寄主体内扩展，有的局限在侵染点附近，形成局部的或点发性的侵染。如许多因病原真菌和细菌侵染而形成的斑点，这类病害的潜育期短。系统侵染是指侵入寄主生长点而向多个部位蔓延扩展的病害或侵入寄主维管束组织，在输导组织中扩展到全株的病害，这类病害的潜育期较长。

③ 影响潜育期的环境因素。植物病害潜育期的长短不一，如在适宜的条件下，水稻白叶枯病病害潜育期只有 3 天；有的果树病毒类病害的潜育期长达一年至数年。同一病害影响潜育期长短的主要因素是温度。在适宜的温度范围内，病原菌生长发育速度最快，潜育期也最短，反之延长。

在潜育期，有的病原物侵入寄主植物后，由于寄主的抗病性或病原物对寄主体内环境不适应，其在寄主体内潜伏而不表现症状，这种现象称为潜伏侵染。

（4）**发病期** 从寄主出现明显症状开始，到病害进一步发展而加重的时期，称为发病期。此期间病原物在寄主的感病部位不断产生繁殖体，构成各种特征明显的病征。如真菌引起的病害，在病部产生大量的无性繁殖体，形成各种霉、粒、粉、丝状物；细菌病害在病部产生脓状物，其中含有的大量细菌个体是进行再侵染的病菌来源。发病期同样受到环境影响，在适宜的温度和高湿的条件下，有利于真菌和细菌的繁殖、扩展和蔓延。

二、植物病害的侵染循环

植物病害的侵染循环是指侵染性病害从一个生长季节开始发病，到下一个生长季节再度发病的过程。主要包括病原物的越冬和越夏、病原物的传播和病原物的初侵染和再侵染等环节。

1. 病原物的越冬和越夏

病原物的越冬和越夏，实际上就是寄主植物收获后，病原物在一定场所度过寄主休眠阶段而保存自己的过程。病原物越冬越夏的场所包括田间病株、种子和其他繁殖材料、土壤、病株残体、肥料和传病介体等，不同的病害越冬场所不同。了解病原物的越冬场所，进行种子、繁殖材料、土壤和粪肥的消毒，清除田间残体，防治害虫，铲除杂草，可有效地减少越冬的病原物。

2. 病原物的传播

越冬和越夏的病原物必须传播到感病寄主植物上，才能发生初次侵染；植物发病后新产生的病原物也要经过传播，才能引起再侵染，病原物的传播可分为主动传播和被动传播。

（1）**主动传播** 病原物依靠自身的动力进行的传播，称为主动传播。如真菌游动孢子和细菌借助鞭毛在水中游动传播，真菌菌丝、菌索能在土壤中或寄主上生长蔓延；线虫在寄主和土壤上蠕动传播等。主动传播的距离和范围有限，仅对病原物的传播为害起一定的辅助作用。

（2）**被动传播** 绝大多数病原物借助外力进行传播，即被动传播。被动传播的范围远远大于病原物的主动传播，其传播方式有雨水传播和气流传播。

雨水传播普遍存在，但其传播距离较近。植物病原菌和部分具有胶性的真菌孢子经雨水溶解后，散出或随雨滴的飞溅而传播。尤其是暴风雨，能使田间病原物如稻白叶枯病大范围传播。病株上的病原物可随雨水冲洗到病株下部或土壤中，土壤中的病原物又可随流水传播，同时雨滴的飞溅，又可把土壤表面的病原物传播到距离地面较近的寄主组织上。

气流传播主要是病原真菌的传播方式。由于真菌孢子数量大、体积小、质量轻，容易随气流传播，传播速度快、距离远、涉及面积广，有些真菌的子实体还能将孢子弹射到空中，有利于气流传播。细菌和病毒虽不能直接借风力传播，但是细菌的病残体可随风飘扬；有些病毒的媒介昆虫也借气流做远距离迁移，风力对这些病害起间接的传播作用。

（3）**昆虫及其他生物传播**　昆虫是传播病毒、类病毒和植原体等病原物的主要传播介体。刺吸式口器的昆虫蚜虫、飞虱、叶蝉等吸食病株汁液时，可将病毒等病原物吸入体内，有的立即或经过一段时间可随昆虫的取食传播到其他健株上去。昆虫对病原真菌和细菌也有一定的传播作用，昆虫不仅携带病原物，还为害寄主造成伤口，对发病有促进作用。有些线虫、真菌、寄生性种子植物能传播病毒，鸟类能传播寄生性种子植物。

（4）**人为传播**　人类在进行与农业有关的相关活动中，常常无意识地帮助了病原物的传播。如种子和苗木的调运，农产品的运输和其包装材料，施用带有病残体又未完全腐熟的农家肥，以及各种农事操作都可能传播多种病原物。这种人为传播克服了病原物受自然条件和地理条件的限制，造成了病原区的扩大和新病区的形成。

3. 病原物的初侵染和再侵染

初侵染是指越冬或越夏后的病原物，在寄主生长期进行的第一次侵染。再侵染是在初侵染感病后，新产生的病原物通过各种传播方式可以进行再次侵染，并可以多次重复。

同一个生长季节内，有些病害只有初侵染，没有再侵染，因此可根据再侵染的有无分为两种类型：一类是在一个生长季节中，只有初侵染而没有再侵染或是再侵染不是很重要的病害。如小麦黑穗病、桃缩叶病等，这类病害在田间发生的程度取决于初侵染量的多少。初侵染量大，病害发生重；初侵染量小，病害发生轻。另一类是在作物生长季节发生初侵染后，还进行多次再侵染的病害。如水稻稻瘟病、小麦锈病、白粉病等，这类病害只要环境适宜，再侵染次数较多，病程较短，田间病情发展快，因而病害流行。

三、植物病害的流行

植物病害流行是指植物病害在一个地区短期内大面积严重发生，并对作物造成重大损失的现象。

1. 植物病害流行的基本条件

病害流行要满足三个条件，也称为"病害流行三要素"，包括大量的感病寄主植物、有强致病力的病原物和适宜的环境条件，只要有一个因素不具备，病害就不可能流行。

（1）**大量的感病寄主植物**　病原物没有碰到感病的寄主植物，病害就不会发生，感病寄主植物的数量和分布是决定病害能否流行及流行程度的基本因素之一。病害一旦流行，就会造成较大损失。因此，在制定种植计划时，要考虑品种的合理布局和品种轮换，以有效地控制病害流行的程度。

（2）**强致病力病原物**　大量的强致病力病原物存在是病害流行的先决条件。病原物群体数量不足，致病力不强，都不会造成病害流行。导致病害流行的病原，不仅取决于越冬、越夏病原物的数量，还取决于病原物的繁殖速度和再侵染的次数，若病害潜育期短、病原物繁殖快、积累多，再侵染次数就多，病害就容易流行。

（3）**适宜的环境条件**　在前两个因素具备的前提下，环境条件在很大程度上决定着病害是否能流行。环境条件主要是气象条件、土壤条件和栽培条件。气象条件中以温度、湿度和光照对病害流行影响较大；土壤条件主要指土壤温、湿度和土壤特性对寄主植物的根系和土壤中病原物生长繁殖的影响。栽培条件中轮作或连作、肥水管理、品种布局与病害流行关系密切。

2. 植物病害流行的类型

（1）单循环病害 在一个生长季节中，只有初侵染没有再侵染，或虽有再侵染但作用很小的病害，称为单循环病害。其特点是：初次发病后，田间发病率就基本稳定，病害潜育期长，受环境条件的影响小。病原物的数量是逐年累积的，若干年后才能达到流行程度。这类病害应控制越冬、越夏的病原物数量，以有效地控制病害的发生，如小麦黑穗病、棉花枯萎病等。

（2）多循环病害 在一个生长季节中，不仅有初侵染而且有多次再侵染的一类病害，称为多循环病害。这类病害主要由雨水和气流传播。其特点是寄主感病时期长，病害的潜育期短，再侵染次数多，受环境条件影响较大，田间病害数量增长较快，往往需要在一个生长季节多次防治，如小麦白粉病、稻瘟病等。

✸ 任务实训 植物病害蜡叶标本的采集、制作与保存

一、实训目的

① 掌握植物病害蜡叶标本的采集、制作与保存技术。
② 培养学生观察和动手的能力，树立学生认真细致的科学态度。

二、实训准备

材料准备：采集箱、标本夹、剪刀、吸水纸、硬纸板、牛皮纸、玻璃面标本盒、脱脂棉、樟脑丸和干燥剂。

三、实训操作要求

1. 标本的采集

将植株有病部位连同健全部分用剪刀取下，而后用标本纸或塑料袋分别包好，再放在采集箱内。病害标本病状要典型、病征要明显，避免混杂。

2. 标本的压制

① 整理。选择完整、病状典型、病征明显的标本，去掉过多、过密或者症状不典型的枝叶或根。

② 压制。打开标本夹，在底层放置一块硬纸板，平整地铺放 3～5 层吸水纸或旧报纸。把整理好的病害标本摆放在吸水纸上，调整好标本的姿态，尽量使标本的根、枝、叶平展，并且使部分病征典型的叶片背面向上，以便观察叶部背面特征。而后放上一层吸水纸，注意同一层吸水纸上尽量放同一类病害标本，避免多种病害放到一起造成污染。若茎秆过粗不利于压制，可把茎秆劈开易于压制。对于真菌性病害，需防止霉状物和粉状物相互影响。

③ 换纸整形。压后前三天，每天更换吸水纸一次，以后视标本的干燥情况，每 2～3 天更换一次，直到标本彻底干燥。注意在第一次换纸时，趁标本变软，抓紧整理，使其保持一致的形态，对于完全干燥的标本，小心移动，防止破碎。

3. 标本的保存

① 玻璃面标本盒保存。选择大小与标本相近的标本盒，盒底放置干燥剂和樟脑球，而后平整地铺上脱脂棉，与标本盒同高。在脱脂棉上放置与标本盒大小一致的白纸，在白纸上放置压制干燥的植物病害标本，调整好位置。注意一定要轻拿轻放，保护标本的完整性。

② 填写鉴定标签。要认真、准确、完整地填写标签内容，而后将标签放置到标本盒右下角的位置，盖上盒盖，在标本盒侧面注明病害种类及编号。最后放到标本架上避光保存。

植物病害标本标签

中文名	
病原	
寄主	
采集人	
采集地点	
采集日期	
鉴定人	
鉴定日期	

四、实训考核

书写实验报告。

知识拓展 植物病害流行性发展简史及应用前景

1926年，英国巴特勒首次提出了病害三角的概念，在理论上指出了植病流行研究这一新领域。1946年，瑞士植物病理学家高又曼分析了植物病害流行问题，标志着植物病害流行学的诞生。1960年，南非范德普朗克就"病害流行的分析"使植物病害流行学由定性描述发展到定量分析。荷兰扎多克斯（1961）和中国曾士迈（1962），先后独立地采用了范氏提出的逻辑斯蒂模型对病害流行和小麦条锈病作了数理分析。1963年范氏出版的《植物病害：流行和防治》对植物病害流行学，特别是定量流行学的发展，起到了重要的启发和促进作用。1969年美国瓦格纳和霍斯福尔发表了世界上第一个植物病害流行模拟模型 EPIDEM（番茄早疫病流行电算模型）。1979年扎多克斯和沙因合作编写了世界上第一本植病流行学教材——《植物病害流行学和病害管理》。之后更多的植病流行学专著和论文问世，逐步使植物病害流行学成为植物病理学的一个分支，体系更趋成型，使植物病害概念从病害三角、病害四面体发展到病害系统，病害防治理论也从战术水平发展到战略战术水平，提高到系统管理的高度。

20世纪60年代以前，植病流行学主要应用在进行预测预报、指导药剂防治上。近年来其应用领域扩大，指导抗病育种和抗病品种的合理布局，指导栽培防治和生物防治的研究和应用，为病害防治的战术、策略乃至战略规划服务。在防治策略的制定上，病害的流行学类型、流行结构和流行因素分析是重要的理论基础。流行学中正在发展的地理植物病理学、大区流行和流行区系、病害超长期预测等研究，为宏观战略研究和长期防治规划服务。在植物生长过程中，植病流行学对病害监测、预测预报、防治决策等工作环节因情况制宜、灵活运用，起重要的指导作用。因此，植病流行学的主要应用前景将服务于植保系统工程。

项目测试

一、填空题

1. 植物病害的病原按其不同性质可分为_____和_____两大类。
2. 植物病害的病状，可分为变色、_____、腐烂、_____和_____。
3. 植物病害的侵染循环包括_____、_____和_____。
4. 病原物侵入寄主有_____、_____和_____等方式。
5. 植物的侵染性病害的病原有真菌、_____、_____、植物线虫和_____。

二、选择题

1. 在植物病害中，（　　）引起的病害最多。
   A. 真菌　　　　　　　B. 细菌　　　　　　　C. 病毒　　　　　　　D. 线虫
2. 可通过微伤口侵入寄主的是（　　）。
   A. 条锈菌　　　　　　B. 软腐病细菌　　　　C. 花叶病毒　　　　　D. 寄生性线虫
3. 既有病状又有病征的植物病害是（　　）。
   A. 白菜软腐病　　　　B. 缺锌小叶病　　　　C. 缺铁黄花病　　　　D. 黄瓜花叶病
4. 下列症状中，属于细菌性病害特有的是（　　）。
   A. 霉状物　　　　　　B. 粉状物　　　　　　C. 线状物　　　　　　D. 脓状物
5. 防止病原物侵染的有利时期是（　　）。
   A. 接触期　　　　　　B. 侵入期　　　　　　C. 潜育期　　　　　　D. 发病期

三、判断题

1. 植物病害都有病征和病状。　　　　　　　　　　　　　　　　　　　　　（　　）
2. 真菌、细菌和病毒一样有细胞结构。　　　　　　　　　　　　　　　　　（　　）
3. 桑寄生属于全寄生性植物。　　　　　　　　　　　　　　　　　　　　　（　　）
4. 在同一个生长季节里，有的病害再侵染可能发生许多次。　　　　　　　　（　　）
5. 病原物的传播主要通过气流、雨水等方式传播。　　　　　　　　　　　　（　　）

四、简答题

1. 什么是植物病害？衡量植物病害的标准有哪些？
2. 病毒病害的发生有哪些特点？
3. 植物病害的诊断主要分为哪两种？各有哪些特点？

项目评价

评价项目	评价内容	自我评价 (10%)	教师评价 (70%)	学生互评 (20%)	得分
学习能力 (40 分)	植物病害症状类型的识别				
	植物侵染性病害类型的辨别				
	植物病原真菌形态的观察和识别				
	植物病害的实验室诊断				
	植物病害标本的采集、制作				
	项目测试				
技术能力 (40 分)	植物病害症状类型的观察和识别				
	植物非侵染病害主要症状的识别				
	植物病原真菌及其所致病害的观察与识别				
	植物病害的标本采集与诊断				
	植物病害蜡叶标本的采集、制作与保存				
素质能力 (20 分)	协作意识				
	创新意识				
	学习态度				
总分（100 分）					

植物有害生物的综合防治技术

📖 学前导读

多年的实践表明，单纯依赖化学农药控制病虫为害的同时，也带来了许多矛盾与问题，如农药的残留、病虫的抗药性增强、自然天敌被误杀、病虫的再度猖獗、次要病虫害上升为主要病虫害，以及环境污染等。早在 20 世纪 60 年代初期，国外就有专家提出了有害生物综合治理的概念，明确地指出害虫防治不是以"消灭"为目标，而是将种群数量控制在不致造成危害的水平。1967 年联合国粮农组织（FAO）在罗马召开的"有害生物综合防治专家讨论会"上提出了"有害生物综合治理"（integrated pest management，IPM）的概念。

我国在 20 世纪 50 年代初期就在关于农业害虫防治工作的报告中，提到了综合防治，概括了当时采用的农业防治、化学防治和改变害虫环境等方法，它是由"防治结合"与"改治并举"的治虫策略发展而来的。1975 年召开的全国植物保护工作会议上，正式将"预防为主，综合防治"作为我国的植保工作方针，并进一步指出"在综合防治中，要以农业防治为基础，因地因时制宜，合理运用化学防治、生物防治、物理防治措施，达到经济安全、有效地控制病虫为害的目的"。植保方针明确指出了综合防治不是各种防治手段的简单拼凑，而是各种防治措施的有机结合与综合运用。

通过本项目的学习，同学们将了解有害生物的五大防治措施，并能将五大防治措施有效综合应用，针对不同作物制定相应的综合防治台历。

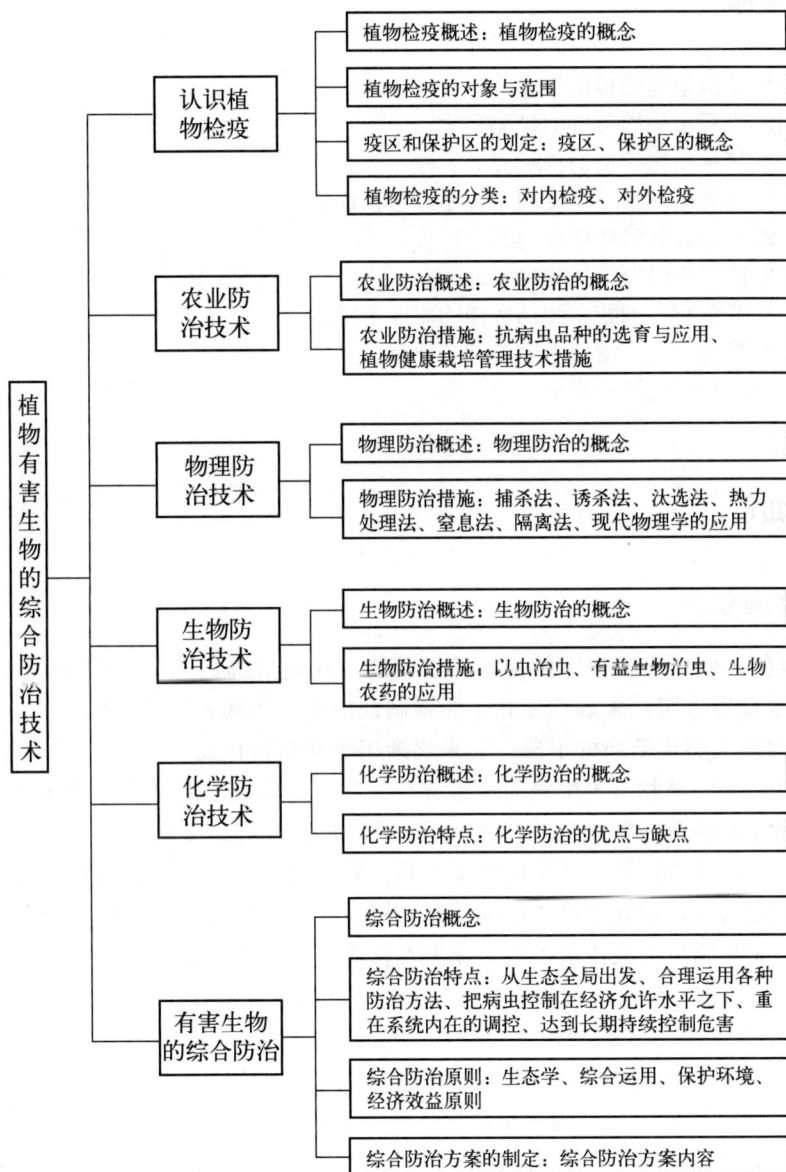 知识导图

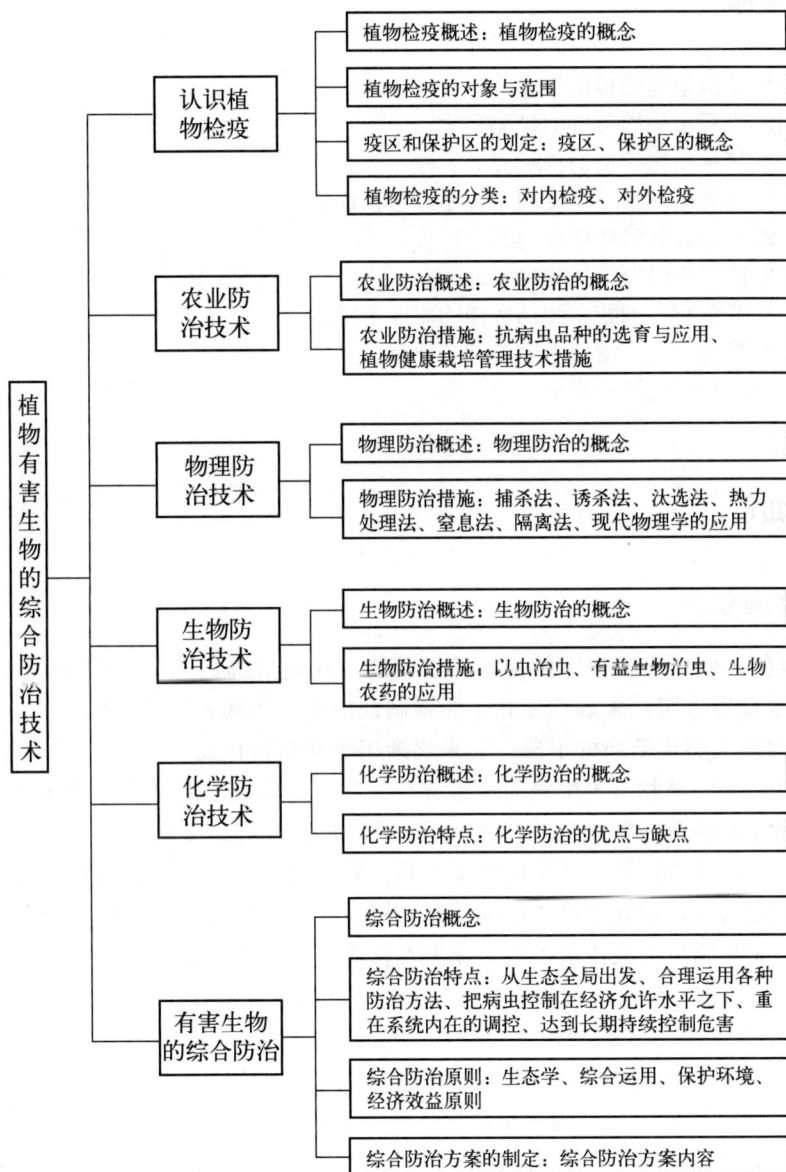

任务一

认识植物检疫

🌐 任务目标

知识目标：　① 了解植物检疫的概念。
　　　　　　② 掌握植物检疫的对象与范围。
　　　　　　③ 了解植物检疫对内检疫的流程。
能力目标：　① 能够根据当下检疫对象界定疫区和保护区。
　　　　　　② 能够区分对内检疫与对外检疫。
　　　　　　③ 能够申请办理植物检疫证书。
素质目标：　① 具备耐心细致、团结协作的职业素质。
　　　　　　② 具备知法、懂法、守法的法律意识。
　　　　　　③ 具有自我防护意识。

📖 基础知识

一、植物检疫概述

在 14 世纪，威尼斯曾规定外国船舶进港前，在附近隔离岛屿停泊 40 天，使鼠疫等传染病患者度过潜伏期，无表现症状，经强制性检查，无病者方可登陆上岸。由此看来，检疫最早是控制人类传染病的手段，后来逐渐用于动植物检疫。

在自然条件下，植物有害生物的分布常有一定的区域性。但是在生产活动中，由于人为的传带，种子和种苗的频繁交换、调动，使某些危险性有害生物在国家间或地区间传播开来，造成严重的经济损失，其实例屡见不鲜。为了防止危险性生物的侵入与传播，各国政府制定了检疫法令，设立了检疫机构，对动植物等有害生物进行检疫。植物检疫是为了防止检疫性有害生物传入或传出国境，保护农林业生产和生态安全，保护人民的生存环境和身体健康，保证卫生安全，促进对外贸易发展，创造更好的社会、生态和经济效益。

中国的植物检疫始于 20 世纪 30 年代。1949 年以后，设置植物检疫机构，建立中国统一的植物检疫制度，颁布了《输出输入植物病虫害检验暂行办法》，并陆续在中国海陆口岸开展对外植物检疫工作。国内植物检疫则由农业农村部管理。

植物检疫是通过法律、行政和技术的手段，防止危险性植物病、虫、杂草和其他有害生物的人为传播，保障农林业的安全，促进贸易发展的措施。它是人类同自然长期斗争的产物，也是当今世界各国普遍实行的一项制度。

二、植物检疫的对象和范围

1. 检疫对象

根据植物检疫条例规定，凡属未曾发生或仅局部发生，一旦传入对本国、本地区的主要寄主作物为害较大而又难于防治的，并在自然条件下一般不可能传入而只能随同植物及植物产品，特别是随同种子、苗木等植物繁殖材料调运而传播蔓延的病、虫、杂草等，应确定为检疫对象。农业农村部、林业和草原局制定出植物检疫对象和应施检疫的植物、植物产品的名单，再由各省（自治区、直辖市）农业、林业行政部门根据本地区的需要，制定本省（自治区、直辖市）检疫对象和应施检疫产品的补充名单，并报农业农村部、林业和草原局备案。有的列出总的名单，在分项的法规中针对某种（或某类）作物加以指定；也有的会在国际双边协定、贸易合同中具体规定。

2. 检疫范围

检疫范围包括进出境植物及植物产品检疫（进境、出境、过境）；运输工具检疫（车、船、飞机等）、装载容器（集装箱等）、铺垫材料（托盘等）、包装材料检疫（木质包装）；旅客携带物检疫（口岸）；邮寄物检疫（国际邮件互换局）。

三、疫区和保护区的划定

疫区指某一植物检疫性有害生物分布未广的情况下，发生植物检疫对象的局部地区。为了防止其向未发生地区传播扩散，经省（自治区、直辖市）人民政府批准而划定疫区，并采取封锁、消灭措施防止检疫对象的传出。保护区指在某一植物检疫性有害生物发生已较普遍的情况下，未发生植物检疫对象的局部地区；为了防止其被污染或被人为传播，经省（自治区、直辖市）人民政府批准而划定，并采取保护措施的区域。有检疫对象出现，而没有正式划定为疫区的地方，不能称为疫区，只能称为检疫对象发生区或病区。

四、植物检疫的分类

植物检疫分为对外检疫和对内检疫两种。

1. 对外检疫

又称国际检疫，禁止危险性有害生物随着植物及其产品传出国外或传入国内。对外检疫一般是在港口、国际机场等口岸设立机构，对进出口货物、邮件等进行检查。出口检疫工作也可以在产地设立机构进行检疫。

《中华人民共和国进出境动植物检疫法》及其实施细则、《中华人民共和国进境植物检疫性有害生物名录》、《中华人民共和国进境植物检疫禁止进境物名录》是我国进行对外植物检疫的依据。进出境植物检疫由中华人民共和国海关总署主管。

对外检疫的措施主要包括：①禁止进境：由政府规定植物检疫禁止进境危险性和检疫性有害生物名录。②限制进境：提出进境条件（检疫证书）、限制进境时间和地点、进境植物种类。③产地检疫：在输出国或地区进行田间产地检疫，以及植物、植物产品加工场所实施检疫，检测有害生物发生动态，为预警、检测和检疫决策提供科学依据。④隔离检验：对引进的种苗在特定隔离苗圃实施种植检疫。⑤检疫检验：在进境口岸实施检疫检验，以便发现是否带有检疫对象。⑥第三国检疫：将种苗等繁殖材料先在与输入国和输出国生态条件完全不同的第三国种植，在植物生育期间进行检疫。

2. 对内检疫

又称国内检疫，其任务是将在国内局部地区已发生的危险性病、虫、草封锁，使其不能传入安全区，并在疫区将其消灭。依据《植物检疫条例》《全国农业植物检疫性有害生物名单》《全国林业检疫性有害生物名单》等对国内植物进行检疫。国内的植物检疫在全国各地设立检疫机构，由农业农村部与国家林业和草原局分别负责，国内县级以上各级植物检疫机构受同级农业或林业行政主管部门的管理对内检疫包括产地检疫和调运检疫两种。

（1）**产地检疫**　在输出国或地区进行田间产地检疫，以及植物、植物产品加工场所实施检疫，检测有害生物发生动态，为预警、检测和检疫决策提供科学依据。对应检植物、植物产品及繁殖材料，经植物检疫机构产地检疫合格后，由省、市、县植物检疫机构发给植物检疫证明编号和产地检疫合格证。

（2）**调运检疫**　是指植物检疫机构在植物及其产品调运过程中所采取的检疫处理措施，多在车站、码头、公路以及其他调运现场实行。调运检疫是国内检疫工作的核心，也是防止危险性病虫害随植物及其产品在国内人为传播的关键。根据调运植物及其产品的方向，调运检疫分为调出检疫和调入检疫。调运检疫程序包括申报检疫、受理检疫、检验检疫、评定和签发检疫证书4个环节。

① 申报检疫。调入单位或个人必须事先征得所在地的省（自治区、直辖市）植物检疫机构或其授权的市、县植物检疫机构同意，并取得调运检疫要求书；调出单位或个人应在调运前7天向植物检疫机构提出申请办理农业植物调运检疫手续；申报单位提出申请时必须填写《调运检疫申请书》，经产地检疫合格的需要提供产地检疫合格证。若植物及其产品系外地调进的，需要调出时则应按照《农业植物调运检疫规程》或《森林植物检疫技术规程》的要求，出示植物检疫证书。

② 受理检疫。检疫机构受理报检单后，检疫员认真审查报检单及所有单证、票证是否真实有效，并明确检疫要求。

③ 检验检疫。一是进行现场检疫，自收到调运检疫申请单后3天内实施现场检查，主要检查调运产品及其包装材料、运输工具、堆放场所等是否有检疫性有害生物及其病原物、排泄物、蛀孔等痕迹。二是进行室内检验，对现场检查难以得出有无检疫性有害生物结论的需要室内检验或有必要保存样品，应结合现场抽样检查取回样品。通过对样品采取一般检验方法、专题检验方法或其他检验方法进行检验。

④ 评定和签发检疫证书。依据现场或室内检疫，未发现有害生物的2日内签发植物检疫证书，方可调运；在检疫中发现带有或感染检疫性有害生物的，通知申报单位或个人，采取处理措施并监督执行，处理合格后签发植物检疫证书，方可调运；经产地检疫合格的，在填报《调运检疫申请书》，提供产地检疫合格证后可当日直接换取相同品种、数量的植物检疫证书；异地调运的，在填报《调运检疫申请书》，提供有效期内的植物检疫证书后，可直接换取与原证书相同内容的植物检疫证书。

✖ 任务实训　模拟办理植物检疫证书

一、实训目的

① 学会申请办理植物检疫证书。

② 培养学生知法、懂法、守法的法律意识。

③ 培养学生团结协作的职业素养。

二、实训准备

调运一批英国梧桐、侧柏苗木，以小组为单位为该公司申请办理植物检疫证书，分别扮演调出方、调入方和检疫员，准备各种表格。

三、实训操作要求

1. 报检

园林绿化公司报检员到县级行政服务中心林业部门窗口报检。

2. 现场检查

核查苗木的品种、名称、产地、数量是否与报检单一致，并运用肉眼、过筛、X光机、检疫犬等进行检查。如果当场可做出决定，就执行放行或除害处理；若现场不能做出可靠判断，可抽样送室内检验或请专家做进一步的化验或鉴定。最后填写《植物检疫报检单》。现场抽样要注意代表性和均匀性；检查时注意运输、装载工具及货物存放场所周围有无害虫的排泄物、分泌物、蜕皮壳、虫卵、蛀孔等为害痕迹。

3. 检疫处理

检疫人员填写《植物检疫除害处理通知单》，对于检疫不合格的进行除害处理（熏蒸处理、高温和低温处理、化学药剂处理等），除害处理解决不了的可退回、改变用途或进行销毁。

4. 结果评定

根据检疫结果是否合格，决定签证放行还是停止调运，合格的发放植物检疫证书。

四、实训考核

① 能够填写《植物检疫报检单》《调运检疫申请书》。
② 书写实验报告。

植物检疫报检单

报检编号：　　　　　　　　　　　　　　　　　　　报检日期：　　　年　月　日

调运单位		单位地址			
承办人姓名		身份证件号码		联系电话	
收货单位（人）		单位地址			
植物或植物产品来源			运输工具		
运输起讫	自	经		至	
起运日期	年	月	日		

植物或植物产品名称	品名（或材种）	规格	单位	数量	包装

调入省的检疫要求：（选填）　　　　　　　　调入省要求书编号：

本人承诺以上所填信息真实无误，若有虚假，一切后果本人承担。

承办人（调运单位）签名（盖章）：

检疫结果：

检疫员：

日期：

调运检疫申请书

<table>
<tr><td rowspan="22">货物调运单位或个人填写</td><td>申请单位（盖章）</td><td colspan="3"></td></tr>
<tr><td>联系地址</td><td colspan="3"></td></tr>
<tr><td>经办人（签名）</td><td></td><td>联系电话</td><td></td></tr>
<tr><td>报检日期</td><td></td><td>邮政编码</td><td></td></tr>
<tr><td>植物（货物）名称</td><td></td><td>类型用途</td><td></td></tr>
<tr><td>包装方式</td><td></td><td>件数</td><td></td></tr>
<tr><td>原产地</td><td></td><td>重量（株数）</td><td></td></tr>
<tr><td>运输工具</td><td></td><td>工具号码</td><td></td></tr>
<tr><td>起运地点</td><td></td><td>运往地点</td><td></td></tr>
<tr><td>报检地点</td><td></td><td>受检地点</td><td></td></tr>
<tr><td>发货单位</td><td colspan="3"></td></tr>
<tr><td>收货单位</td><td colspan="3"></td></tr>
<tr><td>收货地址</td><td colspan="3"></td></tr>
<tr><td>收货联系人及电话</td><td colspan="3"></td></tr>
<tr><td>货物单价</td><td colspan="3"></td></tr>
<tr><td>货物合同价值</td><td></td><td>合同编号</td><td></td></tr>
<tr><td rowspan="3">要求批件发送方式</td><td>来人领取</td><td colspan="2"></td></tr>
<tr><td>特快专递邮寄</td><td colspan="2"></td></tr>
<tr><td>普通邮寄</td><td colspan="2"></td></tr>
</table>

💡 知识拓展　检疫的植物及植物产品名单

昆虫	菜豆象	菜豆、芸豆、豌豆等豆类植物籽粒
	蜜柑大实蝇	柑橘类果实
	四纹豆象	绿豆、赤豆、豇豆等豆类植物籽粒
	苹果蠹蛾	苹果、梨、桃、杏等果树苗木、果实等
	葡萄根瘤蚜	葡萄属植物苗木、接穗
	马铃薯甲虫	马铃薯种薯、块茎、植株,以及茄子、番茄等茄科植物种苗、果实、叶片、植株
	稻水象甲	水稻秧苗、稻草、稻谷和根茬
	红火蚁	带土农作物苗木、带土观赏植物苗木、草坪草等
	扶桑绵粉蚧	锦葵科、茄科、菊科、豆科等寄主植物苗木
线虫	腐烂茎线虫	甘薯、马铃薯、洋葱、当归、大蒜等寄主植物块茎、鳞球茎、块根
	香蕉穿孔线虫	香蕉、柑橘、红掌等芭蕉科、天南星科和竹芋科植物苗木
	马铃薯金线虫	马铃薯种薯、块茎,以及带根带土植物
细菌	瓜类果斑病菌	西瓜、甜瓜、南瓜、葫芦等葫芦科寄主植物种子、种苗
	柑橘黄龙病菌(亚洲种)	柑橘属、金柑属等芸香科寄主植物苗木、接穗
	番茄溃疡病菌	番茄等茄科寄主植物种苗
	十字花科黑斑病菌	油菜、白菜、萝卜等十字花科寄主植物种子、种苗
	水稻细菌性条斑病菌	水稻种子、秧苗、稻草
	亚洲梨火疫病菌	梨、苹果、山楂等蔷薇科寄主植物苗木、接穗
	梨火疫病菌	梨、苹果、山楂等蔷薇科寄主植物苗木、接穗
真菌	黄瓜黑星病菌	黄瓜、西葫芦、南瓜、西瓜等葫芦科寄主植物种子、种苗
	香蕉镰刀菌枯萎病菌4号小种	香蕉、芭蕉等芭蕉属寄主植物苗木
	玉蜀黍霜指霉菌	玉米种子、秸秆
	大豆疫霉病菌	大豆种子、豆荚
	内生集壶菌	马铃薯种薯、块茎
	苜蓿黄萎病菌	苜蓿种子、饲草
病毒	李属坏死环斑病毒	桃、杏、李、樱桃等蔷薇科寄主植物苗木、接穗
	玉米褪绿斑驳病毒	玉米种子、秸秆
	黄瓜绿斑驳花叶病毒	西瓜、甜瓜、南瓜、葫芦、黄瓜等葫芦科寄主植物种子、种苗
杂草	毒麦	小麦、大麦等麦类种子
	列当属	瓜类、向日葵、番茄、烟草、辣椒等植物种子、种苗
	假高粱	小麦、大麦、玉米、水稻、大豆、高粱等植物种子

来源:中华人民共和国农业农村部公告(第351号)。

任务二 | 农业防治技术

任务目标

知识目标：　① 了解农业防治的概念。
　　　　　② 正确理解农业防治措施。
能力目标：　① 能够根据地理气候环境与栽培需求选择适宜的植物品种。
　　　　　② 能够制定出适应的农业防治措施。
素质目标：　① 具备耐心细致、团结协作的职业素质。
　　　　　② 培养学生辩证思维，正确实施农业防治措施。

基础知识

一、农业防治概述

农业防治法是贯彻"预防为主，综合防治"方针，保证农产品高产、优质的基本措施，在病虫害防治中具有重要作用。农业防治法就是综合运用植物栽培管理措施，有目的地创造不利于有害生物发生而有利于植物生长发育的环境条件，以抑制或消灭病虫害，保证作物丰产的方法。其一般结合耕作、栽培管理等农事操作进行，通过采取一系列的农业防治措施，可以持续性地控制多种病虫害，且不伤害天敌，既安全、经济，又有效。

二、农业防治措施

1. 抗病虫品种的选育和应用

（1）**选育抗病虫品种**　选育抗病虫品种是防治病虫害最经济有效的防治措施，是防治措施中最根本的途径之一。理想的作物品种应既有良好的农艺性状，又对病虫害、不良环境条件有综合抗性。培育的方法有辐射育种、化学诱变育种、杂交育种以及转基因育种等。抗病虫品种育种是一项长期的持续性工作，需要不断地更新抗病虫品种，替换已失去抗性的品种。

（2）**繁育健壮种苗**　许多病虫害都是通过种子、苗木及其他繁殖材料传播的，因而培育无病虫的健壮种苗，可有效地控制该类病虫害的发生。①无病虫育苗。选取土壤疏松、排水良好、通风透光、无病虫为害的地块或基质进行育苗。②无病株采种（芽）。许多病害是通过种苗传播的，只有从健母株上采种（芽）得到无病种苗，才能避免或减轻该类病害的发生。③嫁接育苗。对于抗性差的品种，可通过嫁接育苗技术提高植物抗性，并减少农药的使用，提高植物的安全性。④组培脱毒育苗。许多种苗都带有病毒，可通过组织培养技术进行脱毒处理，有效防治病毒病。

2. 植物健康栽培管理技术措施

（1）**调整播种期**　选择优良的种子、苗木和其他播种材料，适时播种，可加快发芽出苗，避开病虫盛发期或作物病虫的敏感期，减轻病虫为害。

（2）**改革耕作制度**　合理轮作换茬，能够保证作物生长健壮、提高抗病虫能力，同时对于寄生性强、寄主种类单一以及迁移能力小的病虫，达到恶化其寄生条件，甚至找不到寄主而死亡的效果。轮作、间作、套种也能减少病虫害发生以及减轻为害程度，连作则易加重植物病害的发生，如棉、麦间作对防治棉蚜有利，可减少田间用药次数，降低防治成本和保护天敌。水旱轮作的效果则更好。

（3）**深耕改土**　土壤是某些病虫的重要潜伏场所。深耕不但能改善土壤的理化性质，利于作物的生长发育，还会恶化病虫的生活环境，不仅使虫体暴露于地表或深埋土中进而致死，还会加速植物病残体的分解，从而减少菌源。

（4）**合理密植**　合理密植有利于作物生长发育，减轻某些病虫的发生与为害，是增产的有效措施。过疏则不能充分利用光能和地力，反而利于杂草生长，不能发挥作物群体的增产作用。过密则使田间小气候相对湿度增大，光照不足，光合作用效率低，还会降低作物的抗病能力，造成更大的损失，从而影响产量。因此，在生产上应做到合理密植，实现高产优质。

（5）**科学施肥和灌溉**　科学施肥是获得丰收的重要措施。如若施肥不当，则会导致病虫害的发生。如施用未腐熟的粪肥，易带有某些病原，成为初侵染来源；偏施氮肥，可使作物贪青徒长，降低抗病能力，甚至招致趋绿性害虫的为害以及某些病害的发生。因此，要根据作物的需肥规律，合理施肥，注意氮、磷、钾的合理配比。

合理灌溉，能保证作物的正常生长发育，提高作物的抗性。过于干旱，会降低玉米抗瘤黑粉病以及多种作物抗白粉病的能力，蚜虫、叶螨等害虫也容易发生严重；浇水过多，湿度加大，也会导致多种病虫的发生。因此，合理灌溉可减轻病虫害的发生。

（6）**加强田间管理**　田间管理是指综合运用各种有效增产措施，抓住从播种到收获的各个关键环节，以保证作物的丰产与丰收。适时中耕除草，改善土壤通气状况，调节地温，促进作物根系的发育；清除杂草，减少病虫害的寄主，恶化其生存环境，减少病虫数；及时除草，许多杂草是病虫害的野生寄主，会增加病虫害的侵染来源，杂草丛生还提高了周围环境的湿度，容易导致病害的发生。适时间苗、定苗、拔除弱苗和病虫苗，及时整枝打杈等，对病虫害防治都有重要作用。园林树木、果树、茶树的合理修剪，不仅能促进树体发育，增强树势，而且能剪除病枝、虫枝、枯枝，减少病虫为害。清洁田园可有效地消除病枝、虫枝、枯枝、落叶、落果等，减少病虫来源及其发生基数。适时采摘对保护树体健康、增强抗病虫能力也有很大作用。园艺操作过程中要防止工具和人手对病菌的传播。温室中带有病虫的土壤、盆钵在使用前要进行消毒杀菌处理。

✸ **任务实训**　蔬菜嫁接

一、实训目的

① 掌握顶插接、劈接等嫁接技能。
② 培养学生树立"劳动光荣、技能宝贵"的职业素养。

> **想一想**
> 为什么秋季灌水过多易造成严重冬冻害，导致某些枝干病害严重发生？为什么修剪不合理会提高果树烂皮病发生率？

二、实训准备

1. 砧穗选择配对材料

茄子和托鲁巴姆砧木，番茄和野生番茄砧木，黄瓜和南瓜砧木，西瓜和葫芦砧木，苦瓜和丝瓜砧木。

2. 嫁接操作材料

托鲁巴姆苗、适龄茄子苗、黄瓜苗、南瓜苗、单面刀片、不同规格的嫁接竹签（长度 10cm，直径分别为 2.0mm、2.5mm、3.0mm，顶端单面斜切面长度 5～6mm）、平口塑料嫁接夹、毛巾、瓷盘、培养皿、手持小型喷雾器、75％酒精溶液、标签纸 1 张、棉球等。

三、实训操作要求

1. 茄子劈接

手和工具消毒后，用刀片将砧木苗茎从第 2～3 片真叶之间水平切断，去除所有叶片，在断面中央垂直向下切出长 0.8～1.2cm 的切口。接穗保留 3～4 片真叶，在半木质化处用刀片削成长度 0.8～1.2cm 的双楔面。将接穗插入砧木的切口中，对齐形成层并用嫁接夹固定。

2. 黄瓜顶端插接

手和工具消毒后，去除砧木第一片真叶叶片，保留叶柄。在苗茎顶端紧贴一片子叶，用嫁接针沿叶柄中脉基部向另一子叶的叶柄基部呈 30°～45°斜插，插孔长 0.5～0.7cm，嫁接针略穿透砧木苗表皮，暂不拔出。在与接穗子叶着生方向垂直一侧、距子叶基部 0.5～0.7cm 处，向下斜削一刀，把苗茎削成 0.6～0.8cm 的平滑单楔面，拔出嫁接针，迅速将切好的接穗插入砧木插孔内，切面向下，二者紧密结合，四片子叶呈"十"字交叉。

四、实训考核

考核茄子劈接与黄瓜顶端插接的嫁接数量。

💡 技能拓展　全国职业院校技能大赛植物嫁接赛项

对接产业行业、对应岗位（群）及核心能力

产业行业	岗位（群）	核心能力
智慧农业、园艺产业、种苗产业、林业产业等服务乡村振兴战略和绿色发展产业体系	园艺作物生产	①具有常见蔬菜、果树和花卉绿色生产的能力 ②具有准确诊断与绿色防治园艺作物病虫草害的能力
	种苗生产	①具有园艺种子和苗木繁育的能力 ②具有准确诊断与绿色防治园艺作物病虫草害的能力
	园艺产品及农资营销	①具有园艺产品生产、贮运的能力 ②具有园艺产品及农资信息收集与市场销售的能力

续表

产业行业	岗位(群)	核心能力
智慧农业、园艺产业、种苗产业、林业产业等服务乡村振兴战略和绿色发展产业体系	林木种苗工	①具有基础的种实生产、苗木生产的能力 ②具有绿色生产、环境保护、安全生产的基本能力
	园林植物生产	①具有园林植物生产、园林植物栽培与养护的能力 ②具有绿色生产、环境保护、安全生产、依法守法的基本能力

植物嫁接赛项比赛内容

比赛模块	主要内容	比赛时长/min	分值
理论测试	建立与竞赛内容相关的理论试题库(1000题),70%内容赛前向选手公开。竞赛时从试题库中随机抽取120题,其中单选题60题(每题0.1分),多选题30题(每题0.2分),判断题30题(每题0.1分)	40	15
营养液配制	在规定时间内独立完成园试配方部分化合物的母液配制和工作液配制	70	30
嫁接育苗	1. 砧木接穗选择配对 在规定的10min内,正确辨别不同植物种类和苗龄的砧木和接穗,选择适龄砧木、接穗组合配对,填写答案并提交试卷 2. 嫁接操作 在规定的80min时间内,分别完成茄子劈接、黄瓜顶端插接操作。其中茄子劈接、黄瓜顶端插接操作各40min	90	55
合计		200	100

任务三

物理防治技术

任务目标

知识目标: ① 了解物理防治的概念。
② 正确理解物理防治技术措施。

能力目标: ① 能够针对不同植物选用相应的物理防治措施。
② 能掌握实用、先进的物理防治技术措施。

素质目标: ① 具备耐心细致、团结协作的职业素质。
② 培养学生辩证思维,正确实施物理防治措施。
③ 培养学生关注时事、关注先进技术的习惯。

基础知识

一、物理防治概述

利用各种物理因子（光、温度、射线、高频电、超声波等）和机械设备来防治有害生物的方法，称为物理机械防治法。此类方法简单易行、经济安全、副作用少，不足之处在于有的措施费劳力，或者效果不理想。

二、物理防治措施

1. 捕杀法

捕杀法是根据昆虫的习性、发生特点以及发生规律，捕捉或直接消灭害虫的方法。如人工捕捉老龄地老虎幼虫；玉米螟卵孵化高峰期进行采卵捏杀；利用害虫的假死性和群集性捕捉金龟甲类、黏虫、斜纹夜蛾等；利用器械，如用粘胶捕杀跳甲成虫、用捕虫网捕捉鳞翅目成虫等。

2. 诱杀法

利用昆虫的趋性诱灭害虫的方法称为诱杀法。诱杀法既可消灭害虫，还可做害虫预测预报。诱杀法常用的有以下几种：

(1) **灯光诱杀**　是利用害虫的趋光性人为设置灯光诱杀害虫的方法。目前生产上用的灯源主要是黑光灯，黑光灯是能辐射出 360nm 紫外线的低气压汞气灯，而大多数昆虫的视觉神经对波长 330~400nm 的紫外线具有较强的趋性，因此灯光诱虫效果好。此外还有高压电网灭虫灯。

(2) **潜所诱杀**　是利用害虫越冬、化蛹或白天隐蔽的习性，人为地制造其喜好的潜伏场所来诱杀害虫的方法。如利用稻草或谷草把引诱黏虫潜伏；在树干基部绑扎草把，引诱一些蛾类幼虫潜藏等。

(3) **食饵诱杀**　是利用害虫的趋化性放置其喜欢的食物来诱集或诱杀害虫的方法。例如，在糖醋液中加入敌百虫或吡虫啉诱杀柑橘实蝇、鳞翅目害虫；在麦麸、谷糠中加入敌百虫、辛硫磷、吡虫啉等制成毒饵诱杀蝼蛄、地老虎等地下害虫；种植一串红、灯笼花诱杀白粉虱等。

(4) **色板诱杀**　是利用某些害虫的趋色性诱杀或避虫的方法。如黄板诱杀蚜虫、粉虱、斑潜蝇等，在保护地生产中应用普遍。利用有翅蚜对银灰色的负趋性，可用银灰色反光塑料薄膜覆盖蔬菜、草莓地，减少蚜虫的为害及病毒病传播。

3. 汰选法

汰选法是利用健全种子与被害种子在体形、大小、密度上的差异进行分离，剔除带有病虫的种子，以达到防治目的的方法。汰选种子可用水选、器械（风车、筛子）选或手选。水选是利用病、虫种子比健全种子轻，用水加以汰除。水选可分为清水选、泥水选、盐水选、硫酸铵水选等，选种后，必须用清水洗净种子，以免影响发芽率。风车和筛选可以把夹在种子中的病、虫和杂质剔除。手选适用于较大的种子。

4. 热力处理法

热力处理法是利用一定的热力，杀死种子内外的病虫而不影响种子发芽的方法。常用的有日光晒种、温水浸种、冷浸日晒等方法。在北方寒冷地区还可以采用低温冷冻法。如利用 50~55℃ 的温水浸种可杀死种子上携带的一些病菌；70℃ 高温干热可杀死黄瓜种子上的多种病菌等。

5. 窒息法

窒息法就是人为创造缺氧条件，使害虫或病菌窒息死亡的方法。如用石灰水浸种防治小麦黑穗病，就是创造无氧条件，使病菌窒息而死；在仓库充氮和充二氧化碳，可以使害虫缺氧而窒息死亡等。

6. 隔离法

隔离法是根据害虫的某些特殊活动习性，设置各种障碍物，将病虫与植物隔离防止植物受害的方法，主要有涂胶环、挖障碍沟、纱网、套袋阻隔、土壤覆盖薄膜或盖草等。例如给果园里的果实套袋；在树干及受伤处涂胶防止害虫为害或病害入侵；树干涂白防止冻害；地面覆盖薄膜阻止橘瘿蚊类老熟幼虫弹跳入土，还能提高土壤温度、湿度，加速病残体腐烂，减少侵染来源等。

7. 现代物理学的应用

随着现代生物、物理学的发展，先进物理学科技在病虫害的防治中也有了广泛的应用。主要有原子能的利用，高频、高压电流的应用，超声波的应用等。例如用钴照射小麦种子，减少腥黑穗病；用紫外线照射，钝化烟草花叶病毒；通过红外线照射，杀死钻心虫以及贮粮害虫；用高频电流、超声波等防治贮粮害虫、木材害虫等。

✱ 任务实训 农业害虫的物理防治

一、实训目的

① 能掌握先进、实用的物理防治技术措施。
② 培养学生耐心细致、团结协作的职业素养。

> 议一议
> 生产中可以采取哪些措施防止病虫害的传播与为害？

二、实训准备

黄色诱虫板、蓝色诱虫板、昆虫诱捕器、昆虫性诱芯（如桃小食心虫、果蝇、三化螟、美国白蛾、斜纹夜蛾等）、粘虫胶、胶带、剪刀、刷子、细铁丝（细绳）、木棍等。

三、实训操作要求

1. 制定防治方案

根据害虫发生状况选择适宜地块进行物理防治。

2. 涂抹防虫胶

选择有草履蚧或春尺蠖发生的果园或林地，在树木主干涂抹粘虫胶以阻隔害虫上树。胶带配合粘虫胶：在树干分枝以下距地面 50～100cm 处缠一圈宽约 3cm 的胶带，然后在胶带上涂抹粘虫胶。直接涂胶：涂胶前先轻轻刮去老树皮和翘皮，新树可直接涂胶；环涂树干一圈，涂胶宽度为 8～12cm。及时清除胶环上的害虫、枯枝落叶及尘土，或另行涂抹新胶环。

3. 悬挂诱虫板

选择发生蚜虫、粉虱、斑潜蝇、蓟马的温室等保护地或露地，悬挂诱虫板，悬挂密度为 30～40 片/亩。

在保护地内，用铁丝或绳子穿过诱虫板的两个悬挂孔，将其固定好；将诱虫板两端拉紧垂直悬挂在距离植物适宜的高度。随植物生长不断调整诱虫板的高度，对于低矮植物，诱虫板距离植物上部应为 15～20cm；搭架植物顺行悬挂，诱虫板垂直挂在两行中间植株中上部或上部。在露地，用木棍或竹片将诱虫板两侧固定，然后插入田间。

4. 悬挂诱捕器

根据不同害虫选择相应的性诱芯种类，在害虫成虫初期，将性诱捕器悬挂在田间或树上。对于矮生植物，诱捕器底部应距作物 10～15cm；果树等木本植物，诱捕器应挂于作物阴面开阔处或林间空地，根据植物高度确定诱捕器的悬挂高度。每 1～2 亩使用一套诱捕器，定期及时更换性诱芯。打开包装的性诱芯应在较低温度冰箱中（-15～5℃）冷藏，以免性诱剂挥发失效。

四、实训考核

① 制定防治方案。
② 书写实验报告。

💡 知识拓展　推进作物病虫害物理消杀技术应用的措施

加强病虫害物理消杀新技术、新产品研发和推广应用，是加快发展农业新质生产力及贯彻落实农业农村部"虫口夺粮"保丰收行动的具体措施。要针对当前我国物理消杀技术在推广应用中存在的技术和产品不足、技术精准高效性不够、集成度不高、应用动力不足等问题，全力推进解决；要围绕国家粮食安全和农业绿色发展需求，紧盯病虫害绿色防控关键环节，加强产、学、研、用、推结合，加强关键技术研究、技术集成推广及成果宣传培训，推进病虫害绿色防控关键技术进步和应用。

任务四
生物防治技术

🎯 任务目标

知识目标：　① 了解生物防治的概念。
　　　　　　② 正确理解生物防治技术措施。
能力目标：　① 能够针对不同植物选用相应的生物防治措施。
　　　　　　② 能够掌握安全、实用、先进的生物防治技术措施。
素质目标：　① 具备耐心细致、团结协作的职业素质。
　　　　　　② 培养学生辩证思维，正确实施生物防治措施。
　　　　　　③ 培养学生关注时事、关注先进技术的习惯。

基础知识

一、生物防治概述

生物防治法是利用某些有益生物及其代谢产物来防治有害生物的方法。生物防治法的优点是对人畜安全，不污染环境，控制病虫有效且持久，不产生抗性，这是农药等非生物防治病虫害方法所不能比拟的。

近些年来，由于化学农药的不合理使用，暴露出化学防治在病虫害中一些明显的弊端，如抗药性的产生、中毒、环境污染等，使得生物防治越来越重要且有了新的积极发展。但是生物防治也有其局限性，如见效较慢、防治范围窄、易受气候因子等环境条件的影响、人工繁殖技术要求较高等。

二、生物防治措施

生物防治的措施主要包括以虫治虫、有益生物治虫、生物农药的应用等。

1. 以虫治虫

以虫治虫是一种既安全、经济，又无残毒、效果好、发展前景好的防治方法。天敌昆虫根据其食性可以分为捕食性天敌和寄生性天敌两大类。

（1）捕食性天敌昆虫的利用　捕食性天敌种类很多，约有 18 个目，200 个科。其中效果较好且常利用的有瓢虫、草蛉、食蚜蝇、食虫虻、猎蝽、步行虫、虎甲、泥蜂、胡蜂、姬蜂、蚂蚁等。

（2）寄生性大敌昆虫的利用　寄生性天敌的种类主要有 5 个目，近 90 个科，绝大多数种类属于膜翅目的姬蜂总科、小蜂总科以及双翅目的寄生蝇总科。如在山东烟台、威海、潍坊等地应用的周氏啮小蜂就可寄生在美国白蛾的蛹内，取得较好防治效果，基本上可不用农药防治。提高以虫治虫的应用，主要有三个途径：①加大对自然天敌昆虫的保护作用，促进天敌昆虫数量的增加。②加强天敌昆虫的繁殖和释放，以增加农田中天敌的数量。③做好天敌昆虫的引进工作，如 1953 年由浙江引进大红瓢虫到湖北宜都防治柑橘吹绵蚧，当年见效。

2. 有益生物治虫

在果园、森林以及农田里，除天敌昆虫外，经常栖息着捕食害虫的野生动物和鸟类，对控制害虫的发生和为害都有一定的作用。

（1）蜘蛛和螨类治虫　蜘蛛能捕食各种飞虱、叶蝉、叶螨、蚜虫、蛾蝶类卵及幼虫等。在农田中，蜘蛛种类多、数量大、繁殖快、食性广、适应性强、迁移性小，是农业害虫的一类重要天敌。常见的蜘蛛种类主要有三突花蛛、草间小黑蛛、拟水狼蛛、"T"纹豹蛛、八斑球腹蛛等。一般每亩农田有上万只蜘蛛，因此不需人工饲养繁殖，只需要保护和利用好农田中的蜘蛛即可。捕食性螨类可以捕食多种作物上的植食性害螨，如叶螨、瘿螨等。捕食性螨类主要包括植绥螨、长须螨等。

（2）以蛙治虫　两栖动物中的雨蛙、树蛙、青蛙和蟾蜍等，主要以昆虫及其他小动物为食。蛙类可捕食的农业害虫主要有螟虫类、飞虱、叶蝉、蝗虫、蝼蛄、蟋蟀、蚜虫、叶甲、蟓类、象甲、金龟甲、蚊、蝇及多种鳞翅目幼虫与成虫。

（3）**以鸟治虫** 鸟类中主要以昆虫为食的约占半数。保护和招引益鸟防治害虫，简单易行，花工少，成本低。常见的益鸟有大山雀、大杜鹃、红尾伯劳、大斑啄木鸟、家燕、灰喜鹊、黄鹂、红脚隼、白颊噪鹛等20多种。

（4）**以线虫治虫** 线虫属线形动物，部分为植物病害病原，也可防治害虫。有些线虫寄生在稻田害虫、地下害虫、钻蛀害虫上，被线虫寄生的昆虫通常表现为褪色或膨胀，生长发育迟缓，繁殖能力降低，有的甚至出现畸形。用线虫防治蛴螬在一些地方已有应用。

3. 生物农药的应用

（1）**以菌治虫** 利用害虫的致病微生物或微生物的代谢产物来防治害虫的方法，称为以菌治虫。昆虫的致病微生物主要有细菌、真菌、病毒、线虫等，目前在生产中能应用于害虫防治的主要是前面三类。

① 真菌治虫。目前应用广泛的主要有白僵菌、绿僵菌、虫霉菌、赤僵菌、紫赤僵菌、拟青霉菌等，其中以白僵菌应用最为广泛。白僵菌可以寄生于鳞翅目、膜翅目、直翅目、同翅目及螨类等200多种害虫及有害生物中，且防治效果明显。目前大面积应用防治的害虫有玉米松毛虫、大豆食心虫、稻黑尾叶蝉等。昆虫受真菌感染后会食欲减退、呆滞，静止时头胸俯伏或全身倾侧，体壁显现黑褐色的小点或斑点，口吐黄水或排泄软粪，经3~7天死亡。

② 细菌治虫。昆虫病原细菌目前已知有90多种，主要为芽孢类和无芽孢类。目前，应用较广泛而且效果显著的是芽孢杆菌，其主要用来防治多种蝶、蛾类幼虫，效果良好。该类细菌通过害虫消化道而感病，使虫体软化变色，组织溃烂，有恶臭。常用的芽孢杆菌主要有苏云金杆菌、松毛虫杆菌、杀螟杆菌、青虫菌、红铃虫杆菌等。受苏云金杆菌感染后死亡的昆虫虫体会变色变软，并有恶臭。苏云金杆菌类制剂若与少量化学农药混合使用，还可提高防治效果。

③ 病毒治虫。目前发现能被病毒感染的害虫（螨类）已超过700种，其中以鳞翅目、双翅目和膜翅目等幼虫为最多。因感染病毒而致死的昆虫虫体变软，体内组织液化，体壁破裂后会流出白色或褐色的黏液，无臭味。鳞翅目的幼虫病死后，臀足常常紧紧附着在植物上，体躯下吊，液化体液下坠，体躯前部膨大，这是感染病毒昆虫死亡后的一项重要特征。由于昆虫病毒只能寄主在活体上培养，不能离体人工培养，因此难以大量推广应用病毒防治害虫。

（2）**昆虫激素治虫** 外激素是昆虫分泌到体外的挥发性物质，是同种昆虫之间发出的信号，在害虫防治及预测预报上具有重要的应用价值。其中性外激素在害虫防治上应用最为广泛，目前已经合成的梨小食心虫、苹果小卷叶蛾、棉铃虫、玉米螟等害虫的性外激素，诱杀雄蛾的效果很好。利用性引诱剂结合物理防治技术控制害虫的方法主要有诱杀法、迷向法、引诱绝育法等。内激素是分泌在昆虫体内的一种激素，用来调节昆虫的蜕皮和变态等。昆虫内激素主要有保幼激素、蜕皮激素及脑激素。当昆虫在某个发育阶段不需要某种激素时，如果人为地施用这种激素，就会干扰其正常发育而导致畸形，甚至死亡。目前已开发出虫酰肼等系列农药。

（3）**以菌治病** 针对病害的生物防治，主要应用农用抗生素控制病害的发生。目前常用的品种有井冈霉素、春雷霉素、多抗霉素、链霉素、中生菌素、宁南霉素、灭瘟素、青霉素等。不仅抗生素可以用来控制病害，一些不产生抗生素的真菌或细菌也可起到控制病害的作用。如有的真菌或细菌可快速繁殖，占领病原的生存空间并获取其营养，从而达到抑制病害的作用。而有些微生物的代谢产物可刺激某些抑制病原物的微生物繁殖而起到间接控制或防病的作用。

✲ **任务实训**　捕食性天敌昆虫——瓢虫的饲养

一、实训目的

① 能够培养、繁殖昆虫天敌，人为创造以虫制虫技术条件。
② 具备耐心细致、团结协作的职业素质。

二、实训准备

材料准备：白色带孔的种植筐、营养土、培养皿、养虫盒、栖息纸条、光照培养箱、烘箱、小麦种子、黑布、镊子、刷子、纱布、卫生纸、海绵、蒸馏水等。

三、实训操作要求

① 捕捉瓢虫。以小组为单位，在蚜虫发生季节田间用捕虫网采集瓢虫的幼虫和成虫。在小麦扬花之后，在上午 10 时前和下午 4 时后捕捉。在捕捉、运送和储存瓢虫的过程中，要放置带蚜虫的树叶或菜叶。

② 繁殖蚜虫。将麦种均匀铺放在培养皿中，滴入蒸馏水保持湿润，放在 25℃环境内。麦苗长到 10cm 时，将蚜虫接在麦苗上进行繁殖。

③ 饲养瓢虫幼虫。将刚孵化的瓢虫幼虫分别装在放有栖息纸条的养虫盒中，每虫每天喂蚜虫 3～4 只，随着幼虫的长大，投喂的蚜虫也应相应增加，并置于恒温箱内饲养，直至化蛹。

④ 饲养瓢虫成虫。瓢虫蛹羽化后，将一对成虫放入有栖息纸条的养虫盒，每天喂蚜虫 20～40 只，置于保持 26℃恒温箱内光照 14h 饲养，待其产卵。

⑤ 储存瓢虫成虫。观察温度对瓢虫成虫寿命的影响并认真记录。将一定量的成虫放在三个养虫盒中，分别置于－5～5℃、6～9℃的环境中保存，一定时间后取出观察成活数量，计算成活率。

四、实训考核

① 记录不同温度下瓢虫成虫的寿命。
② 书写实验报告。

知识拓展　常见植物天敌昆虫

昆虫名称	识别特征	捕食对象
异色瓢虫	头部橙黄、橘红至黑色。鞘翅橙黄色至黄色,有斑 19、8、6、4、2、1 个或消失;鞘翅黑色,每侧有 1~2 个黄斑,有时黄斑很大,鞘翅仅有黑色边缘	蚜虫
七星瓢虫	头部黑色,有 3 个淡色黄斑。红色或橙红色,两鞘翅共有 7 个黑斑	蚜虫
多异瓢虫	头部黄白色,前部有 2 个黑点,后缘有 1 个黑色横带。鞘翅黄褐色至红褐色,两鞘翅共有 13、11、9 个黑斑,小盾片上方两侧各有 1 个三角形黄白色斑	蚜虫
龟纹瓢虫	头部黄色,雄虫后缘黑色,雌虫前部有三角形黑斑。鞘翅黄色,鞘缝有黑色纵纹,雄虫鞘翅每侧有 2 个黑斑	蚜虫
深点食螨瓢虫	雌虫头部黑色,唇基部褐色,雄虫头部黄褐色。鞘翅黑色。全体有细刻点,密被白色细毛	植食害螨
黑缘红瓢虫	头部红褐色。鞘翅枣红色,外缘和后缘黑色,黑红界限不明显	介壳虫类
大草蛉	头部黄绿色,有黑斑 2~7 个,以 4~5 个最常见。胸腹部黄绿色,腹背中带黄色。前胸两前侧角各有 1 黑斑和 2 个灰色纹,上生黑细毛。前翅透明,翅痣黄绿色;翅脉大部分黄绿色,前缘横脉和后缘基部翅脉多为黑色	蚜虫、介壳虫类、害螨等
中华草蛉	头部黄白色,两颊及唇基部两侧各有 1 黑条,上下黑条常连接。胸腹部:夏型黄绿色,背部中带黄白色;冬型土黄色。前翅翅痣黄白色,翅基横脉多为黑色	害螨、蚜虫、介壳虫类、温室白粉虱、蓟马等
丽草蛉	头部黄绿色,有 9 个黑斑,胸腹部淡绿色,前胸背中央有 1 横沟,两前侧角各有 1 黑斑;背板两侧各有 2 个淡褐色纹。前翅翅痣黄绿色,前缘横脉及径脉上端为黑色	蚜虫、介壳虫、害螨等
黑带食蚜蝇	触角下方凹陷,除单眼区外皆棕黄色,额毛黑色,颜毛黄色。胸部背面铜黑色有光泽,有 4 条亮黑色纵纹,小盾片黄色。腹部背面大部棕黄色至橙黄色,各节中央均有 1 细横纹	蚜虫
月斑鼓额食蚜蝇	头大,近半球形,头顶宽,额宽且突出。颜中突周围被黑毛。胸部铜黑色有光泽,两侧有灰黄色毛。腹部背面宽大,黑色,有 3 对黄白色半月形斑	蚜虫
大灰食蚜蝇	触角下方凹陷,颜面中央有 1 黑褐色纵纹。胸部暗绿色至青黑色,有光泽。腹部黑色,第 2~4 节背板各有 1 对大黄斑,雄虫第 3、4 节黄斑常相连,雌虫常分开;第 5 节雄虫黄色,雌虫黑色	蚜虫
狭带食蚜蝇	雄虫头部额紫黑色,后部被灰棕色粉;雌虫额中部被淡色粉,颜棕黄色。胸部暗黑绿色,有蓝色光泽;背中央有 3 条不明显的黑色纵纹。腹部背面黑色,第 2~4 节前缘各有 1 灰白色至黄白色窄横带,各节侧缘毛前部黄白色,后部黑色	蚜虫
塔六点蓟马	成虫体长约 0.9mm,淡黄至橙黄色,头顶平滑,两侧翅上共有 6 个黑斑;初孵若虫白色,后变淡红色或橘红色,3 龄若虫出现翅芽;卵约 0.28mm,肾形,白色有光泽,产于叶背面叶肉内,仅露圆形卵盖	多种害螨
小黑花蝽	成虫体长 2~2.5mm,黑褐色至黑色,有光泽,头短而宽;初孵若虫白色透明,取食后为橘黄色至黄褐色,复眼鲜红色,腹部 6、7、8 节背面各有 1 橘红色斑,纵向排成 1 列;卵长茄形,白色	害螨、蚜虫、蓟马、鳞翅目卵与幼虫

任务五

化学防治技术

任务目标

知识目标：　① 了解化学防治的概念。
　　　　　　② 正确理解化学防治技术的优缺点。
能力目标：　植物病虫害防治时能够扬化学防治之长并抑其弊。
素质目标：　① 具备耐心细致、团结协作的职业素质。
　　　　　　② 培养学生辩证思维，正确实施化学防治技术措施。
　　　　　　③ 关注时事、关注先进的化学防治方法。

基础知识

一、化学防治概述

化学防治与农药的发展是一脉相承的。化学药剂用于防治害虫可追溯到古希腊罗马时代。早在公元前 9 世纪的古希腊诗人 Homer 曾提到燃烧的硫黄可作为熏蒸剂。古罗马学者 Pliny 也曾提倡使用砷作为杀虫剂。

20 世纪 30 年代，世界各国在新农药的研制方面相继取得许多突破性的进展：二硝基邻甲酚用于防除谷类作物的杂草；二硫代氨基甲酸酯杀菌剂福美双的问世；DDT 杀虫作用的发现；氨基甲酸酯类除草剂的发现；有机氯杀虫剂的应用。其后不久，氨基甲酸酯类杀虫剂开发成功。当前，化学防治在保护作物方面发挥着越来越重要的作用，成为农业发展的重要措施，是人类战胜农作物病虫害的有力武器。

化学防治法就是利用化学药剂防治病、虫、杂草及其他有害生物的方法，其既可作病虫发生前预防性的措施，避免或减少为害，又可在病虫害发生后作为急救的措施，在病、虫、杂草的综合防治中占有极重要的地位，是植物保护的重要手段之一，在保证农业增产上起着非常重要的作用。

二、化学防治特点

1. 优点

① 防治效果显著，收效快。能迅速控制病虫为害，对暴发性流行病虫，可收到立竿见影的效果，这是其他防治方法难以达到的。

② 使用方便，可以通过多种方式实施。

③ 可大面积使用，便于机械化。

④ 防治对象广，对某些有害生物有特效。几乎所有作物病、虫、杂草均可用化学防治。

⑤ 可工业化生产、远距离运输，保存方便，可以及时满足农业发展的需要，受地区

与季节性的限制小。

2. 缺点

化学防治法并不是万能的，它也存在着局限性。由于长期、连续、大量使用化学农药，化学防治的弊端已经充分显露出来。

（1）**污染环境，造成药害** 化学农药使用不当，会造成人、牲畜中毒以及植物药害。一些农药不易分解，容易残留污染环境，甚至会通过食物链和生物浓缩作用，造成残留毒性，威胁到人、牲畜的安全。

（2）**伤害有益生物，破坏生态平衡** 化学农药可造成某些病虫为害更加严重，或使一些原来不重要的病虫上升为主要的病虫，破坏生态平衡。

（3）**病、虫、草的抗药性问题日益突出** 长期大量使用化学农药，可造成某些有害生物产生不同的抗药性，从而更难防治。如近年稻飞虱的暴发导致吡虫啉的过度使用，现南方稻区的防效已不理想。

因此在对有害生物的综合防治时，要将化学防治与其他防治方法相互协调，配合使用。同时，注意科学用药、安全用药，充分发挥化学防治的优点，克服其缺点。

✖ **任务实训** 农药品种的市场调查

一、实训目的

① 要求熟悉当地常用杀虫剂、杀菌剂和杀螨剂的品种性状及其应用情况。
② 具备团结协作能力、沟通能力，具有法律意识、安全意识。

二、实训准备

当地常用农药品种及其标签和说明书、记录本等。

三、实训操作与要求

① 了解当地植物主要病虫害种类及其为害情况。
② 调查农业企业或专业户防治植物主要病虫害时选用哪些农药品种。
③ 调查当地农业生产资料公司、植保和农业技术推广等农药经销部门销售的主要农药品种及其剂型有哪些，各属于哪种类型，价格如何。
④ 阅读常用杀虫剂、杀菌剂和杀螨剂的标签和说明书，注意与生产应用相关的内容。

四、实训考核

① 选择适当农药品种，并将调查的有关情况填入农药品种市场调查表。
② 填写实验报告。

农药品种市场调查表

病虫害种类	农药名称	剂型	有效成分含量/%	使用浓度或用药量	毒性	安全间隔期	净重/kg或净容量/L	价格/元

💡 **知识拓展** 《绿色食品农药使用准则》(NY/T 393—2020)(部分)

《绿色食品农药使用准则》(NY/T 393—2020)中规定，绿色食品生产和储运中的有害生物防治原则、农药选用、农药使用规范和绿色食品农药残留要求，要符合《食品安全国家标准 食品中农药最大残留限量》(GB 2763)；《农药合理使用准则》(GB/T 8321)所有部分；《农药贮运、销售和使用的防毒规程》(GB 12475)；《绿色食品 产地环境质量》(NY/T 391)；《农药登记管理术语》(NY/T 1667)所有部分等管理要求。

1. AA级绿色食品(AA grade green food)

产地环境质量符合NY/T 391的要求，遵照绿色食品生产标准生产，生产过程中循自然规律和生态学原理，协调种植业和养殖业的平衡，不使用化学合成的肥料、农药、兽药、渔药、添加剂等物质，产品质量符合绿色食品产品标准，经专门机构许可使用绿色食品标志的产品。

2. A级绿色食品(A grade green food)

产地环境质量符合NY/T 391的要求，遵照绿色食品生产标准生产，生产过程中循自然规律和生态学原理，协调种植业和养殖业的平衡，限量使用限定的化学合成生产资料，产品质量符合绿色食品产品标准，经专门机构许可使用绿色食品标志的产品。

3. 有害生物防治原则

绿色食品生产中有害生物的防治可遵循以下原则：以保持和优化农业生态系统为基础、优先采用农业措施、尽量利用物理和生物措施、必要时合理使用低风险农药。

4. 农药选用

所选用的农药应符合相关的法律法规，并获得国家在相应作物上的使用登记或省级农业主管部门的临时用药措施，不属于农药使用登记范围的产品(如薄荷油、食醋、蜂蜡、香根草、乙醇、海盐等)除外。提倡兼治和不同作用机理农药交替使用。农药剂型宜选用悬浮剂、微囊悬浮剂、水剂、水乳剂、颗粒剂、水分散粒剂和可溶性粒剂等环境友好型剂型。

5. 农药使用规范

应根据有害生物的发生特点、危害程度和农药特性，在主要防治对象的防治适期，选择适当的施药方式。应按照农药产品标签或按GB/T 8321和GB 12475的规定使用农药，控制施药剂量(或浓度)、施药次数和安全间隔期。

6. 绿色食品农药残留要求

按照规定允许使用的农药，其残留量应符合GB 2763的要求。其他农药的残留量不得超过0.01mg/kg，并应符合GB 2763的要求。

任务六

有害生物的综合防治

任务目标

知识目标：　① 了解综合防治的特点。

　　　　　　② 理解什么是综合防治。

　　　　　　③ 掌握综合防治的原则。

能力目标：　① 能够将综合防治准确应用到植物病虫害的防治中。

　　　　　　② 能够根据具体植物病虫害特点制定出有效的综合防治方案。

素质目标：　① 培养学生团结协作的职业素养。

　　　　　　② 培养学生用大局观、生态观去完成植物病虫害的防治。

　　　　　　③ 能够从植物病虫害综合防治中感受自然界任何事物不是独立的个体，而是相互联系、相互影响的共同体。

基础知识

一、综合防治概念

有害生物的防治始终贯彻"预防为主，综合防治"的植保方针。综合防治就是指从农业生产全局和生态学总体观点出发，根据有害生物与农作物、耕作制度、有益生物、环境条件之间的辩证关系，以预防为主，以植物检疫为基础，以选用抗病虫草品种与植物健康栽培技术为手段，合理运用生物、物理、化学等多种有效的防治措施，将有害生物控制在经济损失允许的水平之下，把不利影响降低到最小，实现最佳的经济、生态与社会效益。

二、综合防治特点

① 从生态全局出发，以预防为主，强调利用自然界对病虫的控制因素，达到控制病虫发生的目的。

② 合理运用各种防治方法，使其相互协调，取长补短，它不是许多防治方法的机械拼凑和综合，而是在综合考虑各种因素的基础上，确定最佳防治方案。综合治理并不排斥化学防治，但尽量避免杀伤天敌和污染环境。

③ 综合治理并非以"消灭"病虫为准则，而是把病虫控制在经济损失允许的水平之下。

④ 综合治理并不是降低防治要求，而是把防治技术提高到安全、经济、简便、有效的层面。

⑤ 在治理策略上应从重视外在干扰，发展到依靠系统内在的调控因素。

⑥ 治理目标从减少当季的危害损失，发展到长期持续控制危害，强调经济、生态和

社会效益的协调统一，当前利益与长远利益的协调统一。

三、综合防治原则

（1）**生态学原则**　从农业生态系统的整体观点出发。有害生物与其所处的空间环境是一个整体，彼此间通过物质代谢和能量循环而存在着相互制约、相互依赖的关系。综合防治应选用适当的措施，以便利用不同生态因素之间的相互作用及其对有害生物发生消长的综合影响，加强或创造对有害生物的不利因素，避免或减少对有害生物有利的因素，同时防止产生不利于人类的生态后果。

> **议一议**
> 防治植物虫害为什么不追求"一扫光"？

（2）**综合运用原则**　不仅指有害生物对象的综合，还包括各种防治措施的综合运用。即面向一地一种作物上的主要有害生物，根据各种防治方法的优点和局限性，选用各种适当的措施，力求避免或减少防治措施之间的相互抵消或削弱效果。

（3）**保护环境原则**　在保证作物不受有害生物为害的同时，力求避免或减少污染环境，保护好害虫天敌，充分发挥天敌自然控制因子的作用。

（4）**经济效益原则**　除灾害性的植物检疫对象外，并不要求消灭全部有害生物，而是将其发生的数量控制在足以造成经济损失允许的水平之下，据经济受害允许的水平决定什么时候防治及防治到什么程度。为此，必须根据有害生物的发生数量、作物本身的经济价值和抵抗或补偿能力、天敌的控制效应，以及有害生物对作物产量所造成的损失等，制定科学的经济阈值（或防治指标）作为防治决策的依据。

四、综合防治方案制定

随着相关学科的发展，有害生物综合防治的各种技术手段，包括植物检疫、农业防治、生物防治、化学防治、物理机械防治等都在持续完善；特别是抗性遗传种质资源的利用和多抗品种的育成、天敌生物的利用以及新农药的研制和农药使用技术的改进等方面的研究进展更快。此外，不育防治、激素的利用等防治技术也有不同程度的提高，从而进一步拓宽了综合治理技术的选用范围。根据各种防治措施的性质和作用，防治技术可以分为预防作用和扑灭除治作用两大类。综合防治首先尽可能选用起预防作用的防治措施，但由于农业生态系统本身的复杂性以及社会经济因素多方面的影响，仅此很难将有害生物种群数量控制在造成经济损失的水平之下，因此还需同另一类扑灭除治技术协调运用。

根据地区的农业生态系的特点以及综合防治的策略原则制定相应的综合防治方案，方案一般包括：①根据当地主要作物田间生物群落的组成及有害生物的种类，确定主要防治对象以及保护和利用的重要天敌类群；②根据不同防治对象的主要生物学特性、环境因素对其发生、发展的影响及其与作物的物候关系，明确有害生物种群数量的变动规律和防治的有利措施与时机；③根据不同防治对象与寄主作物、天敌生物的相互关系，以及有害生物种群密度与为害损失程度的关系，确定科学的经济阈值（或防治指标）；④在进行防治方法试验的基础上，协调制定系统的综合措施，再通过试验、示范验证后进行推广。常用的防治措施主要包括植物检疫、农业防治措施、物理防治措施、生物防治措施、化学防治措施。

✸ 任务实训 植物病虫害综合防治台历的制定

一、实训目的

① 熟悉植物病虫害发生发展规律及各种防治方法在综合防治中的作用。
② 能根据气候条件、栽培方式、主要病虫害发生趋势制定病虫害防治台历。

二、实训准备

植物生产情况，如品种特点（抗虫性、抗病性等）、前茬作物、土壤肥力、气候条件、施肥水平、灌溉条件及田间管理等；植物主要病虫害的种类、分布、发生规律、发展趋势及天敌情况等。

三、实训操作要求

1. 制定综合防治台历的依据和原则

制定防治台历，要以当地气候条件、栽培方式和近年来病虫害的发生记录为依据，与栽培管理相结合，保护和加强自然控制因素，优先选用生物防治与农业防治措施，多种防治方法有机协调，有效控制病虫害。既要考虑经济、社会和生态效益，还要考虑技术上的可行性。

2. 制定综合防治台历的步骤

① 确定标题，根据当地病虫害的发生情况，以解决生产实际问题为目标，选择一种园艺植物为对象，如制定"（套袋）苹果主要病虫害（无公害）综合防治台历""设施蔬菜主要病虫害无公害综合防治台历"，或选择一种主要病虫害为对象，如制定"黄瓜霜霉病综合防治台历"。

② 了解其田间生物群落的构成、病虫种类与数量，确定主要病虫害和次要病虫害及需要保护利用的重要天敌类群。

③ 分析自然因素、耕作制度、作物布局和生态环境等在控制病虫中的作用，明确病虫数量变动规律及防治适期。

④ 正文根据园艺植物及其主要病虫害发生特点，按照制定综合防治台历的依据和原则，从实际出发，量力而行，统筹整合各种具体防治措施，分析各种防治措施的作用，协调运用合适的"安全、有效、经济、简易"防治措施，尽量降低成本投入，提高经济效益。从而制定全年各时期的病虫害防治作业计划和具体要求。

四、实训考核

根据当地地理、气候、栽培品种、种植方式的具体情况，按下表形式，制定一份植物病虫综合防治台历。

××植物病虫综合防治台历

防治时间（物候期）	防治对象	防治措施	备注与说明

💡 知识拓展 经典案例——2024年蔬菜蓟马绿色防控技术方案

蔬菜蓟马主要种类有豆大蓟马、西花蓟马、花蓟马、瓜蓟马、葱蓟马等。蓟马体形小，隐匿危害，世代周期短，易产生抗药性，防治难度大。

一、防控目标

通过实施绿色防控技术，使蔬菜种植区蓟马防治处置率达到90％以上，总体防控效果80％以上，危害损失率控制在10％以内。

二、防控措施

(1) 虫情监测

① 蓝板调查法。植株定植后，根据调查田块的大小将蓝色粘虫板按照"Z"形或均匀地悬挂于田间，每亩悬挂5～10片（尺寸：20cm×25cm）。根据植株长势调整蓝板悬挂高度，与植株保持顶端持平。每隔3天调查一次，记录蓝板上蓟马的数量。

② 植株调查法。按照"Z"形或5点取样定点调查，每点调查10株，采用"拍打法"调查记录蓟马数量，隔3天调查一次。

(2) 农业防治 选用抗（耐）性品种。选用商品性好、适合当地种植的抗（耐）性品种；覆盖地膜。作物移栽时覆盖黑色地膜，阻止土壤中蓟马蛹羽化和植株上的蓟马入土化蛹；清洁田园。收获后及时清理田间残株，消除残虫；种植前清除周边杂草寄主，减少虫源。

(3) 物理防治 在通风口、门窗增设60～80目防虫网，必要时增设双层防虫网；夏季高温季节，在种植下茬作物之前，关闭温室风口，在晴天高温闷棚15天以上。

(4) 生物防治 在蓟马发生初期，选择释放适合于当地的天敌种类进行防治，北方地区可释放东亚小花蝽或巴氏新小绥螨等，南方地区可释放南方小花蝽和海岛小花蝽等，通常每隔1周释放1次，连续释放3～5次；在蓟马发生初期，可喷施球孢白僵菌或绿僵菌等微生物药剂，宜在傍晚施用，也可添加蓟马引诱剂以提高防控效果，注意不能与化学杀菌剂混用。

(5) 药剂防治 科学选择在蔬菜上登记的防治蓟马药剂，应采用不同作用机制的杀虫剂轮换使用，施药次数和安全间隔期应符合农药标签要求。移栽前灌根，幼苗定植前1～2天，采用内吸性药剂如溴氰虫酰胺对苗床进行喷淋处理或灌根；作物生长期防治，可选用乙基多杀菌素、多杀霉素、溴虫氟苯双酰胺、溴氰虫酰胺、甲氨基阿维菌素苯甲酸盐、虫螨腈、苦参碱等药剂。各地应根据具体抗药性情况选择使用各类药剂。

三、注意事项

① 天敌释放宜在保护地蔬菜上使用，注意天敌不耐储存，应尽早释放，不可置于阳光下暴晒；释放天敌后，2天内不要进行整枝打叶，尽量减少农事操作，以利于天敌转移到植株上。

② 作物花期，建议在上午10时以前进行施药，以提高防治效果。

③ 喷施药剂时务必细致周到，可添加助剂以提高药剂的展着性、稳定性和靶向性。

项目测试

一、填空题

1. 农业防治措施中，_____是最经济有效的病虫害防治方法。

2. 利用人工或各种器械捕捉或直接消灭害虫的方法，称为_____。

3. 综合治理的五大防治方法包括：植物检疫、_____、_____、_____、化学防治措施。

4. 植物检疫法规是开展植物检疫工作的法律依据，它带有_____。

5. 轮作作为一种防病措施时，主要针对_____病害。

二、选择题

1. 利用趋性设计的防治方法是（　　）。

A. 捕杀法　　　　　　B. 诱杀法　　　　　　C. 汰选法　　　　　　D. 生物防治

2. 冬季温室草莓种植棚里，用畦面覆银灰色地膜是为了预防（　　）。

A. 蚜虫　　　　　　　B. 介壳虫　　　　　　C. 螨类　　　　　　　D. 蓟马

3. 常用的育苗基质消毒方法不包括（　　）。

A. 蒸汽消毒　　　　　B. 化学药品消毒　　　C. 太阳能消毒　　　　D. 电加热消毒

4. 易于污染环境的防治方法是（　　）。

A. 物理防治　　　　　B. 化学防治　　　　　C. 综合防治　　　　　D. 生物防治

5. 利用微生物或其代谢产物消灭害虫的方法是（　　）。

A. 以虫治虫　　　　　B. 以菌治虫　　　　　C. 以菌治病　　　　　D. 昆虫激素治虫

三、判断题

1. 用赤眼蜂防治害虫属于生物防治。　　　　　　　　　　　　　　　　　　　　（　　）

2. 物理防治的主要措施有捕杀法、诱杀法、汰选法、喷洒农用抗生素。　　　　（　　）

3. 生物防治就是保护、利用天敌昆虫。　　　　　　　　　　　　　　　　　　（　　）

4. 可利用黑光灯、糖醋液、杨树枝或性诱剂等在小地老虎成虫发生期进行诱杀。

（　　）

5. 利用天敌昆虫防治害虫，属于农业防治。　　　　　　　　　　　　　　　　（　　）

四、简答题

1. 植物健康栽培技术措施有哪些？

2. 什么是化学防治？化学防治技术的优缺点分别是什么？

3. 综合防治的特点有哪些？

项目评价

评价项目	评价内容	自我评价 (10%)	教师评价 (70%)	学生互评 (20%)	得分
学习能力 (40分)	植物检疫				
	农业防治技术				
	物理防治技术				
	生物防治技术				
	化学防治技术				
	有害生物的综合防治				
	项目测试				
技术能力 (40分)	模拟办理植物检疫证书				
	蔬菜嫁接				
	农业害虫的物理防治				
	捕食性天敌昆虫——瓢虫的饲养				
	农药品种的市场调查				
	植物病虫害综合防治台历的制定				
素质能力 (20分)	协作意识				
	创新意识				
	学习态度				
总分（100分）					

农药的应用

学前导读

　　按《中国农业百科全书·农药卷》的定义，农药主要是指用来防治危害农林牧业生产的有害生物（害虫、害螨、线虫、病原菌、杂草及鼠类）和调节植物生长的化学药品，但通常也把改善有效成分物理、化学性状的各种助剂包括在内。需要指出的是，农药的含义和范围在不同的时代、不同的国家和地区有所差异。如美国早期将农药称之为"经济毒剂"，欧洲则称之为"农业化学品"，还有的书刊将农药定义为"除化肥以外的一切农用化学品"。20世纪80年代以前，农药的定义和范围偏重于强调对有害生物的"杀死"，但此后，农药的概念发生了很大变化，不再注重"杀死"，而是更注重于"调节"，是由"对靶标生物高效，对非靶标生物及环境安全"，逐步转变到综合防治以防效为核心，兼顾产量效益和生态保护；而绿色防控则以安全为核心，兼顾产量效益和生态保护。

　　通过本项目学习，同学们将掌握农药的基本知识，能够根据作物、有害生物特点，人畜安全以及环境安全科学合理使用农药。

知识导图

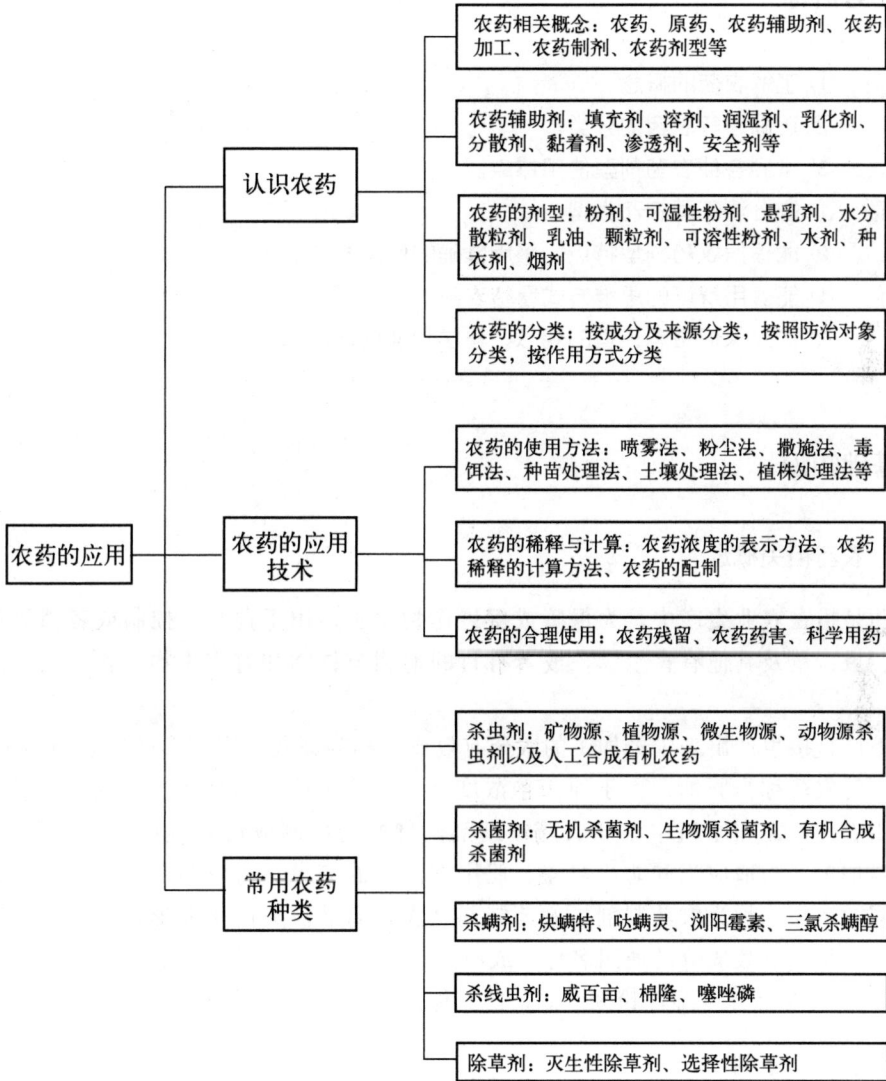

农药的应用
- 认识农药
  - 农药相关概念：农药、原药、农药辅助剂、农药加工、农药制剂、农药剂型等
  - 农药辅助剂：填充剂、溶剂、润湿剂、乳化剂、分散剂、黏着剂、渗透剂、安全剂等
  - 农药的剂型：粉剂、可湿性粉剂、悬乳剂、水分散粒剂、乳油、颗粒剂、可溶性粉剂、水剂、种衣剂、烟剂
  - 农药的分类：按成分及来源分类，按照防治对象分类，按作用方式分类
- 农药的应用技术
  - 农药的使用方法：喷雾法、粉尘法、撒施法、毒饵法、种苗处理法、土壤处理法、植株处理法等
  - 农药的稀释与计算：农药浓度的表示方法、农药稀释的计算方法、农药的配制
  - 农药的合理使用：农药残留、农药药害、科学用药
- 常用农药种类
  - 杀虫剂：矿物源、植物源、微生物源、动物源杀虫剂以及人工合成有机农药
  - 杀菌剂：无机杀菌剂、生物源杀菌剂、有机合成杀菌剂
  - 杀螨剂：炔螨特、哒螨灵、浏阳霉素、三氯杀螨醇
  - 杀线虫剂：威百亩、棉隆、噻唑磷
  - 除草剂：灭生性除草剂、选择性除草剂

任务一

认识农药

任务目标

知识目标： ① 了解农药的概念。
② 正确理解农药的分类。
③ 掌握各种农药剂型使用特点。

能力目标： ① 能分清不同农药类型。
② 能根据农药剂型特点，采用准确的使用方法。

素质目标： ① 能够用辩证的思维方式看待农药。
② 树立保护生态环境的观念，科学合理地选用农药。

基础知识

一、农药相关概念

农药是指在农业生产中，为保障或促进作物生长，用于预防、控制或者消灭危害农林业病、虫、草及其他有害生物，或者有目的地调节作物和有害生物生长、发育的化学物质。

由工厂直接生产出来未经加工的农药有效成分称为原药，固体形态的农药称为原粉，液体形态的农药称为原油。由于原药的浓度高，一般不能直接使用。为安全、经济、有效地使用农药，需在原药中添加农药辅助剂，将原药调制成可直接使用的产品的过程，称为农药加工。为适应不同防治对象、使用方法等的需求，将农药制成剂型与有效成分含量不同的产品，称为农药制剂。农药制剂是农药商品流通的主要形式，其名称通常由有效成分含量、有效成分的通用名称（或原药名称）、加工剂型（或物理形态）三部分构成，如70%代森锰锌可湿性粉剂。制剂的具体形态称为农药剂型。

二、农药辅助剂

农药辅助剂是原药在农药加工过程中或使用农药制剂时所添加的，用于改善药剂理化性质、提高药效、便于使用或扩大使用范围的物质，简称农药助剂。农药助剂主要包括填充剂、溶剂、润湿剂、乳化剂、分散剂、黏着剂、渗透剂、安全剂等。一般农药助剂本身没有生物活性，但对农药制剂的药效却有极大的影响。充分了解和把握农药助剂的性质和作用特点是合理使用农药制剂的基础。

（1）填充剂　又名填料，为调节成品含量或改善物理状态，在固体农药制剂加工时加入的固态惰性物质，有利于稀释原药、吸附原药、增加原药的分散性。常用的有高岭土、凹凸棒土、陶土、硅藻土、轻质碳酸钙等。主要用于粉剂、可湿性粉剂、粒剂、水分散粒剂等。

(2) **溶剂** 为便于加工和使用，加入用于稀释和溶解农药有效成分的有机物。溶剂具有溶解力强、毒性低、闪点高、不易燃、成本低、来源广的特点。常用的溶剂有苯、甲苯、二甲苯等。多用于加工乳油。

(3) **润湿剂** 又称湿展剂，是能显著降低液固界面张力、增加液体对固体表面的接触或增加对固体表面的润湿与展布的表面活性剂。如皂角、十二烷基硫酸钠、十二烷基苯磺酸钠等。主要用于可湿性粉剂、水分散粒剂、水剂与水悬浮剂的加工以及作为喷雾助剂使用。

(4) **乳化剂** 对原来不相溶的两相液体（如油与水），能使其中一相液体以极小的液珠稳定地分散在另一相液体中，形成不透明或半透明乳状液的表面活性剂，称为乳化剂。如十二烷基苯磺酸钙、烷基酚聚氧乙烯醚等。多用于乳油、水乳剂和微乳剂的加工。

(5) **分散剂** 农药制剂加工中能够阻止固液分散体系中固体粒子聚集，使其在液相中保持较长时间均匀分散的表面活性剂。多为阴离子型、非离子型表面活性剂以及高分子物质，如木质素磺酸钠、萘磺酸钠甲醛缩合物（NNO）等。主要用于可湿性粉剂、水分散粒剂、水悬浮剂的加工。

(6) **黏着剂** 能增加农药对固体表面黏着性能的助剂，称为黏着剂。因药剂黏着性的提高而能耐雨水冲刷，提高其持效性。如在粉剂中加入适量黏度较大的矿物油，在液剂农药中加入适量的淀粉糊、明胶等。

(7) **渗透剂** 能够促进农药有效成分进入处理对象，如植物、有害生物内部的表面活性剂，称为渗透剂，多用于配制高渗性农药制剂。

(8) **安全剂** 降低或消除除草剂对作物药害的化合物，能够提高除草剂的安全性。

其他助剂还有稳定剂、增效剂、防冻剂、防腐剂、发泡剂等。随着农药种类的增加以及农药加工技术的不断发展，农药助剂种类也在不断增加。

三、农药的剂型

1. 农药剂型概念

在植物病虫害防治中，使用适当的农药剂型可延长药剂有效期、提高其分散性、提高药效、适应多种施药技术；减少用药量、节约工时；降低对非靶标生物的毒性，提高对作物的安全性，减少环境污染与生态平衡的破坏，达到用药高效、经济、安全的目的。

2. 农药常用的剂型

(1) **粉剂（DP）** 由原料、填充剂、分散剂及黏着剂构成，易加工，成本低；使用方便，不受水源限制；在植物上黏附力小，残留较少，不易产生药害。但是加工时粉尘多；使用时易受地面气流影响而飘失，影响药效，并造成环境污染；不易附着于植物的表面、用量大、残效期较短。低浓度粉剂采用喷粉法，高浓度的粉剂可配制毒土、毒饵或者拌种及土壤处理等。

(2) **可湿性粉剂（WP）** 由原药、填料、湿展剂及分散剂构成，生产成本较低，有效成分含量比粉剂高，便于储存、运输；药效高于粉剂，但不及乳油；附着性强，飘移少，对环境污染小。但是不耐储存，不易在水中分散，致使喷洒不匀，从而导致植物局部受药害。使用方法主要有常量喷雾法、毒饵法及土壤处理等，不可采用喷粉法。

（3）**悬乳剂（SC）** 又名胶悬剂，由原药、湿润剂、分散助悬剂及增黏剂（或稳定剂、防冻剂、消泡剂等）构成。成本低，少药害，对人的毒性低；粒径小，附着力强，持效期长，耐雨水冲刷优于乳油，药效高；生产、储运比较安全方便。但是长时间存放后，可能会出现沉淀，使用时须充分摇动，以保证药效。使用方法主要有常量喷雾、低容量喷雾、涂茎、拌种、浸种等。

（4）**水分散粒剂（WG）** 由原药、润湿剂、分散剂、崩解剂、黏结剂及载体构成。悬浮率高、分散性和稳定性好，药效高；有效成分含量高，流动性好；性能稳定，无粉尘，对环境污染小。不足之处就是加工过程较复杂，成本较高。使用方法主要有常量喷雾、泼浇、拌种、浸种、毒土等。

（5）**乳油（EC）** 由原药、有机溶剂和乳化剂构成。易黏附和展着于植物和靶标上，残效期较长，耐雨水冲刷；使用方式多样，药效高于同种药剂的可湿性粉剂。但是制造乳油需要大量的有机溶剂和乳化剂，成本较高，并且容易造成环境污染，使用不当还易产生药害或发生中毒事故。使用方法主要有常量喷雾、泼浇、拌种、浸种、毒土、涂茎等。

（6）**颗粒剂（GR）** 由原药、载体及助剂（黏结剂、崩解剂、湿润剂、分散剂、着色剂等）构成。施用方便，不易产生药害，高毒农药低毒化；可有效控制药剂有效成分的释放速度，残效期长；沉降性好，能减少环境污染；靶标性强，对天敌等有益生物影响小；运输成本较高，使用范围较窄。使用方法主要有灌心叶、撒施、点施；高毒农药颗粒剂可进行土壤处理、拌种及沟施等。

（7）**可溶性粉剂（SP）** 由原药、填充剂（水溶性无机盐）和助剂（分散剂等）构成。不含有机溶剂，药害和环境污染少；有效成分以分子状态分散于水中，药效比可湿性粉剂好，与乳油相近；有效成分含量高，运输、包装加工成本低。主要采用喷雾与泼浇的施药方法。

（8）**水剂（AS）** 由水溶性原药、水及表面活性剂构成。加工方便、成本低廉、药效好、对环境污染小，附着性差，在水中不稳定，长期储存易分解失效。使用方法主要有喷雾、浇灌及浸泡等。

（9）**种衣剂（SD）** 由农药（悬浮剂、水分散粒剂、乳油等）、成膜剂、农肥、微量元素等构成。改善种子的外观，以便于播种、计量和保存；药力集中、利用率高，省药、省工、省种；隐蔽使用，有利于保护环境，使用安全；具有缓释作用，持效期长。主要用于种子包衣。

（10）**烟剂（FU）** 由原药、燃料、助燃剂及消燃剂构成。使用方便，节省劳力，防治效果好，可以扩散到其他防治方法不能达到的地方；适宜于仓库、大棚、温室的病虫害防治等。主要用于熏蒸的施药方法。

四、农药的分类

农药种类很多，为使用方便，常根据成分来源、防治对象以及作用方式进行分类。

（一）按照成分及来源分类

1. 无机农药

无机农药主要是由天然矿物原料加工、配制而成的农药，故又称为矿物性农药。其有效成分都是无机的化学物质,早期的无机杀虫剂有无机砷杀虫剂、无机氟杀虫剂、其他无机杀虫剂。早期的砷制剂、氟制剂因为毒性高、药效差、药害重而停产。现代使用的无机农药主要有铜制剂与硫制剂。铜制剂如波尔多液、碱式硫酸铜悬浮剂等,硫制剂如硫悬浮剂、石硫合剂等,它们都是目前广泛应用的杀菌剂。

2. 有机农药

有机农药是指利用生物活体或其代谢产物对害虫、病菌、杂草、线虫、鼠类等有害生物进行防治的一类农药制剂,或者是通过仿生合成具有特异作用的农药制剂。有机农药主要是由碳、氢元素构成的一类农药,多数可用有机合成方法制得,目前所用的农药大多属于这一类。主要包括天然有机农药与人工合成有机农药,常见的有机农药有有机氯、有机磷、有机氟、有机硫、有机铜等。

(1)**天然有机农药** 植物源农药:烟碱类、除虫菊素类、印楝素类等。矿物源农药:石油乳剂类等。微生物源农药:苏云金杆菌、农用抗菌素类等。动物源农药:沙蚕毒素类,沙蚕毒素类是仿生合成的一系列能作农用杀虫剂的类似物,如杀螟丹、杀虫双、杀虫单、杀虫环、杀虫蟥等,统称为沙蚕毒素类杀虫剂,也是人类开发成功的第一类动物源杀虫剂。

(2)**人工合成有机农药** 主要有有机氯类、有机磷类、氨基甲酸酯类、拟除虫菊酯类、有机氮类等。

(二)按照防治对象分类

(1)**杀虫剂** 直接或间接控制抑制或消除害虫为害程度的药剂,农药标签色带为红色。

(2)**杀菌剂** 对病原菌能起到杀死、抑制或中和其有毒代谢物,消除病症的药剂,农药标签色带为黑色。

(3)**除草剂** 用来防除杂草的药剂,农药标签色带为绿色。

(4)**杀螨剂** 用于防除植食性有害螨类的药剂,农药标签色带为红色。

(5)**杀线虫剂** 用于防治植物病原线虫的药剂,农药标签色带为黑色。

(6)**杀鼠剂** 用于毒杀多种场合中各种有害鼠类的药剂,农药标签色带为监色。

(7)**杀软体动物剂** 用于防治蜗牛、蛞蝓等软体动物的药剂,农药标签色带为红色。

(8)**植物生长调节剂** 对植物生长发育有控制、促进或调节作用的药剂,农药标签色带为深黄色。

(三)按照作用方式分类

1. 杀虫剂

(1)**胃毒剂** 昆虫取食后通过消化系统进入体内,使害虫中毒死亡的药剂。这类农药对咀嚼式口器害虫效果明显。

(2)**触杀剂** 接触到虫体后,经体壁进入害虫体内,而使害虫中毒死亡的药剂。触杀剂可防治各种口器类型害虫,但是对甲虫以及被蜡质层的介壳虫、粉虱、木虱等效果差。

(3)**内吸剂** 可被植物体(包括根、茎、叶及种、苗等)吸收,并可传导运输到其他部位组织，害虫吸食该植物的汁液就会导致中毒死亡的药剂。内吸剂对刺吸式口器害虫防治效果好。

（4）**熏蒸剂**　以气体状态通过昆虫气门进入害虫体内而引起中毒死亡的药剂。熏蒸剂在密闭环境条件下使用效果好。

（5）**拒食剂**　可通过影响昆虫的味觉器官，使其食欲减退、厌食、拒食，最后因饥饿、失水而死亡的药剂。

（6）**驱避剂**　具有物理、化学作用（如颜色、气味等），驱使害虫忌避或发生转移潜逃的药剂。

（7）**引诱剂**　具有某种特定物理、化学作用（如光、颜色、气味、微波信号等），诱聚、歼灭害虫的药剂。

2. 杀菌剂

（1）**保护性杀菌剂**　在病原物尚未侵入寄主植物前，施用于植物体，阻隔病原物的侵染，以保护植物不受侵染的药剂，如代森锰锌、波尔多液等。

（2）**治疗性杀菌剂**　病原物已侵入植物体内后，用于抑制其扩展或消灭其危害的药剂，如氟硅唑、丙环唑等。

（3）**铲除性杀菌剂**　对病原物具有直接强烈杀伤作用的药剂，如石硫合剂等。这类药剂是植物在生长期不能忍受的，因此一般只用于播种、种植前的土壤处理或植物休眠期处理。

3. 除草剂

（1）**选择性除草剂**　即在一定的浓度和剂量范围内杀死或抑制部分植物，而对另外一些植物安全的药剂，如苯磺隆、精喹禾灵等。这类除草剂在不同的植物间有选择性。但是选择性除草剂超过一定剂量会导致灭生性除草的结果。

（2）**灭生性除草剂**　在常用剂量下可以杀死接触到药剂的绝大多数绿色植物体的药剂，如百草枯、草甘膦等。这类除草剂对植物缺乏选择性或具有很小的选择性，既能杀死杂草，还能杀死部分木本植物，因此用药需谨慎。

除了以上几种分类方法以外，还可根据农药的化学结构类型、制剂形态、作用机制等进行分类。

✖ 任务实训　农药的性状观察及标签的识读

一、实训目的

① 能够辨识农药。
② 团结协作，具有一定的沟通能力、法律意识、安全意识。

二、实训准备

物品准备：天平、药匙、试管、量筒、烧杯、玻璃棒、调查表、口罩和手套。药剂准备：敌百虫可溶性粉剂、敌敌畏乳油、吡虫啉水分散粒剂、草甘膦水剂、辛硫磷颗粒剂、灭幼脲悬浮剂、磷化铝片剂、甲基硫菌灵可湿性粉剂、氯氰菊酯乳油、百菌清烟剂等不同剂型的农药。

查阅《农药标签和说明书管理办法》（2017 年第 7 号），重点关注标志色带以及农药登记证、生产许可证、产品标准证"三证"的有关内容。

三、实训操作要求

三人一组实习，讨论查阅资料，并展开小组讨论。

1. 农药性状观察

① 辨别物理性状：辨别不同剂型在颜色、形态等外观上的差异。

② 鉴别可湿性粉剂的质量：取少量可湿性粉剂倒入盛有 200mL 水的量筒内，轻轻搅动后放置 30min，观察药液的悬浮情况，沉淀越少，药粉质量越高。

③ 测定乳油的质量：将 2～3 滴乳油滴入盛有 10mL 清水的试管中，轻轻振荡后油水呈半透明或乳白色稳定乳状液，无油状漂浮物，表明乳油的乳化性能良好。

④ 观察要认真、细致，不要遗漏。

⑤ 操作时要戴好口罩和手套。

2. 调查本地农药店

① 选择当地农药店，观察农药的名称、标签色带与"三证"，并与农药店人员加强沟通。

② 认真识读农药标签，辨别农药的真伪。

③ 观察要认真、细致，尽可能多观察不同种类的农药，并进行比较。

④ 注意操作安全。

四、实训考核

① 边观察边记录，准确描述出农药性状，并填写观察记录表。

② 填写实验报告。

💡 知识拓展　农药标签和说明书管理办法

在中国境内经营、使用的农药产品应当在包装物表面印制或者贴有标签。产品包装尺寸过小、标签无法标注本办法规定内容的，应当附具相应的说明书。农药标签和说明书由农业农村部核准。标签和说明书的内容应当真实、规范、准确，其文字、符号、图形应当易于辨认和阅读，不得擅自以粘贴、剪切、涂改等方式进行修改或者补充。标签和说明书应当使用国家公布的规范化汉字，可以同时使用汉语拼音或者其他文字。其他文字表述的含义应当与汉字一致。

一、标签标注内容

农药标签标注的内容有：①农药名称、剂型、有效成分及其含量；②农药登记证号、产品质量标准号以及农药生产许可证号；③农药类别及其颜色标志带、产品性能、毒性及其标识；④使用范围、使用方法、剂量、使用技术要求和注意事项；⑤中毒急救措施；⑥储存和运输方法；⑦生产日期、产品批号、质量保证期、净含量；⑧农药登记证持有人名称及其联系方式；⑨可追溯电子信息码；⑩象形图；⑪农业农村部要求标注的其他内容。

二、注意事项

应当标注以下内容：对农作物容易产生药害，或者对病虫容易产生抗性的，应当标明主要原因和预防方法；对人畜、周边作物或者植物、有益生物（如蜜蜂、鸟、蚕、蚯蚓等陆生生物及鱼、水蚤等水生生物）和环境容易产生不利影响的，应当明确说明，并标注使用时的预防措施、施用器械的清洗要求；开启包装物时容易出现药剂洒漏或者人身伤害的，应当标明正确的开启方法；施用时应当采取的安全防护措施；国家规定禁止的使用范围或者使用方法等。

三、中毒急救措施

应当包括中毒症状及误食、吸入、眼睛溅入、皮肤沾附农药后的急救和治疗措施等内容。有专用解毒剂的，应当标明，并标注医疗建议。剧毒、高毒农药应当标明中毒急救咨询电话。

四、储存和运输方法

应当包括储存时的光照、温度、湿度、通风等环境条件要求及装卸、运输时的注意事项以及警示内容。

其余参考《农药标签和说明书管理办法》（2017 年第 7 号）。

任务二

农药的应用技术

任务目标

知识目标：　① 掌握农药的科学合理使用方法。
　　　　　　② 了解农药的稀释及其计算方法。
能力目标：　① 能够根据植物种类、病虫害种类正确选择施药方法。
　　　　　　② 能够根据病虫害以及农药特点科学合理使用农药。
素质目标：　① 拥有辩证思维，正确看待农药的使用，保护生态环境。
　　　　　　② 拥有科学严谨的态度，科学配制、稀释农药。
　　　　　　③ 具有安全意识，对农药的使用要考虑他人安全与自我安全。

基础知识

一、农药的使用方法

1. 喷雾法

喷雾法是借助喷雾器械将药液分散成细小雾滴，均匀地喷布在目标植物上的施药方法，是目前生产上应用最广泛的一种方法。其优点是药液可直接接触防治对象、分布均匀、见效快、省劳力。缺点是药液易飘移流失、对施药人员安全性差。适用于喷雾法的剂型有乳油、可湿性粉剂、可溶性粉剂、胶悬剂、水剂、水分散粒剂等。喷雾时最好不要在炎热的中午进行，以免发生人体中毒事故。根据单位面积的喷液量分为：

① 高容量喷雾（常量喷雾）。每亩喷药液量≥30L，适用于水源丰富地区，其目标性强、受环境因素影响小、使用药械简单。不足之处：单位面积用药量大、加重保护地空气湿度、利用率低、功效差。

② 低容量喷雾。每亩喷药液量为0.5～30L，省药、省工、防效好。但是受阵风、气流影响大，不适用于喷洒除草剂和高毒农药。

③ 超低容量喷雾。每亩喷药液量<0.5L，不受水源限制、残效期长、农药利用率高、防效好、功效好。但是喷雾质量受风及气流影响大，适宜的风速为1～3m/s。适于内吸剂、触杀剂，不适用于保护性杀菌剂和除草剂。

2. 粉尘法

粉尘法是在温室、大棚、仓库等密闭空间里利用喷粉器械喷撒具有一定细度的粉尘剂，使药粉在空间扩散、飘浮形成浓密的粉尘，沉积于茎叶表面，从而获得良好防治效果的方法。粉尘法具有防效好、效率高、污染少、简便省力、扩散均匀、不增加大棚室内湿度等优点。

3. 撒施法

撒施法是将药剂与细土、细砂等混合均匀，撒施于目标物上的施药方法。适用于一些具有内吸传导性或不便喷雾的毒性高与容易挥发的农药品种。撒施法简单、方便、省力，适合土壤处理、水田施药及多种作物的心叶施药。如用辛硫磷颗粒剂与细土拌匀，防治玉米螟及地下害虫。

4. 毒饵法

毒饵法是用饵料与胃毒剂混合制成毒饵，用于防治害虫和害鼠的方法。将饵料煮至半熟具有一定香味时，取出晾干，拌上胃毒剂，再与种子同播或撒施于地面。常用的饵料有麦麸、米糠、豆饼、花生饼、玉米芯、菜叶等。

5. 种苗处理法

种苗处理法是将药剂施用在种子或种苗表面，带药播种或移栽，用以防治种苗所带病虫和地下害虫的施药方法。种苗处理法包括拌种、浸种（浸苗）、闷种、种子包衣等方法。拌种是指在播种前用一定量的药粉或药液与种子搅拌均匀，用于防治种传、土传病害及地下害虫。浸种（浸苗）是指将种子或幼苗在一定浓度的药液里浸泡一定时间，用以消灭种子或幼苗所带的病原菌或虫体的方法。种苗处理法具有省工、药效好、保苗效果好、对害虫天敌影响小、农药用量少等优点，但要控制好药液的浓度、温度以及浸渍时间，以免产生药害。

6. 土壤处理法

土壤处理法是指通过喷雾、撒施、沟施、穴施、灌根等方式将药剂施于根区地面或一定土层内，用以防治病虫害的施药方法。主要包括在根区施药，将内吸性药剂施于植物根系附近，通过根部吸收、传导到植物的地上部分防治地上的害虫和病菌；还可以将药剂施入地面或一定土层内，利用药剂的触杀、熏蒸作用防治土传病害和在土壤中栖息的害虫。

7. 熏蒸法

熏蒸法是利用挥发性强的熏蒸剂或烟剂在一定的密闭环境或容器中产生毒气，用以防治病虫害的施药方法。熏蒸剂产生的毒气和烟剂所形成的极细固体农药微粒能在空间自行扩散，一般适用于密闭场所。主要用于防治温室、大棚、仓库中的蛀干害虫和种苗上的病虫害，如敌敌畏熏蒸防治蚜虫，磷化锌毒签熏杀天牛幼虫等。此法具有功效好、不需专门器械、不用水、携带方便等优点。但熏蒸的空间要求密闭条件严格，保护地最好在清晨或傍晚熏燕。

8. 植株处理法

植株处理法是将药剂直接涂抹、包扎或注射在植物的相应部位，依靠药剂的内吸传导作用防治病虫害的施药方法，可分为涂抹法、药环法、包扎法、树干注射法和虫孔注射法等。主要用于防治具有刺吸式口器的害虫和钻蛀性害虫，也可施用具有一定渗透力的杀菌剂来防治果树病害。具有省工、对植物安全、应用范围广、无飘移污染、保护天敌等特点。

涂抹法是指利用内吸性杀虫剂在植物幼嫩部分直接涂药，或将树干老皮刮掉，露出韧皮部后涂药，让药液随植物体液运输到各个部位的方法。虫孔注射法是将所需浓度药液用注射器直接注入害虫钻蛀的孔洞，或用木签、脱脂棉蘸取药液塞入虫孔，然后密封孔洞，达到防治害虫的目的。树干注射法是将输液瓶挂于树上，针头插入适当部位将药液注入的方法。

9. 喷灌施药法

喷灌施药法是利用大型机械化喷灌设备，将药剂结合喷灌浇水来完成施药的方法。该法具有省工、省时、简单方便等特点。

二、农药的稀释与计算

绝大多数农药制剂在使用前都需要加入水或填充剂，稀释至一定浓度后才可使用，以此达到施药均匀、提高药效、防止药害的目的。准确稀释农药，正确配制农药，可以增加农药分散度，充分发挥农药的效能，避免人、畜中毒事故以及植物药害，减少对环境的污染。

1. 农药浓度的表示方法

任何一种农药，起药效的只是其中的有效成分。计算农药的稀释浓度或有效成分的用量，都要以农药的有效成分浓度作为基础。农药浓度的表示方法主要有以下两种：

（1）**浓度表示法** 指 100 份药液（或药粉）中所含农药有效成分的份数，又分为质量分数、体积分数和质量浓度 3 种表示法。其中质量分数、体积分数用百分比表示。质量分数指 100 个质量单位药剂中所含有效成分的质量。如 10％吡虫啉可湿性粉剂，表示100 份药液中有效成分占 10 份。体积分数指 100 个体积单位药液中所含有效成分的体积量。如 5％乳油，表示在 100 份药液中有效成分占 5 份。质量浓度是指 1L 药液中所含有效成分的质量。如 480g/L 毒死蜱，表示在 1L 制剂中含毒死蜱 480g。

（2）倍数表示法　稀释倍数指一份农药制剂经稀释后成为原来量的多少倍。倍数表示法表示的是制剂的稀释倍数，而不是农药有效成分的稀释倍数。在实际应用中，当稀释倍数小于等于 100 倍时，需添加的稀释剂（水或填充剂）份数为稀释倍数减去 1，如稀释 50 倍，即用原药剂 1 份，加稀释剂 49 份；当稀释倍数在 100 倍以上时，稀释倍数则为需添加的稀释剂份数，如稀释 500 倍即用原药剂 1 份加稀释剂 500 份。

2. 农药稀释的计算方法

（1）质量分数（体积分数）或质量浓度表示的农药稀释计算法　一定量的农药制剂稀释后，其有效成分的量不变：

$$制剂浓度×制剂用药量＝稀释后药液浓度×稀释后药液量$$

由此可得：

$$制剂用药量＝\frac{稀释后药液浓度×稀释后药液量}{制剂浓度}×100\%$$

$$稀释后药液浓度＝\frac{制剂浓度×制剂用药量}{稀释后药液量}×100\%$$

$$稀释后药液浓度（mg/kg）＝\frac{制剂浓度×10^6}{稀释倍数}$$

（2）倍数稀释计算法

当稀释倍数在 100 倍以下时：稀释剂用量＝农药制剂量×（稀释倍数－1）

当稀释倍数在 100 倍以上时：稀释剂用量＝稀释后药液量＝农药制剂量×稀释倍数

3. 农药的配制

（1）固态农药配制　固体农药用秤称量。为使有限的固体药剂分散均匀，有时需在固体农药中加入一定量的填充剂对其进行稀释。先取少量填充剂将所需固体农药混入搅拌，再边添加填充剂边搅拌，直至所需的填充剂全部加完。对于可湿性粉剂的配制须先用少量水配制成较浓稠的"母液"，充分搅拌后再加足量的水稀释到所需浓度，两次所用的水量要等于所需用水的总量，否则将会影响预期配制的药液浓度。

（2）液态农药配制　液体农药用有刻度的量具量取。液态配制方法一般根据药液稀释量的多少与药剂活性的大小而定。配制少量药液可直接在配药容器内盛入所需用的清水，再缓慢倒入计算好的药剂，搅拌均匀即可使用。配制较多的药液量则须采用两步配制法，先用少量的水，将农药稀释成"母液"，再按照稀释比例将母液倒入准备好的清水中，搅拌均匀即可使用。

三、农药的合理使用

1. 农药残留

（1）农药残留概念　农药残留是指农药施用后，在一定时期内没有分解而残存于生物体、收获物及环境（土壤、水体、大气）中的微量农药原体、有毒代谢物、降解物及杂质的总称。施用于作物上的农药，一部分附着于作物上，一部分散落于环境中，环境中残存的农药中的一部分又会被植物吸收。残留农药直接通过植物果实或水、大气到达人、畜体内，或通过环境、食物链最终传递给人、畜。生物富集与食物链可使农药的残留浓度提高数百倍至数万倍。

（2）**农药残留危害** 农药残留引起慢性中毒的特性称为残留毒性，简称残毒。残留的农药进入人、畜体内后，可在生物体内积累或经过食物链的生物富集，逐渐达到造成人畜慢性毒害的亚致死剂量，引起内脏机能受损或阻碍正常的生理代谢过程。农药的残留毒性一般需要较长的时间才表现出来，其中农药的"三致"毒性引起了人们的特别重视。

2. 农药药害

农药药害是指因农药使用不当（施用方法、时期或浓度不适宜等）引起植物表现出的生理变化异常、生长停滞、植株病态甚至死亡等病态症状。

（1）**药害的类型与症状** 急性药害是在施药后几小时至数日内表现出的异常现象，发生快，症状明显，肉眼可见，主要表现为：①药剂处理后种子发芽率降低、出苗期推迟、苗弱等。②根系发育不良，短粗肥大、缺少根毛、表皮变厚发脆。③茎部扭曲、变粗、变脆、表皮破裂和结疤等。④叶片出现叶斑、穿孔、焦枯、失绿、畸形和落叶等。⑤花出现枯焦、落花、落蕾、变色、腐烂等。⑥果实出现斑点、畸形、锈果和落果等。⑦植株生长缓慢或徒长、畸形，出现异常气味、风味或色泽变化，严重时甚至枯萎、死亡。

> 想一想
> 农药的"三致"是什么？

慢性药害是在施药后较长时间才表现出的异常现象，症状不明显，常常不易察觉。慢性药害一旦发生，一般很难挽救。慢性药害症状常表现为植物矮化、畸形、生长缓慢，花期、果期延迟，果实风味、色泽等变差，品质恶化等，结籽植物的千粒重小、产量低，甚至不开花结果等。

残留药害是在农药使用后，残留于土壤、秸秆或堆肥中的农药或其分解产物对下茬敏感作物产生的药害。

飘移药害是施用农药时雾滴飘移偏离施药目标，沉降到邻近敏感作物上产生的药害。

（2）**药害发生的原因** 引起植物发生药害的原因比较复杂，是药剂本身的性质和植物种类、生长发育阶段以及环境条件等因素的综合效应。

① 农药质量问题。药剂劣变、杂质过多，药剂、辅助剂用量不准，理化性质发生改变易引起药害。

② 农药施用不当。使用对植物敏感的农药、农药存在质量问题、混用不当、用药浓度过高、用药量过大、施药技术不当或配制方法不科学等易引起药害。

③ 用药时期不当。在植物对药剂敏感的时期（苗期、花期、幼果期）或植物生长势弱、耐药力弱时用药易引起药害。

④ 受环境影响，在高温、强光照射、雨天或露水很大时施药易引起药害。

⑤ 二次药害与飘移药害。一些除草剂由于残效期较长，前茬作物收获后，残留的除草剂会对后茬作物产生二次药害。农药喷雾施用时，如果风力较大，药剂就会被吹到周边的其他作物上，从而对作物造成伤害。

根据药害产生的因素，应合理选择药剂，严格控制使用剂量和浓度，科学、正确地配制和施用农药。根据使用对象和防治对象的不同，结合药剂的特性及当地的使用习惯，采用适当的施用方法、施药量、施药时期，最后决定最大使用剂量。应禁用或慎用对植物敏感的农药，避免上下茬作物、邻近作物使用农药引起残留药害、飘移药害。

3. 科学合理用药

科学合理使用农药，是以安全、经济、有效为原则，有效防治病、虫、草、鼠害，增加农作物产量，降低用药成本，并减少农药对人、畜及环境危害的防治措施。

（1）**采用适当的施药方法** 根据病虫在作物上为害部位的不同、病虫害种类的不同采用不同的施药方法。尽量采用隐蔽施药方式进行种子处理、土壤处理、性诱剂和毒饵诱杀等。

（2）**对症用药** 每一种农药都有适宜的防治对象和范围，要针对防治对象，做到对症下药。比如咀嚼式口器的害虫适宜采用胃毒剂、触杀剂，对于未发病或发病很轻的植物采用保护性杀菌剂等。

（3）**适时用药** 要根据病虫发生规律、防治指标、农药特点及天气情况适时用药。在害虫防治方面，对食叶害虫和刺吸式口器害虫一般在低龄幼虫盛发期防治；对钻蛀性害虫一般在卵孵盛期防治。对于病害而言，易感病的生育期都是防治适宜时期。以种子繁殖的杂草，在幼芽或幼苗期对除草剂比较敏感，因此，常把这一时期作为防除杂草的适宜时期。

（4）**适量用药** 农药的使用剂量和浓度要适当，不得随意加大或减小稀释倍数。防止定期普遍施药、配药时不称不量或随手倒药等不合理做法。并在保证防治效果的基础上使用最低有效浓度与最少有效次数。

（5）**交替、轮换用药** 长期连续使用同一种农药商品导致有害生物产生抗药性，必然导致农药使用浓度和使用次数的增加。合理地交替、轮换使用农药，就可以切断生物种群中抗药性种群的形成过程。在杀虫剂中，可选用作用机制各不相同的几大类杀虫剂进行轮换、交替使用。在杀菌剂中，一般治疗性杀菌剂比较容易引起抗药性，保护性杀菌剂不容

> **想一想**
> 过度使用农药会带来什么问题？

易引起抗药性。因此，除了化学结构与作用机制不同的治疗性杀菌剂间轮换使用外，治疗性和保护性杀菌剂之间以及新老农药品种交替使用是较好的轮换组合。

（6）**科学合理混配农药** 合理混用农药是将两种或两种以上的农药混合在一起使用的施药方法。科学合理混用农药可在一次施药中，兼治两种或多种有害生物，从而扩大防治对象、提高防治效果、延长残效期、防止或延缓病虫的抗药性、降低农药使用量、节约人工等。要达到上述目的，必须注意如下几个问题：①施用的农药彼此之间不能产生化学反应，以免导致有效成分的分解失效。②混用的农药其物理性状应保持不变。如果两种农药混合后产生分层或沉淀，这样的农药就不能混用；若混合后出现乳剂被破坏、悬浮率降低、有结晶析出，也不能混用。③农药混用，不应增加对人、畜的毒性，否则不能混用。④混用的农药品种要求具有不同的防治对象或不同的作用方式，混合用后可达到一次施药兼治多种病虫害的目的。⑤不同农药混用还要达到增效的目的。

任务实训　农药药液的配制与喷雾器的使用

一、实训目的

① 熟悉配制药液的方法及注意事项，学会喷雾器的使用方法。

② 拥有科学严谨的态度，科学配制、稀释农药。

③ 具有安全意识，农药的使用要考虑他人安全与自我安全。

二、实训准备

材料准备：病虫害发生现场、胶皮手套、农药、天平、量筒、烧杯、水桶、玻璃棒、背负式喷雾器等，不同类型的农药（杀虫剂、杀菌剂、除草剂等）。

三、实训操作要求

1. 农药配制

① 仔细阅读农药标签或说明书，根据农药特点、防治对象情况、作物种类和气温高低等情况，合理确定用药量和使用浓度，准确计算出农药使用浓度。

② 按用药量称取或量取农药，称量要准确。

③ 根据农药使用浓度，先在药液桶中加入 1/3 的清水，然后将称量出的农药加入药桶中，搅拌均匀，再用剩余的清水冲洗量器，并全部加入药箱中搅匀。

2. 喷雾器的使用

① 熟悉喷雾器的结构：喷雾器由药液桶、液泵、空气室、喷洒部件（包括胶管、喷杆、开关和喷头等）组成。

② 检查喷雾器状态先用清水试喷，检查喷雾器各连接处是否有渗漏现象。

③ 装入药液，关闭开关，将配制好的药液装入药液桶后拧紧加水盖。注意药液必须过滤，药液量不能超过最高水位刻度线。

④ 操作方法：揿动手柄，当药液进入空气室并上升到安全线时，打开开关，药液即通过喷头形成雾滴。注意揿动手柄时不能过分用力，以免气室爆裂。

⑤ 注意安全防护，施药时应穿戴防护服、手套、口罩等防护工具；喷雾时，应从下风向开始喷药。走向应与风向垂直或不小于 45°的夹角，操作者应在上风向，射口应在下风向。

⑥ 随喷随揿动手柄，保持压力稳定，喷头距离作物高度、喷幅和喷杆摆动尽量一致，喷雾尽量均匀周到。

⑦ 喷雾器使用结束后应及时倒出药液桶内的残液，加入少许清水喷洒，然后用清水清洗各部分。洗刷干净后放在通风干燥处。长期停放时，须在活动部件与非塑料接头处涂抹防锈黄油。

四、实训考核

① 说明确定农药使用量和使用浓度的依据。

② 喷雾器是由哪几部分组成的？各部分的作用分别是什么？

③ 书写实验报告。

知识拓展　理性认识农药残留问题

农业农村部农产品质量安全风险评估专家王强研究员撰文指出，农药残留是蔬菜、水果等种植业农产品的主要污染源之一，不合理使用农药可能导致残留超标问题。

① 我国农药残留问题发展态势向好。在标准规范体系方面，我国对农药残留也进行了严格规范。目前我国已有农业标准近万项。近年来，我国农产品农药残留问题一直保持向好发展的趋势，不仅合格率大幅上升，而且污染检出值大大下降。同时，因农药残留超标而造成的农产品出口受阻现象大为减少，急性中毒事故更是很少发生。

② 农药残留问题从生产环节抓起。农产品中的农药残留控制，首先必须从生产环节抓起。农产品质量控制的理念也已逐渐从单纯依赖最终农产品的检测转变为以生产过程控制为主。同时，通过科技创新和综合配套，各种安全生产技术得以推广应用，既有物理和生物防治方法，也有高效低毒低残留农药及施药新方法，大大减少了农药的使用。生产环节农药残留控制的结果，不仅确保了农产品质量安全，而且使农产品生产者取得了较大的效益。

③ 只要农残不超标，消费者就可放心食用。农产品质量安全是全球性长期存在的问题，并且随着生活质量要求的提高，愈发受到关注。农药仍然是目前乃至今后不可缺少的主要农业投入品，即使是有机农业也是允许使用生物农药和矿物农药的。近 20 多年来，农药向绿色、高效、低毒和低残留方向发展已取得了很大成效。国家规定农药残留超标或不合格的农产品不得销售。所以，对农产品中的农药残留问题应理性对待，大可不必产生恐慌心理。

任务三

了解常用农药种类

任务目标

知识目标：　① 了解常见农药类型及其主要防治对象。

　　　　　② 掌握常见农药的施用方法。

能力目标：　① 能够根据病虫害特点，正确选用农药。

　　　　　② 能够根据农药特点选择正确的施用方法。

素质目标：　① 有辩证思维，能爱护益虫，保护生态环境。

　　　　　② 拥有科学严谨的态度。

　　　　　③ 具有安全意识、环保意识，科学合理选用农药。

基础知识

一、杀虫剂

1. 矿物源杀虫剂

机油乳剂（蚧螨灵）：高效、广谱杀虫杀螨剂，具有触杀作用，主要防治落叶果树的越冬介壳虫、害虫的幼虫及某些螨卵。

2. 植物源杀虫剂

（1）苦参碱（苦参、蚜螨敌、苦参素） 低毒广谱性杀虫剂，具有触杀、胃毒作用，主要防治鳞翅目幼虫、蚜虫等，不能与碱性药剂混用。常见的剂型为 1% 可溶性液剂、0.2% 水剂、0.3% 水剂、1.1% 粉剂。一般使用浓度为 0.2% 水剂稀释 100～300 倍液喷雾。

（2）烟碱 对高等动物高毒，杀虫谱广，速效，残效期短，低残留，对作物较安全，具有触杀作用，兼有胃毒、熏蒸和杀卵活性作用，主要防治蚜虫、叶蝉、飞虱、介壳虫、蓟马、椿象、潜叶蝇及鳞翅目幼虫等。常见的剂型为 10% 乳油。一般使用浓度为 10% 乳油稀释 1000～1500 倍液喷雾。

（3）除虫菊素 对光、热等不稳定，击倒速度快，应用于低龄幼虫期，具有触杀作用，主要防治鳞翅目幼虫、叶蝉、甲虫等。

（4）印楝素 对人、畜、鸟类和蜜蜂安全，不影响捕食性及寄生性天敌；应用于低龄幼虫期，具有拒食、忌避、胃毒、抑制和阻止昆虫蜕皮作用，主要用于防治鳞翅目幼虫、蓟马、斑潜蝇、蚜虫、飞虱及蝗虫等。生产上常用 0.1%～1% 的印楝素种核乙醇提取液喷雾。

（5）苦蒿素 主要成分为山道年及百部碱，主要杀虫作用为胃毒。可用于防治鳞翅目幼虫。对人畜低毒。一般使用浓度为 0.65% 水剂稀释 400～500 倍液喷雾。

（6）川楝素 具有胃毒、触杀及一定的拒食作用，对鳞翅目、同翅目、鞘翅目等多种害虫有效。对人畜安全。常见的剂型为 0.5% 乳油。一般使用浓度为 0.5% 乳油稀释 1500 倍液喷雾。

3. 微生物源杀虫剂

（1）苏云金芽孢杆菌（Bt） 该药剂是一种细菌性杀虫剂，杀虫的有效成分是细菌及其产生的毒素，属低毒杀虫剂。它可用于防治直翅目、鞘翅目、双翅目、膜翅目，特别是鳞翅目的多种害虫，常见剂型为可湿性粉剂，可用于喷雾、喷粉、灌心等，30℃以上施药效果最好。苏云金杆菌可与敌百虫、菊酯类等农药混合使用，效果好，速度快，但不能与杀菌剂混用。

（2）白僵菌 该药剂是一种真菌性杀虫剂，可用于防治鳞翅目、同翅目、膜翅目、直翅目等害虫。对人、畜及环境安全，对蚕感染力很强。其常见的剂型为粉剂。

（3）多杀霉素 具有胃毒、触杀作用，对人畜低毒，主要用于防治小菜蛾、棉铃虫、

想一想
农药标签有什么作用？为什么在购买和使用农药时要求检查和阅读农药标签？

蓟马等。

(4) **阿维菌素** 该药剂既是杀虫剂，又是杀螨剂、杀线虫剂。具有触杀、胃毒与一定的内渗作用，在土壤中无残留，对叶片有强渗透作用，可杀死表皮下害虫，对人畜高毒，可用于防治菜青虫、小菜蛾、美洲斑潜蝇、棉铃虫和根结线虫等。

4. 动物源杀虫剂

动物源类杀虫剂主要有沙蚕毒素类杀虫剂，主要包括以下几种：

(1) **杀虫双** 具较强触杀、胃毒、内吸作用，并兼有一定的熏蒸及杀卵作用。对人畜中毒。对鳞翅目幼虫以及叶蝉、蓟马等效果好。常见剂型有3%、5%颗粒剂，25%水剂。

(2) **杀虫环** 具触杀、胃毒作用，并兼有一定的拒食及杀卵作用。对人畜中毒。对鳞翅目、鞘翅目、半翅目、双翅目害虫效果好。常见剂型有50%、98%可溶性粉剂。

(3) **杀螟丹** 具较强触杀、胃毒作用，并兼有一定的熏蒸、内吸作用，能杀卵。对人畜中毒。对鳞翅目、鞘翅目、同翅目害虫效果好。一般使用浓度为50%可溶性粉剂稀释2000倍液喷雾。

5. 人工合成有机农药

(1) **昆虫生长调节剂类**

① 氟铃脲。该品为广谱特异性杀虫剂，抑制几丁质合成。主要为胃毒作用，兼具触杀作用，较其他同类型的药剂作用迅速。对鳞翅目幼虫效果好，对螨类无效，对人畜无毒。一般使用浓度为5%乳油加水稀释2000~3000倍液喷雾。

② 灭幼脲。该品为广谱特异性杀虫剂，抑制几丁质合成，具胃毒和触杀作用，对鳞翅目幼虫有良好的防治效果，在幼虫3龄前用药效果最好，持效期15~20天，对人畜低毒，对天敌安全。常见剂型有25%、50%胶悬剂。

③ 杀铃脲。该品为广谱特异性杀虫剂，抑制几丁质合成。以胃毒作用为主，有一定触杀作用，杀卵效果好。对鞘翅目、双翅目害虫防治效果好，尤其对鳞翅目害虫有特效。杀虫活性优于灭幼脲。常见的剂型为20%悬浮剂、25%可湿性粉剂。

④ 扑虱灵。广谱特异性杀虫剂。以触杀作用为主，无内吸作用。对粉虱、叶蝉及介壳虫类防治效果好，对人畜低毒。一般使用浓度为25%可湿性粉剂稀释1500~2000倍液喷雾。

⑤ 吡虫啉。内吸性杀虫剂，可用于防治对传统杀虫剂有抗药性的害虫，是防治蚜虫等刺吸式口器害虫的首选品种之一，对人畜中毒。常见的剂型有10%、20%、25%可湿性粉剂，4%、5%、10%乳油。

⑥ 啶虫脒。具较强的触杀、胃毒作用，同时具内渗作用，杀虫迅速，残效期长，可达20天。对人畜低毒，对同翅目害虫如蚜虫等效果好。一般使用浓度为3%乳油稀释2000~2500倍液喷雾。

(2) **有机磷杀虫剂**

① 毒死蜱。具触杀、胃毒及熏蒸作用。对人畜中毒，是一种广谱性杀虫剂，对鳞翅目幼虫、蚜虫、叶蝉及螨类效果好，也可用于防治地下害虫。常见剂型有40%、40.7%乳油。

② 丙硫磷。具触杀、胃毒及熏蒸作用。对人畜低毒，对鳞翅目幼虫有特效。常见剂

型有 50％乳油、40％可湿性粉剂、2％粉剂。

（3）拟除虫菊酯类

① 甲氰菊酯。具触杀、胃毒及一定的忌避作用。对人畜中毒，可用于防治鳞翅目、鞘翅目、同翅目、双翅目、半翅目等害虫及多种害螨。常见剂型为 20％乳油。

② 联苯菊酯。具有触杀、胃毒作用。对人畜中毒。可用于防治鳞翅目幼虫、蚜虫、叶蝉、粉虱、潜叶蛾、叶螨等。常见剂型有 2.5％、10％乳油。

③ 溴灭菊酯。具触杀、胃毒作用。对人畜低毒。高效、广谱拟除虫菊酯类杀虫剂，对螨类亦有效。一般使用浓度为 20％乳油稀释 4000～5000 倍液喷雾。

④ 氟丙菊酯（罗素发）。具触杀、胃毒作用。对人畜低毒，杀虫、杀螨效果好。一般使用浓度为 2％乳油稀释 1000～2000 倍液喷雾。

⑤ 氟胺氰菊酯。具触杀、胃毒作用。对人畜中毒，杀虫、杀螨效果好。一般使用浓度为 20％乳油稀释 2000～4000 倍液喷雾。

⑥ 四溴菊酯。具触杀、胃毒作用。对人畜中毒。可用于防治棉铃虫、地老虎等害虫。常见剂型有 10.8％乳油、40％可湿性粉剂。

（4）氨基甲酸酯类化学杀虫剂

① 抗蚜威。具触杀、熏蒸和渗透叶面作用。对人畜中毒，能防治对有机磷杀虫剂产生抗性的蚜虫。药效迅速，残效期短，对作物安全，对蚜虫天敌毒性低，是综合防治蚜虫较理想的药剂。常见剂型有 50％可湿性粉剂、10％烟剂、5％颗粒剂。

② 仲丁威。具强烈的熏蒸作用，且具一定胃毒、熏蒸和杀卵作用。对人畜低毒，杀虫迅速，残效期短，对叶蝉、飞虱等有特效。常见剂型有 25％乳油、3％粉剂。

（5）新烟碱类杀虫剂

广谱性杀虫剂，具有触杀、内吸、胃毒、拒食、趋避作用，以及高效、低毒、残效期长等特点。可以用于对有机磷、氨基甲酸酯类、拟除虫菊酯类杀虫剂产生抗性的害虫，但是害虫易对该类药剂产生耐药性。主要用于防治刺吸式口器害虫及鞘翅目害虫。常见药剂有吡虫啉、啶虫脒、噻虫嗪等。

二、杀菌剂

1. 无机杀菌剂

（1）波尔多液　该药剂是用硫酸铜、生石灰和水配成的天蓝色胶状悬浊液，呈碱性，有效成分是碱式硫酸铜，应现配现用，配制时应选用高质量的生石灰和硫酸铜。波尔多液的防病范围很广，可以防治霜霉病、疫病、炭疽病、溃疡病、疮痂病等多种病害。但在不同的作物上使用时，要选择不同配比的波尔多液，以免造成药害。

（2）石硫合剂　该药剂是用生石灰、硫黄和水煮制成的红褐色透明液体，有臭鸡蛋味，呈强碱性，溶于水，易被空气中的氧气和二氧化碳分解，因而须密闭贮存。石硫合剂是一种良好的杀菌、杀虫、杀螨剂，可用于多种花木病害的休眠期防治。一般只用作喷雾，休眠季节可用 3～5°Bé 石硫合剂，植物生长期可用 0.1～0.3°Bé 石硫合剂。石硫合剂现已工厂化生产，常见的剂型有 29％水剂，20％膏剂，30％、40％固体及 45％结晶，与其他药剂的使用间隔期为 15～20 天。石硫合剂具有腐蚀性，使用过的器具要及时清洗。

（3）**涂白剂** 该药剂用于减轻观赏树木因冻害和日灼发生的损伤，并能遮盖伤口，还可防治蛀干害虫、皮溃疡病害。可避免病菌侵入，减少天牛产卵机会等。涂白剂的配方很多，常用的配方是：①生石灰 5kg＋石硫合剂 0.5kg＋盐 0.5kg＋兽油 0.1kg＋水 20kg。②生石灰 5kg＋食盐 2.5kg＋硫黄粉 1.5kg＋兽油 0.2kg＋大豆粉 0.1kg＋水 36kg。涂白剂的涂刷时期，一般在 10 月中、下旬进行或在 6 月涂刷 1 次防日灼。涂刷高度视树木高度而定，一般离地面 1～2m。

2. 生物源杀菌剂

（1）**多抗霉素** 具有内吸性，可用于防治叶斑病、白粉病、霜霉病、枯萎病、灰霉病等多种病害。常见剂型有 10％可湿性粉剂。

（2）**武夷菌素** 低毒广谱性杀菌剂，对人、畜、蜜蜂、天敌昆虫、鱼类、鸟类均安全。无残毒，不污染环境。可防治多种真菌和细菌病害。常见剂型有 1％水剂、2％水剂。

（3）**嘧菌酯** 具有杀菌谱广、药效强，对人、畜及地下水安全等特性。常见的剂型有 25％悬浮剂。

（4）**木霉菌** 该药具有多重杀菌、抑菌功效，杀菌谱广，且病菌不易产生抗性。对人、畜及天敌昆虫安全，无残留，不污染环境。可防治猝倒、立枯、根腐、白绢、疫病、叶霉、灰霉、霜霉等多种病害。常见的剂型有可湿性粉剂。

（5）**放射土壤杆菌** 对植物根癌病有良好的防效。对人、畜及天敌昆虫安全，无残留，不污染环境。常见的剂型有可湿性粉剂。

3. 有机合成杀菌剂

（1）**代森锰锌** 保护性广谱杀菌，对人、畜低毒。对霜霉病、炭疽病、疫病和各种叶斑病等多种病害有效，常与内吸性杀菌剂混配，用于延缓抗性的产生。常见剂型有 25％悬浮剂、70％可湿性粉剂。

（2）**异菌脲** 低毒、广谱触杀性杀菌剂，具保护治疗双重作用。对灰霉病、菌核病、叶斑病等均有较好防效。常见剂型有 50％可湿性粉剂、25％悬浮剂。

（3）**腐霉利** 具保护治疗双重作用，对灰霉病、菌核病、叶斑病等防治效果好。常见剂型有 50％可湿性粉剂、30％颗粒熏蒸剂、25％胶悬剂。

（4）**氯苯嘧啶醇** 低毒杀菌剂，具有预防和治疗作用。杀菌谱广，可防治白粉病、锈病、炭疽病、叶斑病。常见剂型有 6％可湿性粉剂。

（5）**噻菌灵** 高效、广谱内吸杀菌剂，兼有保护、治疗作用，能向顶端单向传导。持效期长。可防治白粉病、炭疽病、灰霉病、青霉病等。对人、畜低毒。常见剂型有 60％可湿性粉剂、90％可湿性粉剂、42％胶悬剂、45％悬浮液。

（6）**甲霜灵** 低毒杀菌剂，是一种具有保护、治疗作用的内吸性杀菌剂。可以作茎叶处理、种子处理和土壤处理，对霜霉菌、疫菌、腐霉菌所引起的病害有效。常见剂型有 25％可湿性粉剂、35％种子处理剂。

三、杀螨剂

（1）**炔螨特** 低毒，具有触杀和胃毒作用。对成螨、若螨有效，杀卵效果差，可用于防治棉花、蔬菜、苹果、柑橘、茶、花卉等多种作物上的害螨。

（2）**哒螨灵** 中毒，具有触杀作用的广谱杀螨剂，不受温度影响。具有杀螨迅速、药效持久等特点，药效残留期达 40～50 天。主要用于防治全爪螨、叶螨、始叶螨、跗线螨等植食性害螨，以及同翅目和缨翅目的一些害虫。

（3）**浏阳霉素** 微生物源杀虫、杀螨剂。低毒、高效，具有触杀及对螨卵有一定抑制作用，主要用于防治棉花、果树、瓜类、豆类、蔬菜等作物上的螨类与蚜虫。

（4）**三氯杀螨醇** 低毒，广谱性杀螨剂，具有触杀作用，对成、若螨与螨卵均有很强的毒杀作用，对作物安全，残效期 20 天，但不能在果树及茶叶上使用。

四、杀线虫剂

（1）**威百亩** 氨基甲酸酯类杀线虫剂，低毒，具有熏蒸、杀菌及除草功能。适于花生、棉花、大豆、马铃薯等作物线虫的防治，对看麦娘、莎草等杂草及棉花黄萎病、十字花科蔬菜根肿病有防效。

（2）**棉隆** 低毒、持效期较长、广谱性熏蒸杀线虫剂，可兼治土壤真菌、地下害虫及杂草。主要用于防治蔬菜、草莓、烟草、果树、林木上的各种线虫。

（3）**噻唑磷** 非熏蒸型的高效、低毒、低残留的环保型杀线虫剂。特别适用于无公害蔬菜的生产。主要防治根结线虫、根腐线虫、茎线虫、胞囊线虫等。

五、除草剂

1. 灭生性除草剂

（1）**百草枯** 该药剂属中等毒性的速效触杀型除草剂，能迅速被植物绿色组织吸收并致枯死，2～3h 开始受害变色。对非绿色组织无效，无传导内吸作用，对植物根部、多年生地下茎及宿根无效。

（2）**草甘膦** 该药剂属低毒、内吸传导型灭生性除草剂，不仅能通过茎、叶传导到地下根部，而且在同植株不同分蘖间传导，尤其对多年深根性杂草的地下组织破坏力强，还可用于高大杂草、灌木、树木的防除。适用于果园、桑园、休闲地、田边、路边除草等。

2. 选择性除草剂

（1）**芽前除草剂** 指在作物播种前或播种后、杂草没出土或刚出土时施用于地表的除草剂，故又叫土壤处理剂。主要防除以种子萌发的一年生杂草。

① 甲草胺。该药剂属酰胺类选择性芽前土壤处理剂，可被植物幼芽吸收，吸收后向上传导，种子与根吸收传导少。主要用于大豆、花生、棉花、玉米、果树及蔬菜等作物田的一年生禾本科杂草及某些阔叶杂草的防除。

② 氟乐灵。该药剂属二硝基苯胺类选择性芽前土壤处理剂。植物的根、芽均能吸收，能够抑制杂草的幼根及幼芽，但不能向上传导，只能根际间传导。主要用于棉花、蔬菜、果树等作物田的单子叶杂草与一些小粒种子的双子叶杂草的防除。

（2）**苗后选择性除草剂** 指在作物生长期间，杂草出土成苗后，施用药液处理植物茎叶，杂草茎叶吸收药液后死亡，而对作物无害的除草剂，因此又称茎叶处理剂。

① 苯磺隆。该药剂为内吸传导型芽后选择性除草剂，可被茎、叶、根吸收传导。在土壤中持效期长达 30～45 天。主要用于大麦、小麦、燕麦等禾本科作物田及禾本科草坪

中阔叶杂草的防除。

② 二甲四氯钠。一种内吸性的苯氧羧酸类除草剂。适用于麦类、水稻、玉米、谷子、高粱、马铃薯、亚麻，防除阔叶杂草和莎草科杂草。

③ 苄嘧磺隆。该药剂为根系吸收的内吸选择性、传导性稻田除草剂。适用于稻田一年生与多年生阔叶杂草和莎草的防除。

✱ **任务实训** 石硫合剂的配制及质量检查

一、目的要求

掌握石硫合剂的配制和鉴定其优劣及使用的方法。

二、实训准备

① 生石灰、硫黄粉、木柴。

② 烧杯、量筒、试管、试管架、台秤、玻璃棒、研钵、试管刷、天平、石蕊试纸、铁锅（或 1000mL 烧杯）、灶（电炉）、木棒、水桶、波美比重计等。

三、实训操作要求

（1）原料配比 其大致有以下几种，目前多采用 2∶1∶10 的质量配比。

石硫合剂熬制原料配方表

原料	质量比例				
硫黄粉	2	2	2	2	2
生石灰	1	1	1	1	1
水	5	8	10	12	10
原液浓度/(°Bé)	32～34	28～30	26～28	23～25	18～21

（2）熬制方法 称取硫黄粉 100g、生石灰 50g、水 500g。先将硫黄粉研细，然后用少量热水搅成糊状。再用少量热水将生石灰化开，倒入锅内，加入剩余的水，沸后慢慢倒入硫黄糊，加大火力，至沸腾时再继续熬煮 45～60min，直至溶液被熬成暗红褐色（老酱油色）时停火，静置冷却过滤即成原液。观察原液色泽、气味和对石蕊试纸的反应。熬制过程中应注意：火力要强而匀，使药液保持沸腾而不外溢，熬制时应事先对药液深度做出标记，然后用热水不断补充所蒸发的水量，切忌加冷水或一次加水过多，以免因降低温度而影响原液的质量。也可在熬制时根据事先估计蒸发的水量一次加足，中途不再加水。熬制过程中应不停搅拌。也可结合生产实际，用大锅熬煮，并进行喷洒。

（3）原液浓度测定 将冷却的原液倒入量筒，用波美比重计测量其浓度，注意药液的深度应大于比重计之长度，使比重计能漂浮在药液中。观察比重计的刻度时，应以下面的药液面对应的度数为准。测出原液浓度后，根据需要，用公式或石硫合剂浓度稀释表计算稀释加水倍数。

四、实训考核

书写实验报告。

💡 知识拓展　禁限用农药名录

《农药管理条例》规定，农药生产应取得农药登记证和生产许可证，农药经营应取得经营许可证。应按照标签规定的使用范围、安全间隔期用药，不得超范围用药。剧毒、高毒农药不得用于防治卫生害虫，不得用于蔬菜、瓜果、茶叶、菌类、中草药材的生产，不得用于水生植物的病虫害防治。

禁止（停止）使用的农药（50种）：

六六六、滴滴涕、毒杀芬、二溴氯丙烷、杀虫脒、二溴乙烷、除草醚、艾氏剂、狄氏剂、汞制剂、砷类、铅类、敌枯双、氟乙酰胺、甘氟、毒鼠强、氟乙酸钠、毒鼠硅、甲胺磷、对硫磷、甲基对硫磷、久效磷、磷胺、苯线磷、地虫硫磷、甲基硫环磷、磷化钙、磷化镁、磷化锌、硫线磷、蝇毒磷、治螟磷、特丁硫磷、氯磺隆、胺苯磺隆、甲磺隆、福美胂、福美甲胂、三氯杀螨醇、林丹、硫丹、溴甲烷、氟虫胺、杀扑磷、百草枯、2,4-滴丁酯、甲拌磷、甲基异柳磷、水胺硫磷、灭线磷。

注：2,4-滴丁酯自2023年1月23日起禁止使用。溴甲烷可用于"检疫熏蒸处理"。杀扑磷已无制剂登记。甲拌磷、甲基异柳磷、水胺硫磷、灭线磷，自2024年9月1日起禁止销售和使用。

在部分范围禁止使用的农药（20种）

通用名	禁止使用范围
甲拌磷、甲基异柳磷、克百威、水胺硫磷、氧乐果、灭多威、涕灭威、灭线磷	禁止在蔬菜、瓜果、茶叶、菌类、中草药材上使用，禁止用于防治卫生害虫，禁止用于水生植物的病虫害防治
甲拌磷、甲基异柳磷、克百威	禁止在甘蔗作物上使用
内吸磷、硫环磷、氯唑磷	禁止在蔬菜、瓜果、茶叶、中草药材上使用
乙酰甲胺磷、丁硫克百威、乐果	禁止在蔬菜、瓜果、茶叶、菌类和中草药材上使用
毒死蜱、三唑磷	禁止在蔬菜上使用
丁酰肼（比久）	禁止在花生上使用
氰戊菊酯	禁止在茶叶上使用
氟虫腈	禁止在所有农作物上使用（玉米等部分旱田种子包衣除外）
氟苯虫酰胺	禁止在水稻上使用

资源来源：农业农村部农药管理司，2019年。

🔬 项目测试

一、填空题

1. 农药施药原则：_____、_____、_____、_____。
2. 能改善农药性状、提高药效、便于使用或扩大使用范围的物质是_____。
3. 农药施用目标是使农药最大限度地击中靶标生物而对非靶标生物及_____影响最小。
4. 通过接触害虫的体壁渗入虫体，使害虫中毒死亡的药剂被称作_____。
5. 农药的三证（号）是指_____、_____、_____。

二、选择题

1. 杀虫剂的标签色带为（　　）。

A. 红色　　　　　　　B. 绿色　　　　　　　C. 黑色　　　　　　　D. 深黄色

2. 下列不属于农药残留主要原因的是（　　）。

A. 农药本身的性质　B. 农药的使用方法　C. 环境因素　　　　　D. 土壤质地

3. 下列是灭生性除草剂的是（　　）。

A. 甲草胺　　　　　　B. 百草枯　　　　　　C. 西草净　　　　　　D. 井冈霉素

4. 樟脑丸属于（　　）型杀虫剂。

A. 引诱剂　　　　　　B. 趋避剂　　　　　　C. 保护剂　　　　　　D. 拒食剂

5. 烟碱属于（　　）。

A. 矿物源农药　　　　B. 微生物源农药　　　C. 有机合成农药　　　D. 植物源农药

三、判断题

1. 胃毒剂可用于防治咀嚼式口器害虫。　　　　　　　　　　　　　　　　　（　　）

2. 菊酯类农药一般毒性较低，不会引起中毒。　　　　　　　　　　　　　　（　　）

3. 如果一块地某种农药的药效明显降低，用量加大，就可以判定害虫产生了抗药性。　　　　　　　　　　　　　　　　　　　　　　　　　　　　　　　　　（　　）

4. 农药的安全使用是指对人畜、作物、天敌、生态环境安全。　　　　　　　（　　）

5. 农药名称包括有效成分含量、药剂名称、剂型三部分。　　　　　　　　　（　　）

四、简答题

1. 什么是农药？

2. 农药施用方法有哪些？

4. 把 50% 氧乐果配制成 1500 倍液 25kg，需要多少克该药？

项目评价

评价项目	评价内容	自我评价（10%）	教师评价（60%）	学生互评（30%）	得分
学习能力（40分）	农药的基本知识				
	农药的应用				
	常用农药种类				
	项目测试				
技术能力（40分）	农药的性状观察及标签识别				
	农药药液配制与喷雾器使用				
	石硫合剂的配制及质量检查				
素质能力（20分）	协作意识				
	创新意识				
	学习态度				
总分（100分）					

农作物病虫害防治技术

📖 学前导读

自古以来，"民以食为天"的观念在中国文化中占据着重要的地位。然而，随着人口的增长和耕地的减少，粮食安全问题愈发凸显。确保每个公民都能获得足够的、安全的、营养的食品，已经成为现代社会面临的重要挑战。在这种背景下，对农作物病虫害的防治显得尤为重要，因为这些病虫害不仅影响作物的产量和品质，还威胁到粮食安全。据统计，我国每年因病虫害导致的粮食减产幅度约为 10%，直接导致经济损失达数百亿元。因此，对农作物病虫害进行及时、有效的防治，是保证粮食高产、稳产的重要内容。

本项目以主要农作物小麦、水稻、玉米、棉花、大豆和花生等为例，带领同学们分别从病虫害的形态特征、症状识别、发生规律、综合防治等方面进行深入的学习和实践。

📋 知识导图

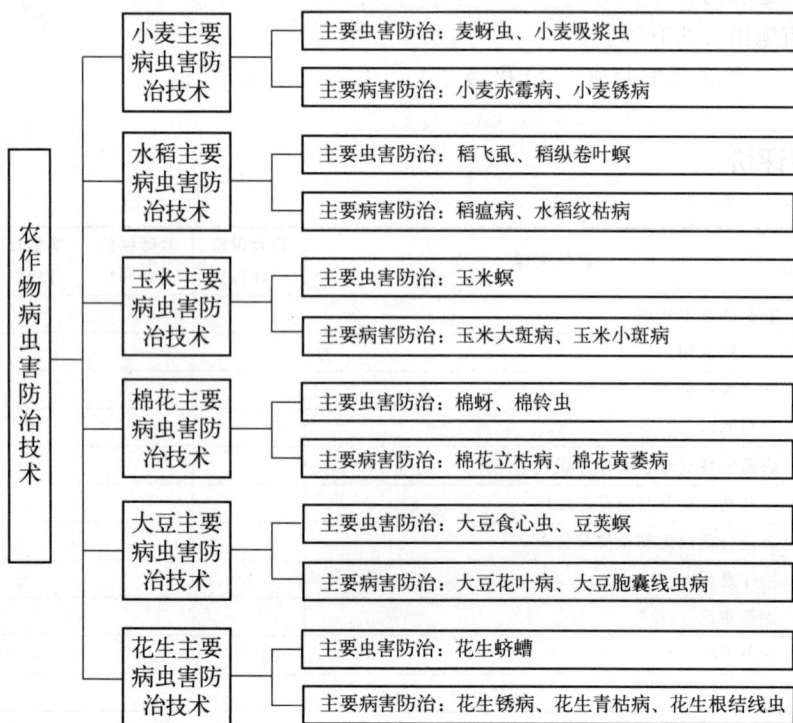

任务一

小麦主要病虫害防治技术

任务目标

知识目标：　① 了解小麦生长过程中常见的病虫害种类及其发生规律。
　　　　　　② 掌握小麦病虫害的症状识别方法和综合防治措施。

能力目标：　① 能够根据小麦的生长阶段和病虫害发生情况，制定合理的防治方案。
　　　　　　② 能够正确使用防治小麦病虫害的各种农药和施药技术。

素养目标：　① 培养学生的实践操作能力，提高学生解决实际问题的能力。
　　　　　　② 提高学生科学植保和绿色防控意识，提倡环保、可持续的农业发展。

基础知识

一、小麦主要虫害防治

（一）麦蚜虫

麦蚜虫属同翅目，蚜科。在世界范围内均有分布，尤其在温带地区更为常见。我国为害小麦的蚜虫有多种，如麦长管蚜、麦二叉蚜、禾缢管蚜、麦无网长管蚜等。在中国，麦蚜虫主要分布在黄河流域和长江流域的冬麦区，以及华北和东北的春麦区。

麦蚜虫以刺吸式口器吸取植物汁液，导致被害部位水分被大量消耗，养分运输受阻，从而影响植物的正常生长。造成叶片发黄、植株矮小、籽粒不饱满等问题，严重时甚至可以导致全株死亡。此外，麦蚜虫还是传播病毒病的媒介，对小麦的生长和产量影响更为严重。

1. 识别要点

① 麦长管蚜：无翅孤雌蚜，体长卵形，草绿色至橙红色，头部略显灰色，腹侧具灰绿色斑；有翅孤雌蚜，体椭圆形，绿色，腹管长圆筒形，尾片长圆锥状。②麦二叉蚜：无翅孤雌蚜，体卵圆形，淡绿色，背中线深绿色，腹管浅绿色，顶端黑色，中胸腹部具短柄，触角6节，尾片长圆锥形；有翅孤雌蚜，体长卵形，绿色，背中线深绿色，头、胸黑色，触角6节。③禾缢管蚜：无翅孤雌蚜，体宽卵形，体表绿色至橙红色，常被薄粉，头部光滑，胸腹部背面有清楚网纹，腹管黑色，长圆角形，端部略凹缢，有瓦纹，触角6节；有翅孤雌蚜，体长卵形，头胸黑色，腹部绿色至深绿色，触角黑色6节，短于体长。

2. 发生规律

麦蚜虫的发生与气候条件、品种抗性、耕作制度和天敌等因素密切相关。在南方无越冬期，在北方以无翅胎生雌蚜或卵的形态，在小麦基部、杂草上或土缝内越冬。一般早播麦田，麦蚜虫迁入早，繁殖快，为害重；前期多雨、气温低，后期一旦气温升高，常会造成麦蚜虫的大暴发。从发生时间上看，麦二叉蚜早于麦长管蚜，麦长管蚜一般到小麦拔节后才逐渐加重。麦蚜虫为间歇性猖獗发生，这与气候条件密切相关。麦长管蚜喜中温不耐高温，要求湿度为40%～80%，而麦二叉蚜耐30℃的高温，喜干怕湿，湿度以35%～70%为适宜。同时，抗性弱的品种也容易受到麦蚜虫的侵害。耕作制度也对麦蚜虫的发生有影响，例如连作田块中的麦蚜虫数量往往较多。此外，天敌对麦蚜虫的数量也有一定的控制作用，如瓢虫、草蛉等捕食性天敌和蚜茧蜂等寄生性天敌。

3. 综合防治

（1）**农业防治** 选用抗性强的品种、合理密植、合理施肥等农业措施以提高小麦的抗性。

（2）**生物防治** 保护利用天敌昆虫和生物农药进行生物防治，如瓢虫、草蛉、食蚜螨等。

（3）**物理防治** 利用麦蚜虫的趋黄性，在田间设置黄色诱虫板来诱杀麦蚜虫。

（4）**化学防治** 在扬花灌浆初期，百株蚜量超过500头，应及时进行田间喷药，25%吡虫·噻嗪酮可湿性粉剂16～20g/亩；3%啶虫脒乳油40～50mL/亩。喷雾时要均匀周到，确保药液能够覆盖全株。同时要注意交替使用不同种类的农药，以延缓抗药性的产生。

（二）小麦吸浆虫

我国的小麦吸浆虫主要有两种，即红吸浆虫和黄吸浆虫，均属双翅目，瘿蚊科。小麦吸浆虫是一种毁灭性害虫，以幼虫潜伏在颖壳内吸食正在灌浆的麦粒汁液，造成秕粒、空壳而减产。

受害后麦秆直立不倒，具有"假旺盛"的长势，田间表现为贪青晚熟。受害麦粒有机物被吸食，麦粒变瘦，甚至成空壳，出现"千斤的长势，几百斤甚至几十斤产量"的异常现象（1斤＝500g），主要原因是受害小麦千粒重大幅降低。

1. 识别要点

成虫：体长2～2.5mm，翅展5mm，体橘红色。头呈扁圆形，两复眼相接触，触角14节，足细长，只有前翅一对，后翅退化为平衡棒。卵：长圆形，长0.09mm，微带红色。幼虫：呈扁纺锤形，橙红色，体长2～2.5mm，前胸腹部有"Y"形剑骨片，腹末有突起两对。蛹：长约2mm，裸蛹，红褐色，头前方有色毛两根和一对呼吸管。

2. 发生规律

世代：两种小麦吸浆虫基本上一年发生一代。生活史：以老熟幼虫在土中结茧越夏和越冬。来年春天在土壤温、湿度适宜条件下，小麦拔节期越冬幼虫破茧上移；孕穗期化蛹；抽穗期成虫羽化经交尾在穗部产卵；灌浆期幼虫吸浆为害；小麦近成熟时，老熟幼虫脱颖落地，入土结茧越夏越冬。

小麦吸浆虫发生条件：①幼虫耐低温不耐高温。越冬幼虫在10cm土温7℃时破茧活动，12～15℃化蛹，20～23℃羽化成虫，温度上升至30℃以上时，幼虫休眠。②喜湿怕干。在越冬幼虫破茧活动与上升化蛹期间，雨水多羽化率高。湿度高时，卵的孵化率高，初孵幼虫活动力强，容易侵入为害。小麦扬花前后雨水多、湿度大、气温适宜常会引起吸浆虫的大发生。天气干旱、土壤湿度小则对其发生不利。③土壤疏松、保水力强利于其发生，红吸浆虫幼虫喜碱性土壤，黄吸浆虫喜较酸性的土壤。④成虫盛发期与小麦抽穗扬花期吻合发生重，两期错位则发生轻。

3. 综合防治

（1）**农业防治** ①选用抗虫品种。根据当地前几年小麦吸浆虫的发病情况，如果发病较严重，在购买小麦种子时，就要注意购买抗虫性强的种子，因为不同的品种，小麦吸浆虫的危害不一样。因此要选用穗形紧密、内外颖毛长而密、麦粒皮厚、浆液不易外流的小麦品种。②轮作倒茬麦田连年深翻，小麦与油菜、豆类、棉花和水稻等作物轮作，对压低虫口数量有明显的作用。如在小麦吸浆虫严重田及其周围，可实行棉麦间作或改种油菜、大蒜等作物，待两年后再种小麦，就会减轻为害。

（2）**化学防治** ①土壤处理在播种前、深耕土壤时，把拌好的毒土均匀撒在地里，一般制作毒土药剂用辛硫磷或甲基异柳磷都可以起到防治的目的。在小麦拔节期、孕穗期，当小麦吸浆虫处于蛹盛期时，选用2.5％甲基异柳磷颗粒剂或5％毒死蜱颗粒剂，均匀撒于麦垄间土面，结合锄地将毒土混入土表层。②成虫期药剂防治。当成虫数量达防治指标时，选用48％高效氯氟氰菊酯、毒死蜱乳油等药剂，加水稀释喷雾。喷药时一定要喷匀、喷透。

二、小麦主要病害防治

（一）小麦赤霉病

小麦赤霉病又称小麦穗枯病、烂麦头、红麦头，是一种世界性的流行性病害。病穗上常呈现以红色为主基色的霉层，故叫赤霉病。

赤霉病不仅能造成麦类产量的减少，而且会影响小麦品质，导致病粒失去种用和工业价值。同时，由于病菌的代谢产物含有毒素，人畜食用后还会引起中毒现象。一般赤霉病发生可减产1～2成，大流行年份减产5～6成，甚至绝收。

1. 症状识别

小麦整个生育期，许多部位均可受害，形成苗腐、茎腐、秆腐、穗腐及白穗等多种症状，其中以穗腐最为普遍。穗腐发病初期首先在小穗颖壳基部出现淡褐色或黄色斑点，病轻时，只有个别小穗发病，病重时可以扩展至几个小穗、半个麦穗甚至全穗发病。在多雨潮湿的环境条件下，病穗上的颖壳合缝处会长出一层粉红色的霉状物，后期病穗的颖片上常产生密集的蓝黑色小颗粒状物。

2. 发病规律

小麦赤霉病病菌具腐生兼寄生的特性，可以在多种植物残体上越冬，麦秸秆和杂草残体是主要的初侵染来源，翌年遇合适的环境条件，产生子囊壳和子囊孢子，在小麦扬花时，借助风、雨传播，侵染小穗，3～5天即表现症状。

发病因素与品种抗性、菌源量、气候条件、寄主生育期、栽培管理有关。其中气候条件、菌源量和寄主生育期之间相互配合的程度，对病害的发生与流行起着决定性作用。小麦扬花期，气候潮湿，遇连续3天及以上阴雨天气，病害即可流行。

3. 综合防治

（1）农业防治 ①深耕灭茬，清除作物秸秆等病残体或秋种前翻耕将病残体深埋，以减少田间初侵染菌源数量。②因地制宜播种，避免扬花期遇雨。③提倡使用酵素菌沤制的堆肥，采用配方施肥技术，合理施肥，增加磷、钾肥，忌过多使用氮肥，提高植株抗病能力。④适时合理灌溉，降低田间湿度。⑤开沟排水，科学管理，排水不良、地下水位高的影响根系发育，抗病性下降。开沟排水以雨季田间不积水为标准。

（2）化学防治 ①包衣拌种，防治芽腐和苗枯的有效措施（50%多菌灵可湿性粉剂，100kg种子量，用药100～200g）。②药剂防治，掌握好防治时期：最佳的防治时期为抽穗扬花期的喷药预防，即扬花率10%左右第一次喷药，间隔5～7天第二次用药。选用优质的防治药剂：选用咯菌腈、甲基硫菌灵、苯醚甲环唑、烯唑醇、戊唑醇、苯醚甲环唑、丙环唑等。掌握好用药方法：喷药重点是对准小麦穗部均匀喷雾，阴雨天要高浓度喷雾。

（二）小麦锈病

小麦锈病分为3种，即条锈病、叶锈病和秆锈病，俗称"黄疸病"，是我国小麦生产中的重要病害，也是小麦上分布最广、为害最大的一类病害，其特点是气传病害，远距离传播，具有大区流行性，病害发展速度快，流行性强，再侵染次数多，属于单年流行病害。

锈病为害主要导致叶绿素被破坏，光合作用下降，呼吸作用加强，蒸腾量增加，失水严重，从而影响小麦生长发育，造成减产。流行年份可减产20%～30%，严重时可造成颗粒无收。

1. 症状识别

① 条锈：主要为害叶片、叶鞘、茎秆和穗部。夏孢子堆鲜黄色，很小，狭长至长椭圆形，成株期呈虚线状并与叶脉平行排列，幼苗期以侵入点为中心，呈同心轮状排列。②叶锈：主要为害叶片、叶鞘和茎。夏孢子堆橘红色，居中，圆形至椭圆形，散生，排列不规则。③秆锈：主要为害茎秆、叶鞘和叶片，也可为害穗部。夏孢子堆深褐色，最大，长椭圆形至长方形，排列散乱，无规则。三种锈病的共同特点是在被害处产生鲜黄色、橘红色或深褐色的夏孢子堆，后期在病部生成黑色的冬孢子堆，区别是"条锈成行，叶锈乱，秆锈是个大红斑"。

2. 发病规律

锈病均靠夏孢子通过气流传播为害，传播范围广，并可形成多次再侵染。病害循环包括：越夏，秋苗感染，越冬，春季流行。小麦条锈病是一种低温病害，在我国平原麦区和海拔较低的山区不能越夏，仅能在夏季最热一旬平均气温低于20℃且有感病品种存在的地区才能越夏。锈病流行程度主要取决于以下因素：感病品种的面积；菌源数量；雨量多少和湿度大小。一般在大面积种植感病品种的情况下，遇到连续阴雨、雾多、露重、湿度大的天气，加之较大的菌源数量，就会导致病害流行。

3. 综合防治

小麦锈菌可借气流高空远距离传播，流行性强，分布面积广，危害严重。针对该病害必须采用“以种植抗病品种为主，药剂防治和栽培防治为辅”的综合防治策略。

（1）**农业防治** ①选用抗病品种，合理布局，并注意定期轮换品种，防止抗性丧失。②适期播种，在条锈菌越冬和越夏的地区避免播期过早；在秆锈病严重地区避免播期过迟。③提倡施用酵素菌沤制的堆肥或腐熟有机肥，合理搭配氮磷钾肥，适当增施磷、钾肥，增强小麦抗病力。④消灭自生麦苗，减少菌源，降低发病率，减轻锈病危害。⑤合理灌溉，控制田间湿度，在多雨、高湿地区要开沟排水，在干旱地区又要及时灌水，以减轻为害。

（2）**化学防治** ①包衣拌种，小麦播种时采用咯菌腈、苯醚甲环唑等杀菌剂进行拌种或种子包衣。②药剂防治，小麦拔节后，如雨水较多，田间又有病害发生时，及时进行药剂防治，可选用氟环唑、丙环唑、三唑酮、戊唑醇等药剂，加水喷雾。每隔 7 天喷 1 次，连续喷 2～3 次。

任务实训 小麦主要病虫害识别与防治

一、实训目的

在小麦栽培管理过程中，结合本地区小麦病虫害发生规律及特点，适时进行田间调查，及时采取科学合理的防治措施，控制病虫为害，确保小麦高产稳产。

二、实训准备

① 实验器材：显微镜、放大镜、病虫害样本等，用于病虫害识别实验。
② 实地考察区：选择具有代表性的小麦种植区作为实训基地，供学生进行实地考察。
③ 农药及工具：杀菌剂、杀虫剂、喷雾器、手套、口罩等。
④ 记录表：记录病虫害发生情况及防治效果。

三、实训操作要求

① 病虫害识别。通过实地观察、实物展示、图片辨识、症状描述等多种方式，识别常见的小麦病虫害，如锈病、赤霉病、麦蚜虫、吸浆虫等，加强学生对病虫害特征的认知。

② 案例分析。通过对典型案例的解析，让学生了解实际生产中病虫害防治的复杂性，并学习解决实际问题的思路和方法。

③ 实地考察。组织学生前往小麦种植区进行实地考察，了解当地小麦病虫害的种类、分布及发生规律。

④ 实践操作。结合所学知识，对当地小麦病虫害进行科学防治，包括农业防治、生物防治和化学防治等。

四、实训考核

以当地小麦常见的 1～2 种病虫害为例，制定合理的防治方案，包括农业防治、物理防治、生物防治和化学防治等。

💡 知识拓展　小麦锈病专家——李振岐

李振岐，著名植物病理学家和小麦锈病专家，中国工程院院士，为我国小麦条锈病防控和人才培养做出了杰出贡献。

1950 年，小麦条锈病在全国大流行，损失粮食达 60 亿千克。在中央领导的关心下，一个专门研究和防治小麦条锈病的全国性协作委员会迅速成立，李先生作为西北地区的科技骨干，经过 6 年的艰苦调查，终于明确了西北地区小麦条锈病菌的越夏越冬和流行传播规律，并提出了防治途径，撰写了一篇具有划时代意义的学术论文——《陕、甘、青小麦条锈病发生规律之初步研究》，为研究中国小麦条锈病的流行体系奠定了坚实的基础，李先生也被誉为"中国小麦条锈病防治研究的开拓者"。

李振岐一直以小麦条锈病的发生规律及其综合防治为主攻方向，带领团队研究了 50 多年，终于明确了小麦品种抗锈性丧失的原因与发生规律，并提出了相应的控制对策。与此同时，他在细胞、亚细胞和分子水平研究了小麦条锈菌的变异机制，先后明确了突变和异核作用为小麦条锈菌毒性变异的主要途径；建立了我国小麦条锈菌 DNA 分子遗传标记体系；揭示了条锈菌在我国不同小麦种植区间的菌源传播关系，首次获得了"基因漂移"的直接证据。这项研究结果在国际期刊上发表后，引起了同行关注，并被国际重要学术刊物 *Science* 引用。

任务二 | 水稻主要病虫害防治技术

🎯 任务目标

知识目标：　① 了解水稻常见的病虫害类型及特征。
　　　　　　② 掌握各种病虫害的发生规律及影响因素。
能力目标：　① 能够有效识别水稻病虫害。
　　　　　　② 能够对当地水稻病虫害进行监测预警并采取合理的防治措施。
素养目标：　① 培养学生的实践能力和创新思维能力。
　　　　　　② 培养学生对粮食安全的责任感和使命感。

📖 基础知识

一、水稻主要虫害防治

（一）稻飞虱

稻飞虱属同翅目，飞虱科，又称蠓子虫，是危害水稻的主要害虫之一。种类很多，主要有褐飞虱、白背飞虱和灰飞虱等，常见为害水稻的以褐飞虱为主。褐飞虱食性单一，喜温暖潮湿气候，在中国主要分布在南方稻区，其中以长江流域和华南地区受害最为严重。稻飞虱以成、若虫群集稻丛基部，刺吸稻株汁液，使谷粒千粒重减轻，瘪谷粒增加，为害严重时能引起稻株倒伏，俗称"冒穿"，导致严重减产或失去收成。此外，稻飞虱还会传播病毒病，加重水稻病害的发生和危害。

1. 识别要点

稻飞虱有卵、若虫、成虫三个虫期。成虫有长翅型和短翅型两种形态，长翅型成虫体长 3.6～4.8mm，体褐色至黑褐色，具油状光泽，头顶向前突出，略呈正方形。颜面中央不凹陷。额及颊均黄褐色，小盾板暗褐色，有 3 条隆起线。短翅型雌虫体长 3～4mm，腹部肥大，腹端钝圆，前翅伸达腹部第 5～6 节。卵产在叶鞘和叶片组织内，排列成一条卵条，卵粒香蕉形，长约 1mm，宽 0.22mm，卵粒双行排列。若虫，卵圆形，淡褐色或黑褐色，分 5 龄，3 龄后胸背面翅芽明显。

2. 发生规律

褐飞虱是一种季节性远距离迁飞昆虫，我国大部分稻区的初期虫源主要由南方迁飞而来。由于褐飞虱产卵期长、世代重叠，褐飞虱成、若虫均喜欢在密植、高肥、高湿的稻田中生长繁殖，因此在这些田块中为害较重。

褐飞虱食性单一，对水稻有高度的嗜食性。长翅型成虫具有较强的趋光性。褐飞虱的生殖力、繁殖率很高，短翅型成虫每雌虫可产卵 400～1000 粒，且孵化率、存活率高，故褐飞虱在短期内可暴发成灾，是水稻穗期暴发性害虫。褐飞虱的发生数量和为害程度与其生长环境密切相关。最适温度为 25～28℃，高于 30℃或低于 20℃对成虫繁殖、若虫孵化和生存均不利。适合褐飞虱大发生的气象条件：盛夏不热、晚秋不凉、夏秋多雨。褐飞虱的发生与食料条件也密切相关。一般矮秆、宽叶、耐肥的品种有利于其发生；同一品种因分蘖盛期、孕穗至抽穗期营养价值高、湿度大，又不通气透光，褐飞虱发生严重；在营养条件好的时期，短翅型数量明显增加。重施、偏施氮肥，稻苗嫩绿，过度密植，长期深灌，不合理使用农药，杀伤天敌等均有利于褐飞虱的发生。

3. 综合防治

（1）**农业防治**　选用抗虫品种，合理密植，科学施肥，保持田间通风透光，增强植株抗性。加强田间管理，及时清除杂草和病残体，减少虫源。

（2）**生物防治**　保护和利用天敌昆虫，如瓢虫、草蛉等，对稻飞虱进行生物防治。在田间投放天敌昆虫或喷洒生物农药，可有效控制稻飞虱的种群数量。

（3）**物理防治**　利用害虫的趋光性，在田间设置黑光灯或频振式杀虫灯诱杀成虫。同时，可在田间设置防虫网或采用色板诱杀技术，利用害虫对颜色的趋性进行诱捕等物理措施进行防治。

（4）**化学防治**　选用高效、低毒、低残留的农药，如吡虫啉、噻嗪酮等，进行喷雾防治。注意交替使用不同药剂，避免产生抗药性。

（二）稻纵卷叶螟

稻纵卷叶螟属鳞翅目，草螟科，俗称卷叶虫，是为害水稻叶片的主要迁飞性害虫，也是影响水稻生产的常发性害虫之一。稻纵卷叶螟以幼虫吐丝结苞为害，幼虫在苞内刮食叶肉，留下一层透明表皮，呈现白苞，在苗期至拔节期为害，以孕穗至齐穗期剑叶受害损失最大，致水稻千粒重降低，秕粒增加，造成减产，严重时损失高达五成。

1. 识别要点

成虫：黄褐色小蛾子，体长 7～9mm，翅 16～18mm，前翅近三角形，由前缘至后缘有两条褐纹，中间还有一条短褐纹，前后翅的外缘均有暗褐色宽边。雄蛾体色较深，在前翅前缘中央有一暗褐色毛丛。卵：扁平，椭圆形。初产时白色，后变淡黄色，将孵化时可见黑点。幼虫：成熟幼虫体长 14～19mm，头褐色，胸腹部淡黄绿色，老熟时橘黄色。中、后胸背面中央各有两对括号状黑斑。蛹：体长 7～10mm，圆筒形，初为黄色，后转为褐色，末端较尖削，有尾刺 8 根。茧白色，很薄。

2. 发生规律

趋嫩绿性：幼虫喜叶色深绿宽软的叶片，成虫产卵具有趋嫩绿性，生长茂盛的稻田产卵量比一般稻田高几倍甚至十几倍。趋蜜性：靠近蜜源的稻田产卵也多，因为成虫有吸食花蜜、蚜虫蜜露补充营养，延长寿命，增加产卵量的习性。喜湿性：幼虫适于在高湿度环境中生活，22～28℃、相对湿度 80％以上最适宜。食性：3 龄以后，幼虫的食量大增，以 5 龄幼虫的食量最大，占一整个幼虫期总食量的 40％～50％。

3. 综合防治

（1）农业防治　①选用抗耐病虫品种。因地制宜选用具有抗耐病虫的水稻品种，避免种植高感品种。②翻耕灌水灭蛹。越冬代螟虫化蛹期连片统一翻耕冬闲田、绿肥田，灌深水浸没稻桩 7～10 天，降低虫源基数。③健身栽培。适时晒田，避免重施、偏施氮肥，适当增施磷钾肥。④低茬收割。留茬不超过 10cm，有条件的地区组织开展秸秆粉碎后还田，减少越冬虫量。

（2）生物防治　稻纵卷叶螟天敌种类很多，据目前统计达 100 多种，且寄生率高。寄生性天敌主要有赤眼蜂、绒茧蜂、姬蜂、寄生蝇等。捕食性天敌主要有隐翅虫、步行虫、青蛙等，应注意加以保护和利用。释放赤眼蜂，在稻纵卷叶螟产卵盛期开始放蜂，至产卵高峰下降为止，每 3 天放 1 次，每公顷放蜂 30 万～45 万头，连续 3 次，可收到良好的防治效果。还可使用生物农药阿维菌素、苏云金杆菌等防虫。

（3）生态调控　根据田间垄块分布，在田埂上合理布局种植大豆、芝麻、波斯菊、万寿菊、凤仙花等显花植物，为水稻害虫天敌提供生境栖息场所和转移通道，增强田间害虫天敌蓄积功能，以此利用青蛙、蜘蛛、绒茧蜂、蜻蜓、黑肩绿盲蝽、隐翅虫等捕食性天敌和寄生性天敌的控害作用控制害虫危害。

（4）化学防治　采用"狠治二代，警惕三代，挑治四代"的用药策略。一般应掌握在 1、2 龄幼虫高峰期，百丛有初卷小虫苞 15 个，田间卷叶率 1％～2％时用药。选用苏云金杆菌、毒死蜱、阿维菌素、茚虫威、氯虫苯甲酰胺、丙溴磷等药剂，加水稀释喷雾。

二、水稻主要病害防治

（一）稻瘟病

稻瘟病又名稻热病，又被称为"水稻癌症"，是一种毁灭性的真菌病害。广泛分布于世界各稻区，我国南北稻区每年均有不同程度的发生。流行年份一般减产 10%～20%，严重时达 40%～50%，如不及时防治，局部田块会颗粒无收。稻瘟病是世界性分布、危害最重的病害之一，全球每年因稻瘟病造成的产量损失达数千万吨。

1. 症状识别

（1）**苗瘟**　一般在三叶期前发生，初在芽和芽鞘上出现水渍状斑，然后病苗基部变黑，上部黄褐，卷缩枯死。湿度大时长出灰褐色霉层。

（2）**叶瘟**　发生在三叶期以后的秧苗和成株期的叶片上。常见类型主要有：①普通型，病斑梭形，最外层为黄色晕圈（中毒部），内圈为褐色（坏死部），中央灰白色（崩溃部），病斑两端中央的叶脉常变为褐色长条状，称坏死线。天气潮湿时病斑背面产生灰绿色霉层。"三部一线"是稻瘟病典型病斑的识别要点。②急性型，病斑暗绿色，水渍状，椭圆形或不规则形。病斑正反两面密生灰色霉层。此病斑多在嫩叶或感病品种上发生，它的出现常是叶瘟流行的预兆。若天气转晴或经化学防治后，可转变为慢性型病斑。③白点型，田间很少发生。病斑白色或灰白色，圆形，较小。多发生在感病品种的嫩叶上，病菌侵入后恰遇天气干燥、强光照时出现。如气候适宜，可迅速转为急性型。④褐点型，为褐色小斑点，局限于叶脉之间。常发生在抗病品种和老叶上，不产生孢子。

（3）**节瘟**　病节凹陷缢缩，变黑褐色，易折断。潮湿时长灰色霉层，常发生在穗颈下第一、二节。

（4）**穗颈瘟和枝梗瘟**　发生在穗颈、穗轴和枝梗上。初期出现小的淡褐色病斑，最后变黑折断。早期侵害穗颈常造成白穗，局部枝梗被害的形成阴阳穗。

2. 发病规律

越冬与初侵染源，病菌以菌丝和分生孢子在病稻草、病谷上越冬。因此，病稻草和病谷是翌年病害的主要初侵染来源。未腐熟的粪肥及散落在地上的病稻草、病谷也可成为初侵染源。在草堆、草房等处越冬的病菌，当第二年气温回升到 20℃ 左右时，遇降雨不断产生分生孢子。孢子主要借风雨传播，昆虫也可传播。孢子接触稻株后，遇适宜温、湿度萌发并直接侵入表皮。在最适条件下（24～28℃），叶瘟的潜育期只需 4～6 天。条件适宜时，病叶上的病斑再产生大量的分生孢子，由气流传播，进行多次再侵染。

3. 综合防治

（1）**农业防治**　①选用抗病品种。因地制宜地选用抗病或耐病品种，合理安排品种布局和轮换，利用多抗性品种等，使品种群体抗性多样化，避免品种单一化种植。②加强肥水管理。合理施肥，注意氮、磷、钾肥配合使用，有机肥和无机肥配合使用。做到底肥足，追肥早，多施农家肥，增施磷钾肥；开沟排水、及时烤田。分蘖盛期够苗时应排水烤田，降低田间湿度。用水时做到薄水插秧，深水回青，浅水分蘖，够苗晒田，孕穗、抽穗至黄熟期湿润灌溉。

（2）**化学防治**　种子处理，用药剂浸种消毒，如用 50% 多菌灵可湿性粉剂 800 倍液或 25% 丙环唑 1000 倍液，早稻浸种 48h，晚稻浸种 24h。防治苗瘟或叶瘟要掌握在发病初期用药；防治穗颈瘟分别在抽穗始期、齐穗期各用药一次。选用稻瘟灵、嘧菌酯、丙环唑、春雷霉素、咪鲜胺、枯草芽孢杆菌等药剂，加水喷雾。每隔 7 天喷一次，连续 2～3 次。

（二）水稻纹枯病

水稻纹枯病是水稻上发生最普遍的一种病害，广泛分布于世界各产稻区。我国南北稻区均有发生，近年来，随着矮秆品种和杂交水稻的大面积推广及栽培措施的变革，水稻纹枯病发生面积正逐年扩大，日趋严重，尤以高产稻区受害严重。

水稻苗期至穗期均可受害，抽穗前后受害最重。主要侵害叶鞘和叶片，使水稻结实率降低，瘪谷率增加，粒重下降，一般减产 5％～10％，发生严重时，减产超过 30％。也可为害茎秆穗部，造成贴地倒伏，整株枯死。

1. 症状识别

叶鞘发病先在近水面处出现暗绿色水渍状小斑，后扩大成椭圆形并相互联合成云纹状大斑。病斑边缘暗褐色，中央灰绿色，扩展迅速。受害严重时，叶鞘干枯，上面叶片随之枯黄。叶片发病与叶鞘病斑相似，但形状不规则。病情严重时病部呈浅绿色，似被开水烫过，叶片很快青枯腐烂。病害常从植株下部叶片向上部叶片蔓延。茎秆发病使茎秆受害引起贴地倒伏，成片枯死。病部湿度大时，可见许多白色菌丝，随后菌丝集结成白色绒球状菌丝团，最后形成暗褐色、像萝卜籽大小的菌核，菌核易脱落。

2. 发病规律

越冬：病菌主要以菌核在土壤中越冬，也能以菌核和菌丝在病稻草、田边杂草上越冬。水稻收割时，大量菌核落入田中，成为次年或下季水稻的主要初侵染源。侵入：春耕灌水、耕田后，越冬菌核漂浮于水面。插秧后菌核附在近水面的叶鞘上，在适温条件下，萌发长出菌丝在叶鞘上扩展延伸，从叶鞘内侧表皮气孔侵入或直接穿破表皮侵入。再侵入：发病后，病斑上形成的菌核随水漂浮，或靠菌丝蔓延进行再侵染。

3. 发病因素

水稻纹枯病的发生和流行受菌源数量、气象条件、栽培技术、品种和生育期等因素的综合影响。①菌源数量。田间残留菌核量与发病初期病情程度呈正相关。上年或上季发病重的田块遗留的菌核多，当年或当季稻株初期发病率高。新垦稻田或上年、上季的轻病田，一般当年或当季发病较轻。②气象条件。水稻纹枯病是一种在高温、高湿情况下发生的病害，温湿度综合影响纹枯病的发生与发展。当气温达 22℃ 以上，相对湿度 90％ 以上时，即可发病。在 23～35℃ 并伴有相当大的湿度时，病情扩散迅速。温度 28～32℃ 和 97％ 以上的相对湿度最有利于病害蔓延，在此温度范围内，湿度越大，发病越重。③栽培技术。密植程度高时，株间湿度大，长期深水灌溉，稻丛间湿度加大，利于发病。偏施和过量施用氮肥，使水稻茎叶徒长，抗性下降。而适当稀植，合理施用氮肥，浅湿灌溉，适时排水晾田是控制纹枯病为害的有效措施。④品种和生育期。一般籼稻最抗病，粳稻次之，糯稻最感病；窄叶高秆品种较阔叶矮秆品种抗病；迟熟品种较抗病，中熟品种次之，早熟品种最感病。

4. 综合防治

（1）**农业防治**　①选用抗病品种。选用抗病性强、适应性广的水稻品种是防治纹枯病的有效途径。②合理密植。适当降低种植密度，提高田间通透性，有利于减轻病情。

③科学施肥。合理施肥，控制氮肥的施用量，增施磷钾肥，增强稻株的抗病能力。④合理灌溉。控制水位，避免长期淹水，有利于降低田间湿度，减轻病害的发生。⑤清除菌源。插秧前打捞混杂于浪渣中的菌核，可以减少菌源。打捞菌核必须彻底，才能收到良好效果。

（2）**生物防治**　利用天敌、寄生性昆虫等有益生物防治纹枯病的发生。例如：保护和利用赤眼蜂、草蛉等天敌昆虫，以减少化学农药的使用量。

（3）**化学防治**　水稻分蘖末期丛发病率达15%或拔节至孕穗期丛发病率达20%的田块，需要用药防治。选用己唑·嘧菌酯、多抗霉素、氟环唑、噻呋酰胺等药剂加水稀释后喷雾。药剂要喷在水稻基部叶鞘和叶片上，掌握用药时间和浓度，均匀喷雾，足量兑水。每隔7天喷一次，连续2～3次。

任务实训　水稻主要病虫害识别与防治

一、实训目的

通过实践操作，增强学生对理论知识的理解和应用，提高其解决实际生产问题的能力。同时，加强学生的实践动手能力和创新思维，为今后从事农业生产工作奠定坚实基础。

二、实训准备

① 实验器材：显微镜、放大镜、病虫害样本、农药配制工具等。
② 农药及试剂：用于防治水稻病虫害的农药及配制所需的试剂。
③ 实习场地：提供水稻种植田及相关设施，供学生进行实地操作训练。
④ 记录表：记录病虫害发生情况及防治效果。

三、实训操作要求

1. 水稻主要病虫害识别

① 观察水稻植株样本，让学生了解水稻的正常生长状态。

② 展示水稻病虫害图片资料，让学生学会识别水稻主要病虫害，如稻纵卷叶螟、稻瘟病、稻飞虱等。

2. 水稻病虫害防治方法

① 介绍农药的使用方法，如拌种、喷雾等。
② 演示农药的正确使用，让学生学会如何防治水稻病虫害。
③ 学生动手操作，进行实际喷雾防治，掌握防治技巧。

四、实训考核

结合当地水稻常见的1～2种病虫害，制定合理的防治方案，包括农业防治、物理防治、生物防治和化学防治等。

任务三

玉米主要病虫害防治技术

任务目标

知识目标：　① 了解玉米常见病虫害的种类及其症状。
　　　　　　② 掌握玉米病虫害的诊断方法。

能力目标：　① 能够根据症状正确诊断玉米病虫害。
　　　　　　② 能够制定针对不同玉米病虫害的综合防治方案。

素质目标：　① 培养学生分析问题和解决问题的能力。
　　　　　　② 提高学生的实践操作能力和培养学生的团队协作精神。

基础知识

一、玉米主要虫害防治

玉米螟俗称玉米钻心虫，属鳞翅目，草螟科，是多食性害虫，其寄主植物种类多达40科，200种以上，但主要为害玉米、高粱、甘蔗和棉花等作物。玉米螟是世界性害虫，在北方发生较为严重，一般春玉米受害导致减产10％左右，夏玉米减产20％～30％。心叶被蛀穿后，展开的玉米叶出现整齐的一排孔；雄穗被蛀后常易折断，影响授粉；幼虫危害雌穗取食花丝和未成熟的嫩粒，造成果穗缺粒或秃顶，并使籽粒残缺不全，容易霉烂；大龄幼虫自穗顶或穗基蛀入穗柄，影响营养供应，造成籽粒干瘪，产量降低，品质变劣。

1. 识别要点

成虫体长13～15mm，翅展25～35mm，体色黄褐，前翅中部有2条褐色波状纹，两横纹之间有2个褐斑；后翅灰黄色，有2条褐色波状纹，与前翅横纹相接。卵粒扁椭圆形，长约1mm，初产时乳白色，后变淡黄色至暗黑色。卵块鱼鳞状。成熟幼虫体长20～30mm，头和前胸背板深褐色，体背多为淡褐、深褐、淡红或灰黄色，背线明显。腹部1～8腹节背面各有两列横排毛瘤，背中央4个呈梯形排列。蛹体长12～18mm，纺锤形，黄褐色，腹末有5～8根向上弯曲的毛刺。

2. 发生规律

玉米螟以老熟幼虫在寄主植物的秸秆、穗轴及根茬中越冬。成虫昼伏夜出，有趋光性，喜食甜物，有趋向高大、嫩绿植物产卵的习性。在玉米心叶期，初孵幼虫群集在心叶内，取食叶肉和上表皮，被害心叶展开后形成透明斑痕；幼虫稍大后，可把卷着的心叶蛀穿，故被害心叶展开后呈排孔状。玉米抽雄后，幼虫蛀入雄穗轴并向下转移到茎内蛀害。在玉米穗期，幼虫除少数仍在茎内蛀食外，大部分转移到雌穗为害，取食花丝和幼嫩籽粒，故玉米心叶末期，幼虫群集尚未转移前，为化学防治玉米螟的关键时期。

3. 综合防治

(1) 农业防治　①选用抗虫品种。②处理秸秆，压低虫口基数。

(2) 生物防治　①性信息素诱杀成虫。在玉米螟成虫羽化初期，农田周边，选用持效期 2 个月以上的诱芯和干式飞蛾诱捕器诱杀成虫。②释放赤眼蜂寄生卵。在玉米螟产卵的始期、盛期、末期共放蜂 3 次（在玉米螟化蛹率达到 20% 时后推 10 天为第一次放蜂日，间隔 5 天后第二次放蜂，间隔 10 天后第三次放蜂）。每亩 3 次总放蜂量为 1.5 万～3.0 万头，每亩设 2～4 个放蜂点。蜂卡距地面 1m 为宜。③微生物农药白僵菌、绿僵菌、杀螟杆菌、苏云金杆菌等防治。在心叶末期前 3～5 天，用苏云金杆菌加水 10kg 或拌细沙 10kg 灌心叶，每 1kg 灌 100 株，隔 10 天后进行第二次施药。

(3) 化学防治　防治适期：卵孵高峰期。防治指标：心叶末期花叶率达 10%。具体措施：①在玉米心叶末期防治，施用辛硫磷颗粒剂或乙酰甲胺磷乳油灌玉米喇叭口心叶内。②穗期防治主要采用灌穗或喷雾方式，采用高效氯氰菊酯水乳剂或氯虫·噻虫嗪水分散粒剂兑水喷雾。

二、玉米主要病害防治

(一) 玉米大斑病

玉米大斑病又称为玉米条斑病、玉米煤纹病、玉米枯叶病或玉米叶斑病，是危害玉米的一种真菌性病害，也是世界各玉米产区分布较广、为害较重的病害。其以侵染叶片为主，也可侵染叶鞘和苞叶，通常为植株下部叶片先发病，逐渐向上蔓延。但如果前期发病条件不适合发病，后期才有适合的发病条件，这时就会从中、上部先发病。发生严重时，多个病斑连在一起，呈不规则形状，甚至整叶枯死，严重影响光合作用，导致雌穗秃尖、穗粒数减少、千粒重降低。

1. 症状识别

玉米大斑病病斑大而少，呈梭形或长纺锤形，长 5～20cm。发病初期为青褐色水渍状小斑点，几天后很快沿叶脉向上下扩展成梭形大斑，边缘暗褐色，中央淡褐色。天气潮湿时，病斑上密生黑褐色霉层，为病菌的分生孢子梗和分生孢子。

2. 发病规律

越冬：病菌以分生孢子附着在病残体上或以菌丝潜伏在病残体内越冬。初侵染：病残体是初侵染的主要来源。再侵染：病株上长出的分生孢子，随气流或雨水传播，进行再侵染，形成玉米大斑病的流行。灌浆后期每次降雨都会形成再侵染，降雨次数越多，玉米大斑病的发生就越重。传播：越冬病组织产生分生孢子，借风雨和气流传播。

玉米大斑病的发生流行主要决定于玉米品种的抗病性、当地的气候条件、作物的栽培条件等。温度 20～25℃、相对湿度 90% 以上利于玉米大斑病发展；气温高于 25℃ 或低于 15℃，相对湿度小于 60%，持续几天后病害的发展会受到抑制。温度决定着玉米大斑病发生和流行的区域，但并不是影响病情轻重的决定因素。

降雨天数、降雨量和夜间露量的多少是发病轻重的决定因素。玉米在拔节到出穗期如遇连续阴雨天，易导致病害发展流行；玉米孕穗、出穗期间氮肥不足发病较重，低洼地、密度过大、连作地易发病。大多数年份春玉米受害较夏玉米重。玉米生长后期多雨寡照，造成温度低湿度大，非常有利于玉米大斑病的发生。

3. 综合防治

(1) 农业防治 ①选用抗病品种。选用芽率高、抗病性强、品质优、有包衣的玉米品种，尽量选用早熟品种。②栽培防治。实行间作套种。适时早播，合理密植；加强田间管理，做好中耕除草培土工作，使植株健壮，提高抗病力；摘除病叶，当下部叶片发病率在20%左右时，应立即去除病叶，隔7~10天再去除3~5片叶，对控制病害扩展有明显效果。③加强肥水管理。施足基肥并适时适量增施磷钾肥，合理灌溉，降低田间相对湿度，洼地注意田间排水。④秋季清除田间病残体，集中烧毁，或深耕深翻，压埋病原。

(2) 化学防治 玉米抽雄灌浆期是化学防治的关键时期。选用代森锌水剂或丙环·嘧菌酯乳油或吡唑嘧菌酯乳油加水喷雾。每隔7天喷一次，连续2~3次。

(二) 玉米小斑病

玉米小斑病主要为害叶片，叶鞘、苞叶和果穗也能受害。在玉米整个生育期内都会发生，但在抽雄、灌浆期发病较为严重，为中国玉米产区重要病害之一，在黄河和长江流域的温暖潮湿地区发生普遍而严重，一般造成减产15%~20%，减产严重的达50%以上，甚至无收。通常夏玉米区发生较重，大流行的年份可造成产量的重大损失。

1. 症状识别

病害主要发生在叶片上，但也侵染叶鞘、苞叶、果穗。叶片上病斑较小，在高温高湿条件下，病斑表面会有一层霉状物，也就是病菌的分生孢子梗和分生孢子。常见的症状有3种：

(1) 不规则椭圆形病斑 或受叶脉限制表现为近长方形，有较明显的紫褐色或深褐色边缘。这是比较常见的一种感病病斑型。

(2) 椭圆形或纺锤形病斑 扩展不受叶脉限制，病斑较大，灰褐色或黄褐色，无明显、深色边缘，病斑上有时出现轮纹。也属感病病斑型。

(3) 病斑为小点状坏死斑 黄褐色，周围有褪绿晕圈，此为抗性病斑。

2. 发病规律

主要以休眠菌丝体和分生孢子在病残体上越冬，成为翌年发病初侵染源。分生孢子借风雨、气流传播，侵染玉米，在病株上产生分生孢子进行再侵染。发病适宜温度26~29℃。产生孢子最适温度23~25℃。孢子在24℃下，1h即能萌发。遇充足水分或高温条件，病情迅速扩展。低洼地、过于密植荫蔽地以及连作田发病较重。

一般夏玉米2~3叶期即可出现病斑，5~6叶时病斑密集，叶片枯焦，而且病害的潜育期短，生长季节再侵染次数多，危害重，玉米收获后随病残体再行越冬。病菌发生的气候条件关键是温湿度。在具备了一定的菌源和感病品种基础上，病害发生程度取决于温湿度，高温高湿环境下易感病严重。

3. 综合防治

（1）**农业防治**　①根据当地的优势选用对应的抗病品种，推广高产优质兼抗的玉米杂交种，是防病增产的重要措施。②避免多年连作的种植模式，合理轮作倒茬。③根据当地气候条件，合理控制播种时间、密度，及时排灌水，调节好农田小气候，尽量避免抽穗灌浆期多雨，同时合理施肥，以使植株苗壮生长，提高抗病性。④合理套种。可与大豆等作物套种，降低行间湿度，利于通风透光。⑤加强田间管理。秋季深翻土地，消灭菌源；收获后及时清除田间的病株残体，减少翌年侵染源；秸秆堆肥要充分腐熟。

（2）**化学防治**　一般在玉米抽雄前后，当田间病株率达 70% 以上、病叶率达 20% 左右时喷施多菌灵、百菌清等进行防治。也可选用 25% 嘧菌酯、70% 代森联水分散粒剂等药剂进行喷雾，隔 7～10 天喷药 1 次，喷药 2～3 次，可达预防、治疗和铲除的效果。

✖ **任务实训**　玉米主要病虫害识别与防治

一、实训目的

通过实训，使学生能够熟练掌握玉米病虫害的识别与防治方法，提高其对农业生产中常见病虫害的综合防治水平，以适应现代农业发展需求。

二、实训准备

① 材料准备：显微镜、放大镜、病虫害样本、杀虫剂、杀菌剂、喷雾器、塑料袋、采叶器、手套、口罩、记录本等。

② 实训场地：选择具有代表性的玉米种植地作为实训场地，以便学生进行实地观察与操作。

三、实训操作要求

1. 玉米病害识别与防治

① 观察玉米植株，发现有病害的玉米叶片、茎部等部位，采集病害样本放入塑料袋中。

② 放大镜下观察病害样本，掌握病害的特征和识别方法。

③ 学习使用防治药剂的方法和注意事项，进行喷洒防治。

2. 玉米虫害识别与防治

观察玉米植株，发现有害虫的症状，如叶片被啃食、虫粪等现象，采集害虫样本放入塑料袋中。放大镜下观察害虫样本，掌握害虫的特征和识别方法。学习使用杀虫剂的方法和注意事项，进行喷洒防治。

3. 实践操作

学生分组进行玉米病虫害的识别和防治实践操作。指导老师进行实时指导和辅助，引导学生发现问题和解决问题。

4. 注意事项

① 操作时需佩戴手套、口罩等防护用品。
② 农药使用需按照说明书的正确方法和剂量进行，确保安全。
③ 喷洒农药时要注意避开人群，避免对环境造成污染。

四、实训考核

撰写实训报告：记录实训过程中的观察结果、操作方法、实施过程和总结等。

💡 知识拓展　治蝗英雄——邱式邦

全球范围内，农作物病虫害导致的产量损失达到40%，农产品贸易每年因此损失高达上千亿美元，尤其是让人谈之色变的蝗灾，对农业生产的危害非常严重。

我国一直在植物害虫防治事业上积极探索，并且取得了可观的成绩，这一成就的取得离不开一位老科技工作者一生的付出和努力，他就是我国著名昆虫学家、中国科学院院士、害虫综合防治和生物防治的开拓者——邱式邦。

1947年，邱式邦把英国的"六六六"引入中国，并将其变成了粉剂，在蝗区进行试验，蝗虫死亡率达到了90%以上。但由于条件限制，无法大面积推广应用。20世纪50年代，由于我国资金有限、药剂有限、喷药器械不足，邱式邦立即进行创新改进，发明出了一种比传统直接喷粉更省药、节约成本、简单易行的毒饵治蝗技术，这种毒饵防治的蝗虫面积是等量的"六六六"药剂的10倍，这一创举被迅速应用推广。

为了能够根治蝗虫，邱式邦还提出在蝗区建立侦察蝗虫的工作队伍，在蝗虫发生区建立查卵、查蛹、查成虫的"三查"制度。蝗虫的"三查"工作，开创了我国害虫预测预报之先河，为日后我国害虫预测预报体系的建立迈出了重要的第一步，邱式邦也被誉为"治蝗英雄"。

任务四

棉花主要病虫害防治技术

⊚ 任务目标

知识目标：　① 了解棉花常见病虫害的形态特征及危害。
　　　　　　② 熟悉棉花病虫害的症状特点、发生规律。
　　　　　　③ 掌握棉花病虫害的综合防治措施。
能力目标：　① 能够准确识别常见的棉花病虫害症状。
　　　　　　② 能够根据实际情况制定合理的防治方案。
素质目标：　① 培养学生严谨的科学态度和求实精神。
　　　　　　② 培养学生环保意识与社会责任感。
　　　　　　③ 能够合理使用农药，减少农药对环境的影响。

基础知识

一、棉花主要虫害防治

（一）棉蚜虫

棉蚜属同翅目，蚜科，俗称腻虫。为世界性棉花害虫，在我国北方棉区为害较重，南方棉区除干旱年份外，一般为害较轻，是棉花苗期的重要害虫之一。

棉蚜以刺吸式口器刺入棉叶背面或嫩头吸食汁液。使受害棉叶卷缩，植株矮小、叶片变小、现蕾推迟、蕾铃数减少、吐絮延迟，严重的造成落叶而减产。

1. 识别要点

棉蚜雌成虫有两种形态，即无翅胎生雌蚜和有翅胎生雌蚜。无翅胎生雌蚜体长1.5～1.9mm；黄色、绿色或深绿色，夏季以黄色为主，春秋季多为深绿色；腹管圆筒形，基部较宽，尾片乳头状，侧毛三对。体披有蜡粉。有翅胎生雌蚜体长1.2～1.9mm；黄色、浅绿色或深绿色，头胸大部分为黑色，腹部两侧有3～4个黑斑，腹背有时也有2～3条间断的黑横带；触角第三节上有5～8个感觉孔圈，排成一行；腹管同无翅胎生雌蚜，有尾片。越冬卵长约0.5mm，长椭圆形，漆黑色。

2. 发生规律

棉蚜的繁殖力很强，每年发生20代左右，在4月下旬至5月上旬，有翅蚜迁入棉田时，它的着落地点受风向和地形等影响，分布不均匀，因而初期蚜害呈点片发生。棉蚜最适宜的温度为16～22℃，最适宜的相对湿度为75％以下。气温高于27℃，相对湿度为75％以上，繁殖受抑制，虫口率降低。大雨对棉蚜抑制作用明显，但时晴时雨的天气棉蚜会迅速增殖。一般棉蚜4～5天就增殖一代，田间世代重叠。棉蚜天敌主要有瓢虫、草蛉、食蚜蝇以及寄生性蚜茧蜂等。当田间瓢蚜比例达1:150时，或蚜茧蜂寄生率在15％以上时，可以控制蚜虫的发展。

3. 综合防治

（1）**农业防治** ①加强田间水肥管理，及时铲除杂草，促进棉苗早发，提高棉花对蚜虫的耐受能力。②结合间苗、定苗、整枝打杈，拔除有蚜虫棉株，田外集中销毁。③因地制宜地采用多种作物条带种植，如麦-棉、油菜-棉、蚕豆-棉等间作套种。

（2）**生物防治** 保护利用天敌，棉田中棉蚜的天敌主要有瓢虫、草蛉、食蚜蝇、食蚜蟓、蜘蛛等，可充分发挥天敌对棉蚜的自然控制作用。

（3）**物理防治** 利用蚜虫趋黄色的习性，在田间设置黄色粘板进行防治。

（4）**化学防治** 苗蚜在棉花三叶期卷叶株率达20％，在三叶期以后卷叶株率达30％～40％，伏蚜平均单株顶部、中部、下部三叶蚜量达150～200头。可采用药剂拌种，选用吡虫啉、噻虫嗪等药剂，拌种或包衣。还可选用噻虫嗪、啶虫脒、高效氯氰菊酯等药剂，加水喷雾防治。

（二）棉铃虫

棉铃虫属鳞翅目，夜蛾科，又名钻心虫。棉铃虫是棉花蕾铃期为害的主要害虫，主要以幼虫蛀食棉蕾、花和棉铃，也取食嫩叶。幼虫5～6龄，初龄幼虫取食嫩叶，其后为害蕾、花、铃，多从基部蛀入蕾、铃内取食，并能转移为害。受害幼蕾苞叶张开、脱落，被蛀青铃易受污染而腐烂。幼虫有转株危害的习性，转移时间多在夜间和清晨，这时施药防治效果最好。

1. 识别要点

棉铃虫成虫体长14～19mm，翅展30～38mm；体色变化较大，一般雌蛾黄褐或红褐色，雄蛾灰褐或带绿色。前翅中部近前缘处，有一暗褐色环状纹和一黑褐色肾状纹，在翅背面更为明显，前翅外缘有七个小黑点，翅近外缘处有一暗褐色宽带；后翅灰褐色，中部有一个月牙形黑斑，外缘有一条黑褐色宽带，宽带中部有两个不规则的圆斑。卵近半球形，纵棱达底部，每两根纵棱间有一根纵棱分二叉或三叉，初产卵乳白色，逐渐变黄，近孵化时为紫褐色。幼虫各体节有毛片12个，体色变化大，前胸气门前两根刚毛基部连线延长。蛹体长17～20mm，腹部第五、六、七各节前缘密布环状刻点，背部刻点较腹面为密；尾端具有臀棘两枚。

2. 发生规律

棉铃虫在黄河流域棉区年发生3～4代，长江流域棉区年发生4～5代，以滞育蛹在土中越冬。棉铃虫在华南地区每年发生6代，以蛹在寄主根际附近土中越冬，翌年春季陆续羽化并产卵。第1代多在番茄、豌豆等作物上为害。第2代以后在田间有世代重叠现象。成虫白天栖息在叶背或荫蔽处，黄昏开始活动，吸取植物花蜜作补充营养；飞翔力强，有趋光性；产卵时有强烈的趋嫩性，卵散产在寄主嫩叶、果柄等处，一般产卵900多粒，最多可达5000余粒。初孵幼虫当天栖息在叶背不食不动，第2天转移到生长点，但为害还不明显，第3天变为2龄，开始蛀食花朵、嫩枝、嫩蕾、果实，可转株为害，每幼虫可钻蛀3～5个果实。4龄以后是暴食阶段。老熟幼虫入土5～15cm深处作土室化蛹。棉铃虫在温度22～28℃、相对湿度75%～90%、雨量分布均匀的情况下发生严重。暴雨对卵和幼虫有冲刷作用，土壤湿度大对蛹羽化不利；现蕾较早、生长茂密的棉田，棉铃虫发生早而重。

3. 综合防治

（1）**农业防治**　①秋耕冬灌，压低越冬虫口基数。②加强田间管理，适当控制棉田后期灌水，控制氮肥用量，防止棉花徒长。

（2）**物理防治**　①利用棉铃虫成虫对杨树叶挥发物具有趋性和白天在杨枝把内隐藏的特点，在成虫羽化、产卵时，在棉田摆放杨枝把，每亩放6～8把，日出前收集处理诱到的成虫。②在棉铃虫重发区和羽化高峰期，利用高压汞灯及频振式杀虫灯诱杀棉铃虫成虫。

（3）**生物防治**　①每亩用8000国际单位苏云金杆菌可湿性粉剂200～300g，或用10亿PIB/g棉铃虫核型多角体病毒可湿性粉剂100～150g，对水均匀喷雾。②每亩释放赤眼蜂1.5万～2万头，或释放草蛉5000～6000头。

(4) 化学防治　每亩用 1％甲氨基阿维菌素苯甲酸盐乳油 40～60mL，或用 2.5％高效氯氟氰菊酯乳油 20～60mL，或用 15％茚虫威悬浮剂 18mL，或用 5％氟铃脲乳油 100～160mL，或用 40％辛硫磷乳油 50～100mL，对水均匀喷雾。

二、棉花主要病害防治

(一) 棉花立枯病

棉花立枯病又称烂根、黑根病，是由立枯丝核菌侵染所引起的，是棉花苗期的主要病害。其属于世界性的病害，在我国各棉区广泛发生，造成为害，而且每年均可在田间出现。发病率一般为 5％～40％，常造成缺苗断垄。重发生年份，某些地区的发病率可达 50％以上，可使棉苗成片死亡，甚至造成毁种。

1. 症状识别

棉花播种后，幼苗出土前就可因立枯病菌侵害造成烂种烂芽。幼苗出土后，则在幼茎基部靠近地面处出现黄褐色病斑、凹陷、腐烂，严重的可以扩展到茎的四周，凹陷加深，颜色黑褐，棉苗枯死。病株叶片一般不表现特殊症状，仅表现枯萎。有棉苗受害后，子叶上有黄褐斑，最后病斑破裂，脱落，形成穿孔。多雨年份，现蕾开花期的棉株也可受害，茎基部出现黑褐色病斑，表皮腐烂，露出木质纤维，严重时折断死亡。感病部位，有时出现瘤状病变。

2. 发病规律

棉苗立枯病的初次侵染源主要来自土壤、农作物的病残体和肥料等。病菌以菌丝体或菌核在病株残体或土壤中腐生越冬，在土壤中形成的菌核可存活数月至几年。立枯丝核菌可抵抗高温、冷冻、干旱等不良环境条件，耐酸、碱性强，在 pH 2.4～9.2 范围内均可生长，适应性很强，因此，该菌的寄主范围极其广泛，分布很广。在低温多雨时适合发病，立枯病菌侵入棉苗最适土温为 17～23℃，23℃以上其致病力逐渐下降，至 34℃棉苗即不受侵害，湿度越大发病越重。播种过早，气温偏低，棉花萌发出苗慢，病菌侵染时间长，发病重，多年连作棉田发病更重，地势低洼、排水不良和土质黏重的棉田发病较重。

3. 综合防治

(1) 农业防治　①选用抗病品种，播种前精选高质量棉种，晒种 30～60h，以提高种子发芽率，增强棉苗抗病力。②适时播种，早播气温、土温偏低，延缓种苗出土时间，利于病菌侵入为害。晚播不利于种苗生长影响棉花产量。③加强田间管理，适时间苗，留壮苗，拔弱苗、病苗，以减少田间病菌传染。出苗后及时耕田松土，及时清除田间病残体。雨后注意中耕，防止土壤板结。④施足基肥、合理追肥，棉田增施有机肥，促进棉苗生长健壮，提高抗病力，能抑制病原菌侵染棉苗。⑤合理轮作，与禾本科作物轮作 3～5 年，能减少土壤中病原菌积累，可减轻发病。

(2) 化学防治　①种子处理，每 100kg 种子用 2.5％咯菌腈悬浮种衣剂 2.5mL 包衣，或用 1％武夷菌素水剂或 2％宁南霉素水剂 200 倍液浸种 24h。②田间死苗率超过 2％时，可用 65％代森锰锌可湿性粉剂或 70％甲基硫菌灵可湿性粉剂 800～1000 倍液喷雾防治。

（二）棉花黄萎病

棉花黄萎病是为害棉花生产的主要病害之一，有人称它为棉花中的"癌症"。经调查，新茬地块发生较轻；重茬地块发生较重；长势强的棉田发生较轻，长势弱的棉田发生较重。黄萎病对棉花的产量和品质影响很大，一般减产10%～30%，发生严重的地块减产可达80%以上，甚至绝收。

1. 症状识别

棉花黄萎病在棉花整个生长期间均可侵染为害。自然条件下幼苗发病少或很少出现症状。一般在3～5片真叶期开始显症，生长中后期棉花现蕾后田间大量发病，初在植株下部叶片上的叶缘和叶脉间出现浅黄色斑块，后逐渐扩展，叶色失绿变浅，主脉及其四周仍保持绿色，病叶出现掌状斑驳，叶肉变厚，叶缘向下卷曲，叶片由下而上逐渐脱落，仅剩顶部少数小叶。蕾铃稀少，棉铃提前开裂，后期病株基部生出细小新枝。纵剖病茎，木质部上产生浅褐色变色条纹。夏季暴雨后出现急性型萎蔫症状，棉株突然萎垂，叶片大量脱落，严重影响棉花产量。

2. 发病规律

（1）**传播途径**　棉花种子传病，带菌种子是远距离传播的重要途径，土壤中的病残体是近距离传播的重要菌源。棉田中的病株、病叶、病枝残体直接落到地里或用其沤制堆肥，是造成再循环传播黄萎病的重要途径，有的当年的病株落叶就会对当年的新棉株、健康棉株造成侵染。带菌土壤传播，黄萎病菌在土壤中以腐殖质为生或在病株残体中休眠，在土壤中能存活长达20～25年，连作棉田土壤中不断积累菌量，发病严重。棉田一旦传入黄萎病菌，若不及时采取措施，将以很快的速度蔓延为害。

（2）**发病条件**　棉花黄萎病的发生流行与品种抗病性、生育阶段、耕作栽培条件以及温湿度关系十分密切，特别是盛花期的雨日是该病发生流行的重要因素。黄萎病发病的最适温度为22～25℃；高于30℃，发病缓慢；35℃以上时，症状暂时隐蔽。苗期黄萎病一般很少发生，现蕾期开始发病，花铃期是发病盛期，吐絮期逐渐停止发展。棉田连作，土壤中病菌数量累积越多，病害越重；水越大，病害传播越快；营养失调也是促成寄主感病的诱因，氮、磷是棉花不可缺少的营养，但偏施或重施氮肥，反能助长黄萎病的发生。

3. 综合防治

（1）**农业防治**　①选择抗病品种。②轮作倒茬，以多年种植禾本科作物的田块轮换倒茬。③加强棉田管理。清洁棉田，减少土壤菌源，及时清沟排水降低棉田湿度，使其不利于病菌滋生和侵染。④平衡施肥。氮、磷钾合理配比使用，切忌过量使用氮肥，应重施有机肥，侧重施氮、钾肥，以利棉株健壮生长，增强自身的抗逆能力。

（2）**化学防治**　①棉花种植前土壤消毒，每亩用50%福美双可湿性粉剂1kg同肥料一同撒施深翻施入土壤。②棉花苗期喷施50%三氯异氰尿酸1000～1500倍液或70%甲基硫菌灵500～600倍液2～3次，可减少发病概率。③花铃期，可采取零星病点治疗法，对病株及病株周边的健康棉株用80%乙蒜素乳油1000～1500倍液，或用0.5%氨基寡糖素水剂400倍液均匀喷雾。对较重病株，重复喷灌2～3次，病株能得到及时控制。

✱ 任务实训　棉花主要病虫害识别与防治

一、实训目的

通过实训使学生掌握棉花病虫害的识别方法，学会制定有效的防治措施。培养学生严谨的科学态度和求实精神，为今后从事棉花生产管理奠定基础。

二、实训准备

① 实验器材：显微镜、放大镜、病虫害样本等。
② 农药及工具：杀菌剂、杀虫剂、喷雾器、手套、口罩等。
③ 实训场地：选择具有代表性的棉花种植实训场地，以便学生进行实地观察与操作。
④ 记录表：记录病虫害发生情况及防治效果。

三、实训操作要求

① 病虫害识别，通过实地观察、实物展示、图片辨识、症状描述等多种方式，识别常见的棉花病虫害，加强学生对病虫害特征的认知。
② 案例分析，通过对典型案例的解析，让学生了解实际生产中病虫害防治的复杂性，并学习解决实际问题的思路和方法。
③ 病虫害防治实践，田间观察，根据病虫害种类，选择合适的防治方法，如农业防治、生物防治、物理防治、药剂防治等。

四、实训考核

以当地棉花常见的1～2种病虫害为例，制定合理的防治方案，包括农业防治、物理防治、生物防治和化学防治等。

💡 知识拓展　棉铃虫互利共生新病毒

棉铃虫是一种世界性重大农业害虫，广泛分布于亚洲、非洲、欧洲、大洋洲和南美洲，其寄主包括棉花、玉米、小麦、大豆、蔬菜等重要农作物。

中国农业科学院吴孔明科研团队和英国兰开斯特大学威尔逊教授科研团队合作研究发现了一种对寄主棉铃虫有利的浓核病毒（HaDNV-1）。

研究结果表明，棉铃虫感染该病毒后，幼虫和蛹的发育进度加快，成虫繁殖能力增强，对棉铃虫核型多角体病毒和Bt毒素的抗性提高。2008～2012年对不同地区棉铃虫自然种群的取样检测结果显示，接近80%的野生棉铃虫个体已携带HaDNV-1。

此前在生产上，转Bt基因抗虫作物和生物农药（棉铃虫核型多角体病毒等）是控制棉铃虫发生危害的主要手段。HaDNV-1病毒的出现，表明了自然生态系统物种关系的复杂性，生物防治方法也因此遇到巨大挑战。该项研究成果是科学界对昆虫-病毒关系的新认知，对深入揭示农业生态系统物种关系协同进化机制，发展害虫防治新理论和新方法有重要科学意义。

任务五

大豆主要病虫害防治技术

⊗ 任务目标

知识目标：　① 了解大豆常见病虫害的形态特征及危害。
　　　　　　② 熟悉大豆病虫害的症状特点、发生规律。
　　　　　　③ 掌握大豆病虫害的综合防治措施。
能力目标：　① 能够准确识别常见的大豆病虫害症状。
　　　　　　② 能够根据当地大豆发生的病虫害，做观察记录，并制定合理的防治方案。
素质目标：　① 提高解决实际生产问题的能力，培养学生对大豆生产的学习兴趣。
　　　　　　② 培养学生环保意识与社会责任感，合理使用农药，减少对环境的影响。

📖 基础知识

一、大豆主要虫害防治

（一）大豆食心虫

大豆食心虫属鳞翅目，卷蛾科，俗名小红虫、大豆蛀荚虫，是黄淮流域、东北地区的大豆主要虫害，西北及长江流域也有发生。该虫食性单一，仅为害大豆与少数几种植物。

幼虫食叶，吐丝卷叶，严重时可吃光叶片仅剩叶脉。大豆结荚期是食心虫危害时期，幼虫咬破豆荚或者从绿色嫩荚缝钻入，对豆粒造成不同程度的损伤，轻则豆粒上会有沟状出现，重则豆粒能被咬食一半左右，使豆粒残缺，严重影响大豆的产量和品质。

1. 识别要点

成虫深褐色或黄褐色，体小；前翅前沿有向外斜走的 10 条黑紫色短斜纹，外缘内侧臀角上方有一白斑状区，区内有 3 个紫褐色小纵纹，上下呈排状排列；后翅前沿浅灰色，其余为暗褐色。雌蛾翅缰 3 根，色深，腹部末端呈纺锤形，产卵器突出；雄蛾翅缰 1 根，色淡，腹部末端较钝，毛束显著。卵扁椭圆形，初产时乳白色，后渐变橘黄色。幼虫共有四龄。前胸盾板浅黄，头部黄褐色，臀板颜色较前胸盾板浅；胸足和腹足短小，腹足趾钩单序全环，数量 14～30 不等。蛹长纺锤形，长 5～7mm，黄褐或红褐色，羽化前为黑褐色。

2. 发生规律

大豆食心虫在我国一年发生一代，以老熟幼虫在土壤中作茧越冬。各虫态发生时期因地区、年份不同而异。东北地区越冬幼虫一般于次年 7 月底到 8 月中下旬羽化，产卵高峰在 8 月下旬，卵多产在豆荚上。8 月底至 9 月上旬为幼虫孵化盛期，初孵幼虫在豆荚边缘附近吐丝结网，然后蛀入荚内危害豆粒，荚内充满虫粪，9 月中下旬至 10 月上旬开始脱荚入土作茧越冬。一般一只幼虫可咬食 2 粒豆粒，不同品种受害程度差异很大。整个生育阶段约有 1 个月时间在豆荚中为害，约 10 个月在土壤中度过。

大豆食心虫在田间的发生时期和为害程度主要与气候条件、大豆品种、耕作栽培措施等因素有关。温湿度直接影响大豆食心虫的生长发育和田间消长，低温高湿有延长成虫寿命的趋势。连作田重于轮作田；大豆结荚期与成虫产卵盛期吻合度高，则受害重，反之则受害轻，因此适当提早播种或利用早熟品种，可降低虫害率。

3. 综合防治

（1）**农业防治** ①选择抗虫、耐虫优良品种。②适当调整播期，使结荚期与成虫产卵盛期避开。③合理轮作，尽量避免连作。④适时翻耕，实施秋翻秋耕，减少越冬虫数。

（2）**物理防治** 在成虫发生期，用黑光灯诱杀成虫。

（3）**生物防治** ①产卵盛期，人工释放赤眼蜂灭卵。②幼虫脱荚前，将白僵菌均匀撒施在豆田垄台上。

（4）**化学防治** ①成虫盛期，用 5％甲拌磷颗粒剂撒于田间，进行熏蒸。也可选用 80％敌敌畏乳油，用玉米穗轴及其他颗粒或块状载体物吸入药液，卡在豆株的枝杈上或均匀地撒于田间熏蒸防治。②喷雾防治，选用溴氰菊酯、高效氯氟氰菊酯等药剂，加水稀释喷雾。喷雾时雾滴要均匀，从根部往上喷，特别是结荚部位要着药。

（二）豆荚螟

豆荚螟属鳞翅目，螟蛾科，又称豆蛀虫、豆荚蛀虫、红虫，该虫除了危害大豆外，还危害豇豆、扁豆、豌豆、绿豆等豆科植物。大豆豆荚螟以幼虫蛀荚为害，被害豆粒形成虫孔、破瓣，甚至大部分豆粒被吃光。此虫为害大豆等造成"十荚九蛀"，虫荚率高达 60％～90％，一般年份虫荚率亦达 15％～20％，严重影响大豆产量及品质。

1. 识别要点

成虫体长 10～12mm，翅展 20～24mm，全体灰褐色；下唇须长而向前突出，触角丝状，雄蛾基部内侧有一圈暗褐色鳞片，外侧有一丛灰色鳞片；前翅狭长，灰褐色，前沿自肩角至翅端有一白色边，近翅基 1/3 处有一金黄色横带，后翅黄白色、外缘褐色。卵椭圆形，长 0.5～0.8mm，宽 0.4mm，表面有雕刻纹，初产时乳白色，后渐变红色。幼虫五龄，体长 14～18mm，背面紫红色，但两侧与腹面为绿色，全体有褐色体毛。前胸背板近前缘中央有"人"字形黑斑，两侧各有 1 个黑斑，后缘中央有 2 个小黑斑。蛹体长 9～10mm，外具白色丝状的茧，其上黏附土粒而呈土色。

2. 发生规律

豆荚螟每年发生代数随不同地区而异，一年可发生 2～8 代。各地均以老熟幼虫在寄主植物附近或晒场周围的土表下 3～5cm 深处结茧越冬。卵孵化时间因地而异，成虫羽化时间也因代数而不同。成虫昼伏夜出，趋光性不强，飞翔力弱，成虫羽化当日傍晚就开始寻偶、交尾，隔日开始产卵。每荚上一般产卵 1～2 粒，每雌虫平均产卵 80 粒。卵多产在荚毛多的豆荚上，产卵部位多在豆荚的细毛间和萼片下面；在未结荚时，卵产在幼嫩的叶柄、花蕾、嫩芽及嫩叶背面。卵期为4～6天，多在白天孵化，初孵化的幼虫先在荚面爬行寻找适当的蛀入部位，然后在蛀入点荚面吐丝结一白色小丝囊，藏入其中，咬穿表皮蛀入荚内。

豆荚螟的发生与气候条件、品种特性、耕作栽培措施、天敌的种类与数量等有关。豆荚螟对温度的适应范围广，7～35℃都能生长发育，最适环境温度为26～30℃。在适温下，湿度对其影响更大。在越冬期间，如果土壤饱和水分达到50％以上，越冬幼虫多不能结茧而死亡，因此农民有"旱年生虫，雨年虫少"的说法。大豆品种不同，其受害程度不一样，一般豆荚上多毛的品种较少毛的品种受害重。鼓粒前期与豆荚螟产卵盛期相吻合的田块受害重。旱田比水旱轮作田受害重，中间寄主多的地区受害重。豆荚螟的天敌有绒茧蜂、甲腹茧蜂和鸟类等，不合理用药常造成过多杀伤天敌，促进豆荚螟发生。

3. 综合防治

（1）农业防治 ①选用抗虫品种。种植早熟丰产、结荚期短、荚上无毛或少毛的品种，以减轻危害。②适当调整播期，使结荚期避开成虫产卵高峰期。③灌溉灭虫，可在秋、冬多次灌水，提高越冬幼虫死亡率，也可在夏大豆开花结荚期灌水1～2次，增加入土幼虫的死亡率。④合理轮作，最好采用大豆与水稻轮作或与玉米间作。

（2）物理防治 大面积种植大豆的地方，于5～10月架设黑光灯、频振式杀虫灯等，诱杀成虫。

（3）生物防治 卵期释放赤眼蜂，也可在老熟幼虫入土前、田间湿度大时施用白僵菌粉剂防治幼虫。

（4）化学防治 ①防治适期为大豆初荚期，当田间蛀荚率达6％～8％时，每隔7～10天喷药1次，连续喷药2次。药剂可选用5％氟虫腈、0.36％苦参碱等药剂喷雾，喷药时一定要均匀喷到植株的花蕾、花荚、叶背、叶面和茎秆上，喷药量以湿有滴液为度。②老熟幼虫出荚入土前对土表施药，也可以毒杀入土的老熟幼虫。常用药剂为2.5％高效氯氟氰菊酯乳油、2.5％溴氰菊酯乳油、10％吡虫啉可湿性粉剂、1.8％虫螨腈悬浮液，也可用2.5％多杀霉素悬浮液。不同农药要交替轮换使用，且要严格掌握农药安全间隔期。

二、大豆主要病害防治

（一）大豆花叶病

大豆花叶病在大豆产区占大豆病毒病的70％～90％，发生十分普遍，以黄淮流域、江汉平原和华北等地最重。表现为病株矮化，豆荚数少，百粒重下降，萌发率、蛋白质含量及含油量降低，流行年份可减产30％～70％，甚至绝收。

1. 症状识别

大豆花叶病症状因品种、感染时期、气候条件以及病毒株系不同而异。典型症状为植株明显矮化，叶片皱缩并形成褪绿花叶，叶缘向下卷曲或叶片扭曲，质地硬脆，叶脉变褐，有时沿叶脉两侧有许多泡状突起。嫩叶症状较明显，老叶常不表现症状。病株种子上常出现斑纹，斑纹有的以脐为中心呈放射状，有的则通过脐部呈带状，斑纹色泽与脐色一致。

2. 发病规律

大豆花叶病主要在种子中越冬，并成为病害的初侵染源。带毒种子长出幼苗后，在条件适宜时即可发病，成为田间病害扩散的毒源。田间通过汁液接触传播和蚜虫传播，种子带毒率的高低因品种和植株受侵染时间而异。

影响大豆花叶病发生流行的主要因素是种子带毒率、田间有翅蚜虫数量及其发生时间、气象因素和品种的抗病性等。播种的种子带毒率高，出苗后的早期病株多，毒源就多，后期田间病害发生也较重。在田间有病毒传播源的前提下，蚜虫发生早且数量多的年份和地区病害容易流行。花叶病发生的适温为 20～30℃，超过 30℃时病害症状不明显；在 30℃以下，温度越低，潜育期越长。新选育的改良品种相对较抗病。长期种植同一抗病品种会引起病毒株系变化，造成品种抗病性降低或丧失抗病性。

3. 综合防治

大豆花叶病的防治应采取以播种无毒种子为核心的综合防治措施，不断培育抗病品种则是控制病害的根本途径。

（1）农业防治　①选用抗病品种及无病种子。②选择适当的播期，缩短幼苗与虫发生高峰的相遇时间。③出苗后，及时清除杂草，发现病苗，尽早拔除。④加强肥水管理，增施有机肥料，提高植株的抗病性。

（2）化学防治　大豆花叶病发生流行与蚜虫数量和高峰出现早晚关系密切，控制蚜虫的发生，早治蚜、勤治蚜，将蚜虫消灭在点片发生阶段，才能取得防病效果。可用 10％吡虫啉可湿性粉剂兑水喷雾。其他药剂可选用 0.5％氨基寡糖素水剂 500 倍液，或 5％菌毒清水剂 400 倍液，或 8％宁南霉素水剂 800～1000 倍液喷雾，每隔 7～10 天一次，连续使用 2～3 次。

（二）大豆胞囊线虫病

大豆胞囊线虫病发生于大豆根上，长期以来在我国东北干旱地、沙碱地发生严重，近年来在安徽、河南、山西、山东等地也发生普遍且严重。常导致受害地区连续多年不能种植大豆。轻病田一般减产 10％，重病田可达 30％～50％，甚至绝收。

1. 症状识别

大豆受害后，地上部表现为植株生长发育不良，明显矮小，节间短。叶片发黄早落，花芽、枯萎，不能结荚或结荚少。重病株花及嫩荚枯萎、整株叶由下向上枯黄呈火烧状。地下部根系染病，使根系发育不良，根瘤稀少，侧根增多，须根上附有大量白色小米粒状颗粒，即线虫的胞囊，后期变褐色，落入土中。

2. 发病规律

大豆胞囊线虫主要以胞囊在土中越冬，有的黏附于种子或农具上越冬，成为翌年初侵染源。胞囊的抗逆性极强，其内的卵可存活多年。该线虫一年可产生多代，在田间主要通过农事耕作、田间水流或借风携带传播，也可混入未腐熟堆肥或种子携带远距离传播。

土壤条件、耕作栽培措施、环境因素、品种抗性等对病情有明显影响。通气良好的砂土和砂壤土，或干旱、贫瘠、碱性的土壤等利于大豆胞囊线虫病发生。土壤黏重，通透性差的白浆土地、黏土地，一般发病轻。土壤温湿度适中、通气良好，利于大豆胞囊线虫生长发育。大豆胞囊线虫生长发育的适宜土壤温度为 17～28℃，低于 10℃ 停止发育，35℃ 以上不能发育成成虫。在高湿水淹的土中胞囊很快失去活力。多年连作地，土壤内胞囊数量越来越多，发病较重。

3. 综合防治

（1）农业防治 ①种植抗、耐病品种。②加强栽培管理，适当增施有机肥料，提高土壤肥力促进植株生长，可减轻大豆胞囊线虫危害。③合理轮作，与非寄主作物轮作，轮作年限一般为 3 年以上，有条件的可进行水旱轮作。

（2）化学防治 种子处理，用含克百威，或甲基硫环磷，或乙基硫环磷的种衣剂拌种。选用阿维菌素、噻唑磷颗粒剂土壤撒施。

✺ 任务实训 大豆主要病虫害识别与防治

一、实训目的

通过实训，提高学生的实践操作能力和解决实际生产问题的能力，增强学生对大豆生产的兴趣，为今后从事相关领域的工作打下坚实的基础。

二、实训准备

① 材料准备：显微镜、放大镜、病虫害样本、防治药剂、记录本、相机、测量工具等。

② 实习场地：当地大豆种植田及相关设施，供学生进行实地操作训练。

三、实训操作要求

① 病虫害识别。通过实物展示、图片展示、教学视频等方式，观察大豆植株的外部表现，再通过叶片、茎、根等部位的症状来判断病虫害类型及特征。

② 实地考察。选择当地大豆种植区，观察大豆生长情况，识别病虫害种类及特征。

③ 防治方案制定。根据病虫害发生规律和防治原则，指导学生制定防治方案，包括农业防治、生物防治、化学防治等方法的选择和应用。

④ 实践操作。组织学生深入田间，结合病虫害发生情况，进行科学防治操作。

四、实训考核

撰写实训报告：记录实训过程中的观察结果、操作方法、实施过程和总结等。

任务六

花生主要病虫害防治技术

任务目标

知识目标：　① 了解花生常见病虫害的种类、症状及发生规律。
　　　　　　② 掌握花生病虫害的综合防治措施。
　　　　　　③ 理解农药使用规范及安全防护措施。
能力目标：　① 能够根据病虫害症状准确诊断花生病虫害种类。
　　　　　　② 能够制定科学合理的花生病虫害防治方案。
　　　　　　③ 能够正确使用农药进行花生病虫害防治。
素质目标：　① 培养学生科学严谨的态度，认真对待花生病虫害防治工作。
　　　　　　② 提高学生环保意识，合理使用农药，保护生态环境。

基础知识

一、花生主要虫害防治

花生主要虫害有花生蛴螬。蛴螬属鞘翅目，金龟总科，是金龟甲的幼虫。蛴螬在全国各地花生产区均有发生，是为害花生最严重的害虫。其中以大黑鳃金龟甲、暗黑鳃金龟甲和铜绿丽金龟甲等为害最重。植株幼苗期咬食萌发的种子、幼茎、幼根，造成缺苗断垄，果实膨大期蛀食荚果或咬断主根，造成烂果、空壳或死棵，成虫取食嫩叶、花器，将叶片咬成孔洞或缺刻，影响叶片光合作用致受害花生畸形或死亡。一般发生田块，花生减产 10%～20%，重者达 50% 以上，甚至绝收。

1. 识别要点

蛴螬体肥大，体形弯曲呈"C"形，多为白色，少数为黄白色。头部褐色，上颚显著，腹部肿胀。体壁较柔软多皱，体表疏生细毛。头大而圆，多为黄褐色，生有左右对称的刚毛。具 3 对胸足。

2. 发生规律

蛴螬年生代数因种、因地而异。一般 1 年 1 代，或 2～3 年 1 代，长则 5～6 年 1 代。共 3 龄，1、2 龄期较短，第 3 龄期最长。幼虫和成虫均在土中越冬。蛴螬有假死性和负趋光性，白天藏在土中，晚上 8～9 时进行取食等活动，对未腐熟的粪肥有趋向性，喜欢生活在甘蔗、番薯等肥根类植物的种植地里。成虫交配后 10～15 天产卵，产在松软湿润的土壤内，以水浇地最多，每头雌虫可产卵一百粒左右。幼虫蛴螬始终在地下活动，与土壤温湿度关系密切。当 10cm 土温达 5℃时开始上升土表，13～18℃时活动最盛，23℃以上则往深土中移动，至秋季土温下降到活动适宜范围时，移向土壤上层。温度适宜时，蛴螬会在较浅的土层活动。

3. 综合防治

(1) 农业防治 ①合理轮作，与禾本科作物轮作或实行水旱轮作。②精耕细作，科学灌溉，及时清除田间杂草。③合理施肥，施用腐熟的有机肥。做到氮、磷、钾肥合理配比，适当控制氮肥，增施磷、钾及微肥，提高抵抗病虫害的能力。

(2) 生物防治 保护利用茶色食虫虻、金龟子黑土蜂、白僵菌等自然天敌。

(3) 物理防治 ①利用成虫的假死性，人工震落捕杀大量成虫。②利用成虫趋光性，设置黑光灯诱杀成虫。

(4) 化学防治 ①药剂处理种子，选用50%辛硫磷乳油、50%对硫磷乳油、20%异柳磷药剂拌种或用25%辛硫磷胶囊剂、25%对硫磷胶囊剂、35%克百威种衣剂包衣，还可兼治其他地下害虫。②蛴螬防治的关键时期是卵孵化盛期，可用48%的毒死蜱乳油或3%辛硫磷颗粒剂，拌细炉渣或粗砂顺垄撒施。春播地膜花生或露地平播，在播种前用3%辛硫磷颗粒剂撒于播种沟内。③在成虫盛发期，选用毒死蜱等药剂，加水稀释，于傍晚在其喜食的榆树、杨树、花生、大豆上喷洒，每隔7天喷一次，连续2～3次，能杀死大量金龟子。

二、花生主要病害防治

(一) 花生锈病

花生锈病在我国南方产区普遍发生，为害较重。花生发生锈病后，植株提早落叶、早熟，病株果壳提前2～3周成熟，拔起时果壳易留在土中，果仁偏小。发病后一般减产15%，严重时减产50%。除产量受该病影响外，含油量下降，秸秆产量明显降低。

1. 症状识别

花生锈病以叶片受害为主，其叶柄、托叶、茎、果柄和荚果均可受害。叶片发病首先在叶背出现针头状小白点，几天后，病斑变淡黄色，圆形，渐隆起变褐，表皮破裂，散生锈褐色粉末，即为病菌的夏孢子堆和夏孢子。叶正面形成黄褐色锈状夏孢子堆，但与叶背相比较小。随孢子堆增多，叶色变黄，干枯脱落，全株枯死，严重时植株成片枯死。托叶上的夏孢子堆较大，叶柄、茎和果柄的夏孢子堆呈椭圆形，荚果上的孢子堆呈圆形或不规则形。随孢子堆增多，叶色变黄干枯，出现早衰现象。病害严重的花生全田呈现铁锈色，甚至全株死亡，荚果不能结实并在土中腐烂。

2. 发病规律

花生锈病在我国南方一年四季均可在花生上繁殖。在广东、海南等地，该病夏孢子可在四季不同播期花生病株上辗转传播，也可在秋花生自生苗上越冬至翌年侵染春花生。室内外储存的病株经120～150天，病株上的夏孢子仍有侵染力；秋花生带病荚果经室内储存至翌年3月份，夏孢子仍具侵染力。夏孢子借风雨传播形成再侵染。同时种子也可带菌。

锈病的发生流行主要与气候、栽培条件、菌源数量及品种抗性等有关。夏孢子萌发温度为11～33℃，最适温度为25～28℃。影响锈病流行的主导因素是湿度，多雨、多雾、高湿利于病害流行。春花生早播病轻,秋花生早播则病重。施氮过多,密度大,通风透光不良,地势低洼,越冬菌源量大,则发病重。连作发病重于轮作,连片种植重于零星种植。目前尚无免疫和高抗品种,但品种间有差异。一般蔓生型较直立型易感病。

3. 综合防治

(1) **农业防治** ①选用抗病品种。②实行轮作,避免连作和大面积连片种植。③因地制宜调整播种期。④合理排灌,降低田间湿度,科学施肥,提高植株抗病能力。⑤及时清理病蔓,消灭菌源,减少侵染。

(2) **化学防治** ①拌种防治,选用多菌灵可湿性粉剂进行拌种。②发病初期,选用三唑酮、噻呋酰胺、啶氧菌酯·丙环唑等药剂,加水稀释喷雾。尽量在晴天下午进行,间隔 10 天左右喷 1 次,喷匀喷足,连防 2~3 次,药剂应交替轮换使用。

(二) 花生青枯病

花生青枯病是一种典型的细菌性土传病害,一般发病率 10%~20%,严重的达 50% 以上,甚至绝收。花生感病后常全株死亡,损失严重。

1. 症状识别

青枯病是典型的维管束病害,花生各生育期均可发生,以盛花期最易发病。病菌主要从根部侵染,使主根尖端变色软腐,病菌通过维管束向上扩展至植株顶端,横切病部可见整个维管束变为深褐色,用手挤压切口处溢出浑浊的白色细菌脓液。初期病株早晨叶片张开延迟,傍晚提前闭合,主茎顶梢第 1、2 片叶首先表现症状,1~2 天后,全株叶片从上至下急剧凋萎,整株死亡,但叶片仍呈青绿色而别于其他枯萎病。

2. 发病规律

青枯病病菌主要在土壤中越冬,也可在病残体及未充分腐熟的堆肥中越冬,成为翌年初侵染来源。病菌在土壤中可存活 1~8 年,一般 3~5 年仍能保持致病力。病菌随带菌土壤、病株残体、带菌杂草以及带菌土杂肥和粪肥,在田间借助水流、昆虫、人畜及农具等传播蔓延,从植株根部伤口及自然伤口侵入,在维管束内繁殖,造成导管堵塞,植株失水萎蔫。

青枯病的发生与耕作、气候和品种抗病性有关。一般连作田较轮作田发生严重。管理粗放,地下害虫多,低洼排水不良地块发病较重。土壤瘠薄、保水保肥差的地块较壤土、肥土发生严重。高温高湿利于此病发生,当平均气温稳定在 20℃ 以上,土壤又潮湿时,病害开始发生。当气温上升到 30℃ 左右,遇多雨天气,雨后突然转晴,或时晴时雨,病害发生严重。

3. 综合防治

(1) **农业防治** ①种植抗病品种。②合理轮作,稻区可实行水旱轮作。旱地可与瓜类、禾本科作物 3~5 年轮作,避免与茄科、豆科、芝麻等作物连作。③增施有机肥,配合氮磷钾复合肥,提高作物抗病害能力。对酸性土壤可施用石灰,降低土壤酸度,减轻病害发生。④适期播种,合理密植。⑤注意排水防涝,防止田间积水与水流传播病害。⑥及时清除病株与残余物。

（2）**化学防治** ①拌种，播种前用"天达2116"浸拌种专用型50g，兑水750g拌种20kg，充分拌均匀后即可播种。不要闷种，防止产生药害。②在发病初期可喷施72%农用链霉素、20%噻菌铜溶液、春雷霉素等药剂，施药时着重喷淋茎基部，每7～10天喷1次，连喷2～3次。也可以用14%络氨铜水剂300倍液、72%农用链霉素可湿性粉剂4000倍液等进行灌根处理，每株灌兑好的药液250mL，每10天1次，连续灌2～3次。

（三）花生根结线虫病

花生根结线虫病又叫花生根瘤线虫病、花生线虫病，俗称地黄病、地落病、黄秧病等，是花生生产中一种毁灭性的世界性病害，在我国各花生产区均有发生。发生花生根结线虫病，一般减产20%～30%，严重则减产达70%～80%，甚至绝收，严重影响花生产量和质量。

1. 症状识别

花生根结线虫主要为害植株的地下部，因地下部受害引起地上部生长发育不良，致使植株生长矮小，叶片发黄，叶片小，底叶叶缘焦灼，叶片早期脱落，病株开花迟，结果少而小，甚至不结果。幼虫从根尖侵入，受害部位膨大形成纺锤形或不规则形表面粗糙的瘤状根结，初呈乳白色，后逐渐变为黄褐色。根结上长出许多不定须根并形成根结，最终使花生整个根系形成乱头发状的"须根团"。果壳、果柄和根颈有时也能形成根结，幼果壳上呈乳白色略带透明状，成熟果壳上呈褐色疮痂状，果柄和根颈上呈葡萄穗状。

在诊断该病时要注意线虫根结与固氮菌根瘤的区别。根结多着生在根端，呈不规则状，表面粗糙，长有须根，剖开可见乳白色粒状线虫；根瘤则着生在主根或侧根旁边，呈圆形或椭圆形，表面光滑，无须根，剖开或压碎后可见红色、褐色或绿色固氮菌液。

2. 发病规律

病原线虫主要以卵和幼虫附着于病根、病果上，在土壤或粪肥中越冬。翌年气温回升，土温11～12℃时卵开始孵化，15℃时幼虫破壳孵出，从花生根尖处侵入，在细胞间隙和组织内移动，并分泌毒素破坏寄主细胞，引起薄壁细胞发展过速产生巨型细胞，形成根结。根结线虫在田间的传播主要靠病田土壤传播，也可通过农事操作、雨水及灌溉流水传播。调运带病荚果可引起远距离传播。在我国北方，根结线虫一年发生3代。

影响该病流行的主要因素有气候、栽培措施和品种抗性。其中土壤温度和湿度对幼虫侵染影响较大。幼虫侵染的温度范围为12～34℃，侵入的适宜土温为15～20℃。土壤含水量在20%以下和90%以上都不利于幼虫侵入，侵入适宜的土壤相对含水量为70%左右。一般干旱年份发病重，多雨年份发病轻。土质通气良好、质地疏松的砂壤土或砂土发病重，黏土和低洼碱性土壤发病轻，甚至不发病。轮作田发病轻，连作田发病重，早播重于晚播。管理粗放、田间寄主杂草及病残体多的发病重。

3. 综合防治

(1) **严格检疫** 保护无病区，不从病区调种或引种；如确需调种，须剥去果壳，只调果仁。

(2) **农业防治** ①选育和利用抗病品种，增施腐熟有机肥。②合理轮作，与禾谷类作物或甘薯轮作 2～3 年，轮作年限越长，虫口密度越小；也可水旱轮作，效果更佳。③合理灌溉，及时清除田间杂草及病残体。

(3) **化学防治** ①土壤处理：播种时，每亩可选用3%克百威颗粒剂，或5%噻唑磷颗粒剂，或5%丁硫·毒死蜱颗粒 4～6kg，加细土 20～25kg 混匀后撒施于播种沟或穴内。②药剂灌根：花生出苗后 1 个月时，选用20%噻唑磷水乳剂，或 20%丁硫克百威乳油，或 40%三唑磷乳油等兑水灌根。灌根后需浇水或抢在雨前喷淋茎基部，可兼治蛴螬、金针虫等地下害虫。

任务实训 花生主要病虫害识别与防治

一、实训目的

学生能够掌握花生病虫害的发生规律、识别方法，理解防治原则，结合实际情况制定科学合理的花生病虫害防治方案。

二、实训准备

① 病虫害样本标本· 感染的花生植株样本和病虫害的标本，作为观察和识别的对象。

② 实训器材：显微镜、放大镜、防治药剂等。

③ 实地考察工具：记录本、相机、测量工具等。

④ 实习场地：当地花生种植田及相关设施，供学生进行实地操作训练。

三、实训操作要求

① 病虫害识别。通过观察花生实物样本、图片、视频等病虫害的症状、特点，能够准确识别常见的花生病虫害。

② 实地考察。选择当地花生种植区，观察花生生长情况，识别病虫害种类及特征。

③ 防治方案制定。根据病虫害发生规律和防治原则，指导学生制定防治方案，包括农业防治、化学防治等方法的选择和应用。

④ 实践操作。根据当地花生田间病虫害发生情况，选择合适的防治方法，包括农业防治、化学防治等，并组织学生进行实际操作。

四、实训考核

撰写实训报告：记录实训过程中的观察结果、操作方法、实施过程和总结等。

📷 项目测试

一、选择题

1. 麦蚜防治适期是在（　　　）。

A. 扬花初期　　　　B. 扬花末期　　　　C. 灌浆期　　　　D. 成熟期

2. 小麦锈病是典型的（　　　）。

A. 气传病害　　　　B. 水传病害　　　　C. 虫传病害　　D. 种传病害

3. 化学防治玉米螟的适期为（　　　）。

A. 幼虫期　　　　　B. 卵孵化高峰期　C. 成虫期　　　　　D. 卵期

4. 大豆食心虫以（　　　）在土壤中越冬。

A. 卵　　　　　　　B. 老熟幼虫　　　C. 蛹　　　　　　　D. 幼虫

5. 花生青枯病发病最重的是（　　　）。

A. 苗期　　　　　　B. 盛花期　　　　C. 结果期　　　　　D. 储藏期

二、判断题

1. 水稻纹枯病以抽穗前后发病受害最重。（　　　）

2. 湿度大时，玉米大斑病的病斑表面产生灰黑色霉状物。（　　　）

3. 大豆花叶病的症状是植株明显矮化，叶片皱缩并形成褪绿花叶，叶缘向下卷曲。（　　　）

4. 对大豆胞囊线虫来说一般通气性良好的砂土和砂壤土，或干旱、贫瘠的土壤适于线虫的生长发育。（　　　）

5. 花生锈病的病害流行主要受气候、栽培条件、菌源数量及品种抗性的影响。（　　　）

三、简答题

1. 简述稻瘟病的防治要点。

2. 简述棉花黄萎病的症状特点。

3. 简述大豆胞囊线虫病的发生规律。

四、论述题

结合当地玉米发病情况和农业生产实践，阐述玉米螟的发生规律及防治措施。

📚 项目评价

评价项目	评价内容	自我评价 (10%)	教师评价 (70%)	学生互评 (20%)	得分
学习能力 (40 分)	小麦主要病虫害防治技术				
	水稻主要病虫害防治技术				
	玉米主要病虫害防治技术				

续表

评价项目	评价内容	自我评价 （10%）	教师评价 （70%）	学生互评 （20%）	得分
学习能力 （40分）	棉花主要病虫害防治技术				
	大豆主要病虫害防治技术				
	花生主要病虫害防治技术				
	项目测试				
技术能力 （40分）	小麦主要病虫害识别与防治				
	水稻主要病虫害识别与防治				
	玉米主要病虫害识别与防治				
	棉花主要病虫害识别与防治				
	大豆主要病虫害识别与防治				
	花生主要病虫害识别与防治				
素质能力 （20分）	协作意识				
	创新意识				
	学习态度				
总分（100分）					

项目六

园艺作物主要病虫害防治技术

📖 **学前导读**

> 　　同学们常看见的园艺作物有苹果、梨、桃、草莓，也有常吃的一些蔬菜，如大白菜、黄瓜、番茄。但是有时候会发现这些园艺作物也会得病，那园艺作物的病虫害同学们知道的有哪些呢？
>
> 　　通过本项目的学习，可让同学们了解园艺作物的病虫害种类，辨识园艺作物病虫害，掌握园艺作物病虫害防治方法。

📋 **知识导图**

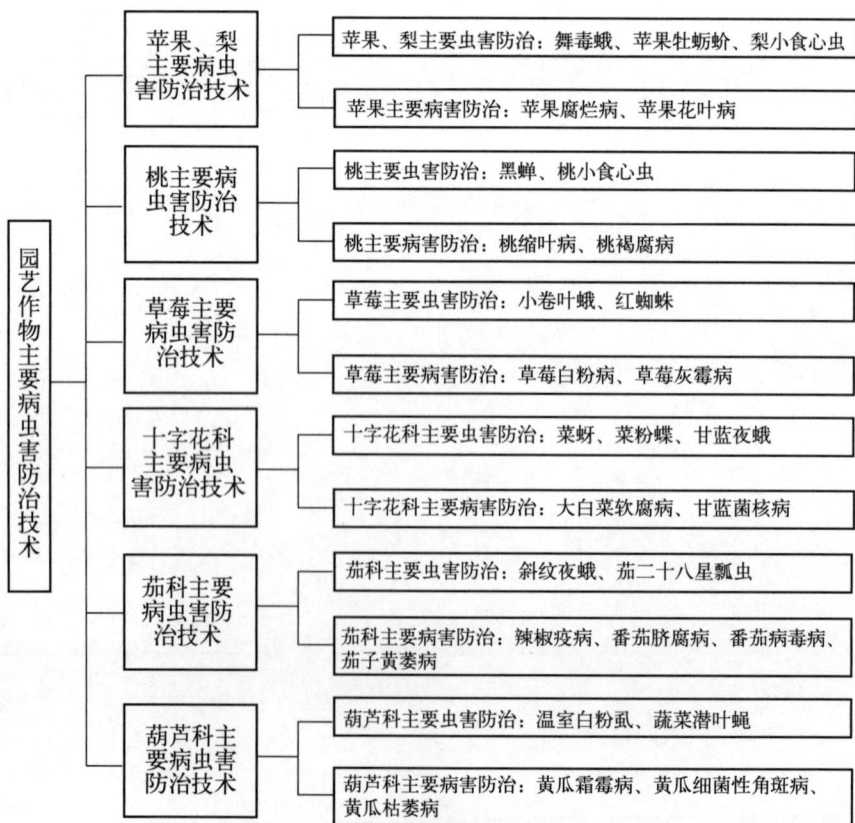

```
                          ┌─ 苹果、梨        ┌─ 苹果、梨主要虫害防治：舞毒蛾、苹果牡蛎蚧、梨小食心虫
                          │  主要病虫        │
                          │  害防治技术      └─ 苹果主要病害防治：苹果腐烂病、苹果花叶病
                          │
                          ├─ 桃主要病        ┌─ 桃主要虫害防治：黑蝉、桃小食心虫
                          │  虫害防治        │
                          │  技术            └─ 桃主要病害防治：桃缩叶病、桃褐腐病
                          │
   园                     ├─ 草莓主要        ┌─ 草莓主要虫害防治：小卷叶蛾、红蜘蛛
   艺                     │  病虫害防        │
   作                     │  治技术          └─ 草莓主要病害防治：草莓白粉病、草莓灰霉病
   物                     │
   主                     ├─ 十字花科        ┌─ 十字花科主要虫害防治：菜蚜、菜粉蝶、甘蓝夜蛾
   要 ────────────────────┤  主要病虫        │
   病                     │  害防治技术      └─ 十字花科主要病害防治：大白菜软腐病、甘蓝菌核病
   虫                     │
   害                     ├─ 茄科主要        ┌─ 茄科主要虫害防治：斜纹夜蛾、茄二十八星瓢虫
   防                     │  病虫害防        │
   治                     │  治技术          └─ 茄科主要病害防治：辣椒疫病、番茄脐腐病、番茄病毒病、
   技                     │                     茄子黄萎病
   术                     │
                          └─ 葫芦科主        ┌─ 葫芦科主要虫害防治：温室白粉虱、蔬菜潜叶蝇
                             要病虫害         │
                             防治技术         └─ 葫芦科主要病害防治：黄瓜霜霉病、黄瓜细菌性角斑病、
                                                  黄瓜枯萎病
```

任务一

苹果、梨主要病虫害防治技术

任务目标

知识目标：　① 掌握舞毒蛾、梨小食心虫的形态特征和发生规律。

　　　　　② 掌握苹果腐烂病和苹果花叶病病原特征并能识别症状。

能力目标：　① 掌握舞毒蛾、梨小食心虫的防治策略。

　　　　　② 掌握苹果腐烂病和苹果花叶病防治策略。

素质目标：　① 培养学生能吃苦、爱劳动的精神。

　　　　　② 能克服心理恐惧，捕捉昆虫。

　　　　　③ 培养学生发现问题、分析问题和解决问题的能力。

　　　　　④ 培养学生用药安全意识，保护生态环境。

基础知识

一、苹果、梨主要虫害防治

（一）舞毒蛾

1. 识别要点

雌成虫体长 25mm，翅展约 70mm，全体污白并微带黄色，触角黑色，短羽状，前翅有波纹状横线 4～5 条，黑褐色；雄虫体长约 20mm，翅展约 45mm。全体暗褐色，复眼黑色；触角栉齿状褐色。卵 400～500 粒呈块状。形状不规则，覆盖黄褐色鳞毛。幼虫体长 50～70mm，头黄褐色，有褐色细纹，正面有"八"字形黑纹。每体节两侧各有小毛瘤 2 个，上生黄白色长毛丛，伸向两侧，以前胸两侧毛瘤最大，上生黑色长毛丛。蛹长 21～26mm，纺锤形，红褐色。以幼虫为害叶片，将叶片吃成孔洞，老幼虫将整个叶片吃光，往往在一个枝条上逐个将叶片吃光后再转移到其他叶，造成果实畸形，口感下降，不能食用。

2. 发生规律

每年 1 代，以卵块越冬，寄主发芽时开始孵化，初孵幼虫白天多群栖叶背面，夜间取食叶片成孔洞，受震动后吐丝下垂借风力传播。2 龄后分散取食，白天栖息树杈、树皮缝或树下石块下，傍晚上树取食，天亮时又爬到隐蔽场所。5～6 月为害最重，6 月中下旬陆续老熟，爬到隐蔽处结茧化蛹。成虫 7 月大量羽化。成虫有趋光性，雄虫活泼，白天飞舞树冠间；雌虫很少飞舞，交尾后产卵，多产于树枝、树干阴面。

3. 防治策略

（1）**农业防治** 人工捕杀成虫和卵块，也可捕杀幼虫。可在树下放些石块诱集幼虫隐蔽，白天翻开石块杀死幼虫。

（2）**物理防治** 黑光灯诱杀成虫。

（3）**化学防治** 幼虫为害前期喷药防治，可喷 2000 倍氯氰菊酯等农药。

（二）苹果牡蛎蚧

1. 识别要点

雌成虫介壳长形，前尖，向后逐宽，微弯曲，中央有 1 条纵脊，褐色至深褐色，被一层灰白色蜡粉；壳点椭圆形 2 个，黄褐色，头端突出。雌虫黄白至黄色；雄成虫淡紫色，胸部淡褐色，触角和足淡黄色被细毛；前翅发达透明，后翅特化为平衡棒，交尾器针状较长。卵椭圆形，白色。若虫初孵扁平，椭圆形，白色至淡黄色，头与尾端，色浓，触角与足发达；固定后体背分泌出白色绵状蜡粉；脱 1 次皮后，呈琥珀色，足和触角退化消失，分泌有蜡质介壳。若虫和雌成虫多群集枝干和嫩梢上吸食汁液。在叶和果实上者，削弱树势，重者致枯死。

2. 发生规律

1 年 1 代，以卵于母壳内越冬。5 月下旬至 6 月中旬孵化，初孵若虫爬出母壳分散转移到枝干及叶和果实上固着为害，约经 2 个月羽化。雌虫较多，可行孤雌生殖。一般 8 月中旬开始产卵，产卵后虫体干缩死亡。喜于荫蔽翘皮下、不受阳光照射和雨淋的枝干上群集为害。

3. 防治策略

（1）**农业防治** 刷擦虫体，人工捕杀成虫和卵块。

（2）**生物防治** 保护和利用天敌赤眼蜂等。

（3）**化学防治** 芽膨大前喷 5°Bé 的石硫合剂。若虫分散转移期喷 2000 倍联苯菊酯、溴氰菊酯、甲氰菊酯等。

（三）梨小食心虫

1. 识别要点

成虫体长 6～7mm，翅展 13～14mm，暗褐至灰黑色。卵扁椭圆形，长径 0.8mm，初产时近白色半透明，近孵化时变淡黄。幼虫 10～13mm，淡红至桃红色，头褐色。蛹 7mm 左右，初期黄褐色，后期褐色。茧丝质白色，长椭圆形，长约 10mm。幼虫蛀果多从果实顶部或萼凹蛀入，蛀入孔比果点小，呈圆形小黑点，稍凹陷。幼虫蛀入后直达心室，蛀食心室部分或种子，切开后多有汁液和粪便。幼虫为害桃梢时多从尖部第 2～3 个叶柄基部幼嫩处蛀入，向下蛀食木质部和半木质部。留下表皮，被蛀食的嫩尖萎蔫下垂，很易识别。幼虫有转移为害的习性，每头幼虫一生为害 3～4 个桃梢，有时幼虫也为害樱桃、李、梨和苹果的新梢。

2. 发生规律

辽宁一般每年发生 3～4 代。以老熟幼虫在树皮缝内结茧过冬，以根颈、主干分杈处为多，其他如顶树干、吊枝绳、果筐、果窖、树下草根、石块、土缝内都有幼虫过冬。成虫多在上午羽化。白天静伏在枝叶上，傍晚交尾，并取食糖蜜等分泌物。对糖醋等气味有较强的趋性，对黑光灯有一定趋性，多在夜间产卵活动。在苹果品种中以中晚熟品种受害较多。在梨、桃、苹果混植园中，以梨受害最重。

卵期 3～6 天，但第 1 代和晚秋卵期 8～10 天；幼虫期 10～15 天，越冬代幼虫期可长达 4～5 个月。蛹期 7～10 天，成虫期 4～15 天，一般完成 1 代为 25～40 天，华北 4 月中下旬出现第 1 代成虫，4 月下旬出现第 1 代幼虫，多从新梢尖端第 2～3 叶柄基部蛀入，由上向下蛀食。第一次蛀梢高峰在 4 月下旬至 5 月上旬；第二次在 6 月中旬，即第二代幼虫发生期；第三次蛀梢高峰在 7 月中旬。

3. 防治策略

(1) 农业防治　①前期剪枝梢，消灭幼虫。在成虫大量产卵前进行套袋防治。②新建园应避免仁果和核果混栽，以免造成防治困难。

(2) 生物防治　天敌赤眼蜂寄生在梨小食心虫的卵内，应注意保护利用。

(3) 物理防治　糖醋液（糖∶醋∶酒∶水＝5∶20∶3∶100）、黑光灯、性诱剂诱捕成虫。

(4) 化学防治　东北 6 月份苹果上即产有卵，但很少蛀入。7 月中旬以后有效蛀果大量增加，卵果 2%时应开始喷药防治。可喷 2000 倍甲氰菊酯、杀螟硫磷、灭幼脲 3 号等。

二、苹果主要病害防治

(一) 苹果腐烂病

1. 症状识别

为害主干、主枝、果台枝等各级枝条的皮层，枝干发病常见溃疡型与枝枯型两类症状。在粗大的枝干上发病常形成"溃疡斑"，早春发病期病斑外皮层病组织变红褐色，水浸状松软腐烂有酒糟味，用手指压时可流出黄褐色、红褐色汁液。后期病组织失水干缩并下陷，病健组织间常发生裂缝，病部变褐，在病皮上密生黑色小突起，即病菌的子座。雨后在小突起的顶部涌出黄褐色透明状的丝状物。孢子角遇雨水可释放分生孢子。苹果腐烂病主要为害枝干树皮，有时也为害果实，果实上病斑呈红褐色，有轮纹，病斑边缘清晰，病部软烂有酒味。

2. 病原特征

苹果腐烂病的病原是子囊菌亚门真菌。苹果腐烂病的侵染、扩展与大流行取决于以下几方面的因素：树势衰弱是诱发腐烂病的主要因素；机械损伤和冻害诱使腐烂病大发生；施肥浇水不合理与腐烂病发生有关，氮肥过量而磷钾肥不足的树易发生腐烂病，初冬浇水，树体含水量过多易发生腐烂病。

3. 发病规律

以菌丝、分生孢子、孢子角、子囊壳及子囊孢子等在病死组织处、落皮层、叶痕、皮孔、果台等部位过冬，是寄生性比较弱的兼性寄生真菌。主要通过伤口侵入，如剪锯口、冻伤、日烧、脱落皮层、虫伤、创伤等伤口，自然孔口也可以侵入，如皮孔、叶、果柄脱落处等。以分生孢子为主借风雨传播，当病菌遇到死伤组织或局部出现衰弱半死组织发生，有适宜条件即可萌发侵入。菌丝在死组织中发育并分泌毒素杀死周围细胞，随即扩展到新的死组织中，就这样使病斑逐渐扩大。当扩展到足以为人眼可见时，病斑已经很大，从侵入、建立侵染关系、扩展到较大的病斑，经过了一段相当长的过程。病菌侵入到形成腐烂病病疤，适宜条件下需 7～15 天，多数 30 天以上。每年 3～4 月出现一次扩展高潮，3～11 月均可侵入，秋季又出现一次发病高峰。

4. 防治策略

（1）农业防治　加强栽培管理，增强树势，提高抗病力。合理肥水，多种营养元素合理配合，氮肥不宜过量，增施磷、钾肥；控制秋季灌水；合理负担，适当控制结果量。搞好果园卫生，清除烧毁病死枝干。对大病疤要进行桥接以增加营养输导和病疤愈合。

（2）物理防治　加强树体保护，减少树体带菌。树体涂保护剂或涂白，防止早春解冻前树皮被烧伤或冻害；保护树干，防止各种伤口出现，加强伤口保护。

（3）化学防治　发芽前刮去翘皮后喷 50～70 倍腐植酸钠。部分果园实行重刮皮和树皮更新，重刮皮不能在休眠期进行，应在展叶后 5～7 月间进行，树皮更新也要在展叶后进行，弱树不宜进行此两项措施。重刮皮或树皮更新待形成新的皮层后方可喷药，幼树未形成树冠遮阴时也不宜进行。及时刮除病斑并加强伤疤保护。全年都要及时检查，发现病疤及时刮除，刮至健皮部即可，不能人为扩大病疤，刮后要涂杀菌保护剂。

（二）苹果花叶病

1. 症状识别

①斑纹型：病叶上出现大小不等、形状不定的鲜黄色斑，边缘不清，可互相合成大块病斑，一般从叶脉上开始发生，这是普遍的类型。②花叶型：病叶上有较大深绿与浅绿相间的病斑，边缘不清，发生较晚。③条斑网纹型：病叶沿叶脉失绿黄化，并延伸到附近的叶肉内，有时仅主脉及支脉黄化，变色部分较宽，主脉和小分脉也黄化，状如网纹。④环斑型：病叶上产生鲜黄色环状斑纹或近环状斑纹，环内仍为绿色。⑤镶边型：病叶边缘锯齿及锯齿附近叶肉发生黄化，沿叶缘形成黄色边，其他部分仍为正常绿色。

2. 病原特征

苹果花叶病的病原是病毒。

3. 发病规律

苹果树感染花叶病后即为全株性病害，主要靠嫁接传染。病株在萌芽后 10～20 天即表现症状，春季症状最明显。往往在树冠下部和顶部叶片表现，而中部叶片表现很少。蚜虫可以传播病毒。

4. 防治策略

（1）**农业防治**　培育无毒苗木。铲除病株。加强栽培管理，增强树势，提高抗病力。

（2）**化学防治**　防治蚜虫，可使用 10％吡虫啉可湿性粉剂 3000 倍液，10～15 天连喷两次。

✳ **任务实训**　苹果常见病害特征观察与防治

一、实训目的

了解当地苹果常见病害及其发生为害情况，区别苹果主要病害的症状特点及病原菌形态，设计苹果病害无公害防治方案。

二、实训准备

学校实训基地、农业企业或农村专业户苹果园，多媒体教学设备，苹果病害标本，观察病原物器具与药品，常用杀菌剂及其施用设备等。

三、实训操作要求

1. 苹果常见病害症状和病原菌形态观察

① 观察苹果树腐烂病、苹果花叶病、苹果锈病和套袋苹果黑点病的分布特点、发病部位症状表现（病部形状、质地、颜色、表面特征等）和病原特征，辨别并判断病原类型及病害种类。

② 锈病病害的共同特征是在叶片上产生橘黄至铁锈色夏孢子及冬孢子堆。识别梨锈病、苹果锈病等病害的为害状。

③ 切片或挑片镜检细叶结缕草锈病的夏孢子及冬孢子堆。注意辨识其形态，冬孢子双胞，有柄。

2. 苹果重要病害预测

根据越冬菌量、气象条件、栽培条件和当地主要苹果品种生长发育状况，分析并预测 1～2 种苹果病害的发生趋势。

3. 苹果主要病害防治

① 调查了解当地苹果主要病害的发生为害情况及其防治技术和成功经验方法。

② 根据苹果主要病害的发生规律，结合当地生产实际，提出 2～3 种苹果病害防治的建议。

③ 配制并使用 2～3 种常用杀菌剂防治当地苹果主要病害，调查防治效果。

四、实训考核

① 记录所观察苹果枝干、叶部、花和果实病害典型症状表现和为害情况。

② 书写实验报告。

💡 知识拓展　病毒脱毒方法

（1）**热处理**　是应用最早的脱毒技术，该技术操作简单、见效快。热处理的理论依据是在高温下病毒钝化，复制明显减弱或不再繁殖，而植物在高温下生长较快。将植物在高温下培养数周至数月，这个期间生长的新梢不带病毒。

（2）**茎尖培养**　病毒浓度呈梯度变化，病毒粒子随植物组织的成熟而增加，旺盛生长的根尖、茎尖很少有病毒分布。茎尖大小、细胞分裂素浓度、继代次数影响脱毒率。不同植物种类和病毒无毒茎尖长度不相同。高浓度的细胞分裂素结合多次继代可提高脱毒率。在苹果和草莓上应用二次茎尖脱毒可有效提高脱毒率，该方法可尝试用于其他属植物脱毒。

（3）**茎尖微体嫁接**　将茎尖分生组织嫁接在试管中经脱毒培养的砧木上得到完整的植株。微体嫁接解决了某些木本植物茎尖培养发根困难、生长缓慢的问题，并且可使复合侵染的病毒分离。

（4）**其他组织培养**　包括原生质体培养、细胞培养、花粉培养、胚培养、分生组织培养、顶端组织培养和愈伤组织培养等，均可脱毒。

（5）**化学处理**　国内外对抑制植物病毒的活性物质研究近几十年来发展较快。该物质包括代谢拮抗物质、高等植物生长调节剂等，种类繁多，作用机理各不相同。

任务二

桃主要病虫害防治技术

🌐 任务目标

知识目标：　① 掌握黑蝉、桃小食心虫的形态特征和发生规律。
　　　　　　② 掌握桃缩叶病病原特征并能识别症状。
能力目标：　① 掌握黑蝉、桃小食心虫的防治策略。
　　　　　　② 掌握桃缩叶病防治策略。
素质目标：　① 培养学生能吃苦、爱劳动的精神。
　　　　　　② 培养学生辩证思维，具有保护生态环境的意识。
　　　　　　③ 培养学生用药安全意识。

📖 基础知识

一、桃主要虫害防治

（一）黑蝉

1. 识别要点

雄成虫能鸣，响声很大，体长 44～48mm，翅展 125mm；雌成虫体长 38～44mm。

成虫前后翅透明，全体黑色，复眼淡黄褐色。卵长约 2.4mm，宽 0.3mm，稍弯曲，乳白色，有光泽。若虫黄褐色，具翅芽。

2. 发生规律

3～5 年发生 1 代，以卵在枝条和若虫在土中越冬。若虫一生在土中生活，近羽化时，黄昏及夜间钻出表土，爬到树上脱皮羽化。6 月末开始羽化，寿命长 60～70 天。7 月下旬开始产卵，8 月上、中旬为产卵盛期。产卵多在 4～5mm 粗枝梢的木质部内，卵孔纵斜排列，比较整齐，每一卵孔内有卵 6～8 粒，卵于次年孵化。若虫孵化后即钻入土中，吸食植物根的汁液。

3. 防治策略

(1) 农业防治　彻底剪除被害枝梢，集中烧毁。

(2) 物理防治　捕捉出土若虫。早晨捕杀刚羽化的成虫。

(二) 桃小食心虫

桃小食心虫简称"桃小"。属于鳞翅目，蛀果蛾科，为害苹果、梨、桃、枣、山楂、海棠等多种果树的果实，尤其大枣受害严重，是北方果树的大害虫。在苹果果实上，初蛀孔多数流出胶质液，然后变成白色条状蜡质物。果肉被纵横串食呈黄褐色条状虫道，水分少的品种或沙果等成为"豆沙馅"。枣果则在核周围被吃空果肉，然后填满虫粪。

1. 识别要点

成虫淡灰褐色，触角丝状，前翅前缘中部有一近三角形蓝黑色大斑，后翅灰色。卵椭圆形，初产为橙红色，后变鲜红色，近孵化为暗红色。幼虫体长 13～16mm，桃红色，肥胖，头黄褐色。蛹黄褐色，近羽化时变黑褐色。越冬茧扁圆形，丝质紧密，横径约 5mm，外表略呈红褐色。

2. 发生规律

北方大部分地区每年发生 2 代，辽宁 1～2 代，以老熟幼虫在土中结茧过冬。平地果园在树冠下土层内结茧，以树干周围 1m 范围内，深 5～6cm 处为多。根颈土层内紧贴树皮处往往有大量越冬虫茧。越冬幼虫在夏季出土到地表土层结长椭圆形茧化蛹，一般称为夏茧。蛹期一般半个月左右，第一代成虫在 6～7 月上旬，第二代成虫在 8 月上旬～9 月上旬。成虫羽化后即交尾并产卵，成虫寿命 6～7 天，卵期 6～10 天，幼虫期 20～30 天。

3. 防治策略

(1) 农业防治　彻底剪除被害枝梢，集中烧毁。

(2) 物理防治　必须在幼虫蛀入果前或蛀果期进行，所以掌握发生时期很重要。现主要用性诱剂诱捕成虫，测报成虫发生期来指导防治。

(3) 化学防治　越冬幼虫出土期地面施药，一般在 5 月中旬开始。可用 1000 倍溴氰菊酯药液等均匀喷于树冠下，每平方米 1.5～2.5kg，使表土毒化，以杀死出土结茧的幼虫。用性诱剂测报成虫发生期指导防治。1 个大果园设 2～3 个测报点，每点选树 10 株，每树挂一诱蛾碗，挂碗树周围间隔 10～20 株树即可。每天调查诱捕的成虫数，如果连日可诱到成虫，3～5 天即进入成虫盛发期。一般在 7 月上中旬和 8 月中下旬，喷 2000 倍甲氰菊酯、高效氯氟氰菊酯、溴氰菊酯等。在成虫羽化盛期和末期连续喷药 2 次，效果更好。

二、桃主要病害防治

(一) 桃缩叶病

1. 症状识别

主要危害桃，还可危害杏、李、梅。叶片受害最重，病叶发红、肥大、增厚、卷曲、皱缩，表面有一层白色粉霜，为其子囊层。病害发展到一定程度时，病叶干枯、变褐，并导致早期落叶。嫩枝、花、幼果也受害。

2. 病原特征

子囊菌亚门中的外囊菌。

3. 发病规律

缩叶病多在春季温暖潮湿的地区发生，干旱地区非常少见。病菌不耐高温、有越夏习性是这类病害的重要特点。该菌的子囊孢子在子囊内外均可不断芽殖，产生芽殖孢子。

4. 防治策略

(1) **农业防治**　彻底清除果园。
(2) **化学防治**　休眠季节喷布 3～5°Bé 石硫合剂，铲除越冬病原菌。春季桃芽开始膨大时，是防治桃缩叶病的关键时期，喷洒的杀菌农药有石硫合剂，70% 甲基硫菌灵可湿性粉剂 1000 倍液，2% 氨基寡糖素 600 倍液。

(二) 桃褐腐病

褐腐病是桃果实上的重要病害之一，分布广泛，以浙江、山东沿海和长江流域一带发病最重，它既可以在果园中造成烂果、落果，又可以在贮运期间传染为害。

1. 症状识别

褐腐病主要为害果实，又可为害花、叶、枝梢。果实受害，首先在果面形成褐色圆形病斑。条件适宜时，可迅速扩展至全果，果肉也随之变褐软腐。此后病部长出呈同心轮状排列的灰褐色绒状霉丛。越接近成熟的果实越易受害。

2. 病原特征

桃褐腐病菌有果生链核盘菌和核果链核盘菌两种，均属子囊菌亚门，柔膜菌目。两者分生孢子无色，单胞，柠檬形或卵圆形，着生于分生孢子梗顶端，连续成串生长。分生孢子梗短，分支或不分支。前者主要侵染果实，后者主要侵染花。

3. 发病规律

病菌主要以菌丝体在僵果或枝梢上越冬。次年春条件适宜时，产生大量的分生孢子，借助风、雨或昆虫传播，进行初侵染。果实多通过伤口、皮孔侵入。花多直接从柱头、蜜腺侵入。病部长出分生孢子引致再侵染。一般在开花期遇低温多雨，易引起花腐。果实成熟期温暖、多雨、多雾，易引起果腐。果园管理不善、虫害严重、通风不良、地势低洼会加重病情。

4. 综合防治

（1）农业防治　控制越冬菌源，彻底清除果园地表及树上所有病残组织，集中烧毁。加强田园管理，及时控制虫害，减少伤口。

（2）化学防治　在桃树萌芽前喷施一次 5°Bé 石硫合剂，或 1∶2∶120（硫酸铜∶生石灰∶水）的波尔多液。在落花后至果实成熟前 3～4 周，每 10～15 天喷药一次，以保护果实。可用以下药剂：每亩用 20% 三唑酮乳油 25～30mL 或 50% 多菌灵可湿性粉剂 50～100g，兑水 50～75kg 喷雾。

✸ 任务实训　桃树常见病害特征观察与防治

一、实训目的

了解当地桃树常见病害及其发生为害情况，区别桃树主要病害的症状特点及病原菌形态，设计桃树病害无公害防治方法。

二、实训准备

学校实训基地、农业企业或农村专业户果园，多媒体教学设备，桃树病害标本，观察病原物器具与药品，常用杀菌剂及其施用设备等。

三、实训操作要求

1. 桃树常见病害症状和病原菌形态观察

① 观察桃缩叶病和桃流胶病的分布特点、发病部位症状表现（病部形状、质地、颜色、表面特征等）和病原特征，辨别并判断病原类型及病害种类。
② 叶畸形病病害的特点是受害叶片肿大、加厚皱缩，果实肿大、中空呈囊果状物。
③ 识别桃缩叶病病害的症状特点。
④ 刮取霉层镜检，注意识别各种孢子的形态。

2. 桃树重要病害预测

根据越冬菌量、气象条件、栽培条件和当地主要桃树品种生长发育状况，分析并预测 1～2 种桃树病害的发生趋势。

3. 桃树主要病害防治

① 调查了解当地桃树主要病害的发生为害情况及其防治技术和成功经验方法。

② 根据桃树主要病害的发生规律，结合当地生产实际，提出 2～3 种桃树病害防治的建议。

③ 配制并使用 2～3 种常用杀菌剂防治当地桃树主要病害，调查防治效果。

四、实训考核

① 记录所观察桃树枝干、叶部、花和果实病害典型症状表现和为害情况。

② 书写实验报告。

任务三

草莓主要病虫害防治技术

任务目标

知识目标： ① 掌握小卷叶蛾、红蜘蛛的形态特征和发生规律。

② 掌握草莓灰霉病病原特征和症状识别。

能力目标： ① 掌握小卷叶蛾、红蜘蛛防治策略。

② 掌握草莓灰霉病的防治策略。

素质目标： ① 培养学生能吃苦、爱劳动的精神。

② 有辩证思维，保护生态环境。

③ 培养学生用药安全意识。

基础知识

一、草莓主要虫害防治

（一）小卷叶蛾

1. 识别要点

幼虫可以蛀食新芽、嫩叶和花蕾。叶片被害时幼虫吐丝将叶卷起，居内食叶肉，使其呈肉状或孔洞，越冬幼虫蛀食新芽或花蕾成孔洞。果实被害时，幼虫啃食果皮和贴近果皮的果肉，形成坑坑注注不规则虫疤，造成伤果。

成虫体黄褐色，触角丝状，前翅基部有黄褐色斑，中部有一条斜向后缘的褐色斑纹。翅外端有一条由前缘斜伸向后缘角的褐色纹，腹部黄褐色。卵初产淡黄色，半透明，孵化前变黑褐色。幼虫头部淡黄褐色，胴部细长翠绿色。蛹初期绿色，后变黄褐，长 9～11mm。

2. 发生规律

北方发生 3～4 代，以小幼虫在树皮缝、翘皮下、剪锯口的缝隙内等处作薄茧过冬。花芽开裂期幼虫出蛰活动，花期为出蛰盛期，出蛰期不整齐，约持续 1 个月。幼虫出蛰后先在嫩芽或花蕾上蛀食为害，虫体多潜伏于组织内不外露，展叶期幼虫吐丝缀叶成虫苞，居内为害，将叶片吃成网状。3 龄后幼虫转移为害新叶，幼虫老熟后即在卷叶内化蛹。幼虫很活泼，受震动后虫体前进或后退很快，蹦跳状行走。脱出虫苞时即吐丝下垂随风飘荡，转移为害。成虫有趋光性，多夜间活动，对糖醋液有较强的趋性，对性诱剂非常敏感，卵产于叶背或果面上，幼虫孵化后即分散为害。果皮被蛀成针孔状，大幼虫将果皮啃成连片状坑洼。多雨年份发生较多，在其天敌中以寄生蜂较多，幼虫、蛹和卵均有寄生蜂寄生。

3. 防治策略

（1）**农业防治**　轻刮翘皮，消灭越冬幼虫。

（2）**生物防治**　释放赤眼蜂，每代产卵期放蜂 2 次，每次每亩 10 万头以上。

（3）**物理防治**　诱杀成虫。性诱剂、糖醋液诱杀效果很好。在成虫发生初期综合运用，雌雄均可诱捕。每亩地 1 个性诱捕器即可。糖醋液每亩地 3～4 个为好［糖：醋：酒：水＝5：20：3：（80～100）］。

（4）**化学防治**　成虫盛发期喷药，可用 2000 倍甲氰菊酯、高效氯氟氰菊酯、溴氰菊酯等，以杀死成虫、幼虫和卵。

（二）红蜘蛛

红蜘蛛又名棉红蜘蛛。我国的种类以朱砂叶螨为主，属蛛形纲，蜱螨目，叶螨科。全国广泛分布，食性杂。成、幼、若螨在叶背吸食汁液，并结成丝网。初期叶面出现零星褪绿斑点，严重时遍布白色小点，叶面变为灰白色，全叶干枯脱落，结果期缩短，产量降低。

1. 识别要点

成螨雌螨为梨圆形，雄螨近菱形。体色一般为红色或锈红色，春夏时期多呈淡黄色或黄绿色。体背两侧有大小不等的长条形的块状色斑，色斑中间色淡，体背长毛排成 4 列。足 4 对，无爪，毛较长。卵圆球形，有光泽。初产时无色透明，后变橙红色，孵化前可见红色眼点。幼螨近圆形，初孵时体透明，取食后变暗绿色，足 3 对。

2. 发生规律

北方滞育态雌成螨在枯枝落叶、杂草根部、土缝或树皮中越冬。初发生时有点片阶段，再向四周扩散，在植株上先为害下部叶片，再向上部叶片转移。成、若螨靠爬行、吐丝下垂在株间蔓延，或农事作业由人、工具传播。以两性生殖为主，1 头雌螨可产卵 50～110 粒，有孤雌生殖现象。生长发育和繁殖的最适温度为 25～31℃、相对湿度 35%～55%。高温低湿有利于发生。通常在加温温室发生为害严重。

3. 防治策略

（1）**农业防治**　清除田间、路边、渠旁杂草及枯枝落叶，耕整土地，消灭越冬虫源。

合理灌溉和增施磷肥，使蔬菜健壮生长，提高抗螨害能力。

（2）**化学防治** 加强虫情检查，当点片发生时即进行防治，如已蔓延到整个棚室，则应全田喷药。药剂可用 2.5％联苯菊酯乳油 2000 倍液、25％霜霉威盐酸盐乳油 2000 倍液等。

二、草莓主要病害防治

（一）草莓白粉病

1. 症状识别

本病的典型症状是发病部位布满白粉，后期还可能散生黄褐色到黑色小粒点（病菌子囊壳）。病害主要侵染叶片，亦为害茎及叶柄。发病初期，叶片正面或背面产生白色近圆形小粉斑，以后逐渐扩大成边缘不明显的连片白粉斑，好似撒上一层白粉一样。白粉逐渐变为灰白色，叶片枯黄。

2. 病原特征

由真菌单丝壳侵染引起，病菌以闭囊壳随病残体遗留在土表过冬，闭囊壳成熟后产生子囊孢子，吸湿后闭囊壳破裂，子囊孢子散出，传播侵染发病。

3. 发病规律

当环境适宜时，病菌随气流传播到寄主叶片上，从寄主表皮直接侵入。然后病菌又在病株上迅速繁殖，并引起多次重复侵染。病菌分生孢子萌发适温为 16～20℃，14℃以下不再萌发，高于 30℃时容易失去活性。光线不足、通风不良、闷热或温度忽高忽低时，病势发展快。

4. 防治策略

（1）**农业防治** 选用抗病品种和加强棚室水肥管理。棚室内应注意通风、透光、降低湿度，加强水肥管理，以防止植株徒长和脱肥早衰。

（2）**化学防治** 苗期和生长前期发现中心病株应及时用药，并尽量用烟剂熏蒸和粉尘法防治。45％百菌清烟剂亩用量 250g，分盒均匀放在垄沟内，然后将棚、室密闭，分别点燃烟熏，或用 5％百菌清粉尘剂 1kg/亩，每周 1 次，可有效控制白粉病。

（二）草莓灰霉病

1. 症状识别

草莓灰霉病主要为害花器、果实和叶片。花器受害，初在花蕾上产生水渍状小点，后逐渐扩大为害子房和幼果，使幼果腐烂。果实受害，柱头呈水渍状，后形成淡褐色病斑，并向果内发展，使果实腐烂，易脱落。湿度大时，病部均可产生灰褐色霉状物。干燥时，病果呈干腐状。

2. 病原特征

病原为半知菌亚门葡萄孢菌属真菌的灰葡萄孢菌。

3. 发病规律

病菌在病残体上越冬或越夏，借风雨、农事操作等传播，气温在 18～23℃，遇长时间阴雨天气通风透气不良，有利于发病。

4. 防治策略

（1）**农业防治** 选用优良抗病品种。实行轮作，清除病残体。增施有机肥和磷钾肥。定植前深耕，高畦栽培。保护地应注意排湿增温。

（2）**化学防治** 定植前每亩撒施 25％多菌灵粉剂 5～6kg，撒入土中。发病初期喷施 50％腐霉利 1500 倍液，或 1：1：200 的波尔多液，隔 6～8 天喷 1 次，视病情连喷 2～3 次。

✴ **任务实训** 草莓常见病害特征观察与防治

一、实训目的

了解当地草莓常见病害及其发生为害情况，区别草莓主要病害的症状特点及病原菌形态，设计草莓病害无公害防治方案。

二、实训准备

学校实训基地、农业企业或农村专业户菜园，多媒体教学设备，草莓病害标本，观察病原物器具与药品，常用杀菌剂及其施用设备等。

三、实训操作要求

1. 草莓常见病害症状和病原菌形态观察

① 观察草莓灰霉病、草莓白粉病的分布特点、发病部位症状表现（病部形状、质地、颜色、表面特征等）和病原特征，辨别并判断病原类型及病害种类。

② 灰霉病害的共同特点是在植株受害部位产生大量疏松的灰黑色霉层。识别草莓灰霉病等病害的病状特点及病征特点。

③ 刮取霉层镜检，注意识别分生孢子及分生孢子梗的形态。

2. 草莓重要病害预测

根据越冬菌量、气象条件、栽培条件和当地主要草莓品种生长发育状况，分析并预测 1～2 种草莓病害的发生趋势。

3. 草莓主要病害防治

① 调查了解当地草莓主要病害的发生为害情况及其防治技术和成功经验方法。

② 根据草莓主要病害的发生规律，结合当地生产实际，提出 2～3 种草莓病害防治的建议。

③ 配制并使用 2～3 种常用杀菌剂防治当地草莓主要病害，调查防治效果。

四、实训考核

① 记录草莓枝干、叶部、花和果实病害典型症状表现和为害情况。

② 书写实验报告。

任务四

十字花科主要病虫害防治技术

⚙ 任务目标

知识目标： ① 了解菜蚜、菜粉蝶昆虫结构、功能和类型。

② 了解软腐病病原特征。

③ 掌握软腐病的症状。

④ 掌握菜青虫对植物造成的为害状。

能力目标： ① 能通过观察记录菜粉蝶和菜青虫形态特征。

② 掌握软腐病的防治。

素质目标： ① 有辩证思维，保护生态环境。

② 培养学生用药安全意识。

③ 有挑战新事物的勇气，能克服心理恐惧和观察捕捉昆虫。

④ 学习昆虫学家法布尔的科学精神和优秀品质。

📖 基础知识

一、十字花科主要虫害防治

（一）菜蚜

1. 识别要点

无翅雌蚜体黄绿色，被少量白色蜡粉；有翅雌蚜头胸部黑色，腹部绿色。它们的腹管前各腹节两侧都有黑点，腹管较短，腹部显得宽圆。

菜蚜以成虫、若虫群集在十字花科作物的幼苗、嫩叶、嫩茎吸取汁液，使叶变黄卷缩，为害严重时植株矮缩。蚜虫集中为害花梗和花果，影响开花结实和产量。蚜虫除了本身吸食汁液为害外，还传播病毒病。特别是北方的大白菜、萝卜和南方的油菜、青菜，因传毒所造成的损失和为害绝不亚于蚜害本身。

2. 发生规律

春秋两季气候温暖，最适于蚜虫的生长繁殖，一头雌蚜能产70～80头小蚜虫，最多能产100头以上。发育最快的小蚜虫经过5～7天就能繁殖，数量发展很快。蚜虫的天敌种类很多，常见的有异色瓢虫、龟纹瓢虫、食蚜蝇和草蛉等。

3. 防治策略

（1）**农业防治** 减少虫源，油菜苗应远离菜地和桃园，以减少有翅蚜迁入量。

（2）**物理防治** 利用银灰膜避蚜，苗床四周铺银灰色薄膜，苗床上方挂银灰色膜条，避蚜效果好。

（3）**化学防治** 每亩用50％抗蚜威可湿性粉剂10～18g加水50kg喷雾，或70％灭蚜硫磷可湿性粉剂25～50g，或10％吡虫啉可湿性粉剂10～20g。

（二）菜粉蝶

菜粉蝶属鳞翅目，粉蝶科。其幼虫称菜青虫，以幼虫食叶成孔洞、缺刻，甚至将全叶吃光，仅留叶脉，同时排出粪便污染菜叶，从而造成减产和影响质量。此外，幼虫为害造成伤口，有利软腐病菌的侵入，常引起细菌性软腐病的发生。

1. 识别要点

成虫体长15～20mm，翅展45～55mm，翅面和脉纹均粉白色。雌虫前翅基部灰黑色，翅顶角有一个三角形黑斑，下方有两个黑色圆斑，后翅前缘有一黑斑，展翅后3个圆斑在一直线上；雄虫前翅顶角黑斑较小，黑圆斑也较淡。卵瓶形，长约1mm，初为淡黄色，后变橙黄色，上有纵横脊起，形成长方形小格。老熟幼虫体长28～35mm。蛹体长18～21mm，纺锤形，背上有3个棱角状突起。

2. 发生规律

菜粉蝶以蛹在菜地附近屋墙、篱笆、树皮裂缝及落叶等处越冬。成虫喜在晴朗的白天飞翔，取食花蜜。成虫有趋向十字花科产卵的习性，卵散产，每雌一般可产卵100～200粒。低龄幼虫啃食叶肉及下表皮，留下上表皮，3龄后咬成缺刻和孔洞。菜粉蝶的发生受气候、食料及天敌等综合影响。菜粉蝶幼虫发育的适宜温度为16～31℃，相对湿度为68％～80％，故夏季高温不利幼虫生存。

3. 防治策略

（1）**农业防治** 清洁田园。十字花科蔬菜收获后，及时清除残株、枯叶和杂草，消灭幼虫和蛹以减少虫源。

（2）**生物防治** 菜粉蝶天敌大量发生时，尽量少用药剂以免杀伤天敌。可用每克含活芽孢80～100亿的Bt乳剂100mL加水50kg喷雾。

（3）**化学防治** 应掌握在2、3龄幼虫高峰期施药。每亩用10％氯氰菊酯乳油10mL，或2.5％氟氯氰菊酯乳油15～25mL，或5％、1.8％阿维菌素乳油10～20mL，加水50kg喷雾。

（三）甘蓝夜蛾

以为害甘蓝、白菜为主。初孵幼虫取食寄主叶肉，残留表皮，3龄后将叶片吃成缺刻或孔洞，4龄后则分散为害，严重时可将叶片吃光，仅留叶脉。蛀食叶球时，排泄大量粪便，使叶球因污染而引起腐烂，致使品质变劣，减产严重。

1. 识别要点

成虫体棕褐色，复眼黑紫色，前翅有明显的肾形纹和环状纹。外、内横线和亚基线为黑色。环状纹下内方有1个圆而大的楔状纹，近翅顶角前缘有3个小白点。后翅灰白色。卵半球形，淡黄色，顶部有1个棕色乳突。老熟幼虫头部黄褐色，具不规则的褐色花斑。胸、腹部背面暗褐色，散布有灰黄色细点，腹面淡黄褐色。蛹深褐色，有臀棘2根，其末端球状。

2. 发生规律

甘蓝夜蛾以蛹在寄主根部附近土内越冬，有明显的滞育性。翌年5月出现成虫，成虫昼伏夜出，对黑光灯和糖醋液趋性较强。卵成块产于叶背面。初孵幼虫群集卵块附近取食，2～3龄分散，4龄食量大增，5～6龄为暴食期。幼虫发育适温为20～24.5℃。食料缺乏时，能成群迁移为害。

3. 防治策略

（1）**农业防治**　适时秋耕或冬耕，减少虫源。做好预测预报，及时摘除卵块。

（2）**物理防治**　黑光灯诱杀成虫，捕杀幼虫。

（3）**生物防治**　抓住卵期释放赤眼蜂，每亩6～8个点，每次放2000～3000头，5天放1次，连放2～3次。

（4）**化学防治**　在2～3龄幼虫盛期喷药，用2.5%高效氯氟氰乳油4000倍液，或40%氰戊菊酯乳油6000倍液，隔7～10天喷1次，连喷2～3次。

二、十字花科主要病害防治

（一）大白菜软腐病

1. 症状识别

软腐病是大白菜产区重要而常发的病害，自开盘期至包心以后均可发病，造成菜株腐烂。其总的症状特点是腐烂、发臭，但因感染部位和气候条件而有不同表现。先在根及茎基部感染，再向地上部发展。表现为白天外叶首先萎蔫塌地，早晚恢复；之后萎蔫叶片数向内增加，几日后即不再恢复，此时颈部腐烂，极易被拔脱，且有恶臭味，若发生于包心期，则外叶萎蔫摊地，菜球碰之即倒；包心期还有表现为菜球内部腐烂而外部尚完好的病株，但手轻按菜球即有内部腐烂发软之感。个别或部分外叶叶柄基部首先感染时，个别外叶首先萎蔫，叶柄上常明显可见水渍状淡褐色条块状软腐斑，后常发展为植株半边受害腐烂。包心后期也有菜球外面少数包叶先被感染的，感染后在高湿、多雨水情况下可继续向内部发展腐烂；若感染后天气晴燥、湿度低，则仅少数几层包叶腐烂并失水，内部菜球尚好。

2. 病原特征

大白菜软腐病由病原细菌的胡萝卜软腐欧氏杆菌侵染所致。病菌菌体短杆状，周生2～8根鞭毛，革兰氏染色阴性，无荚膜，也不产生芽孢，兼性好氧。病菌生长最适温度25～30℃，致死温度为50℃，不耐干燥和日晒。

3. 发生规律

大白菜软腐病菌随病残体在土壤或堆肥中越冬，或在田间病株、窖藏种株和害虫体内越冬。田间靠昆虫、雨水及灌溉水传播，由外叶基部伤口或根基部伤口侵入菜株，从春到秋在多种蔬菜上为害。秋季侵染大白菜，有多次再侵染。

4. 防治策略

（1）**农业防治** 选用抗病品种。深耕晒田，高垄种植，适期播种，发现病株要及时拔除并带出菜田，再用生石灰对病穴消毒，菜株根茎基部撒施草木灰，采用小水勤灌，切忌大水漫灌。

（2）**化学防治** 发病初期用70%敌磺钠800倍液，或农用链霉素、新植霉素200ppm（1ppm＝10^{-6}）灌根，或用3%中生菌素600倍液喷雾。

（二）甘蓝菌核病

甘蓝菌核病又称菌核性软腐病，还可为害其他十字花科蔬菜及莴苣、胡萝卜、芹菜、黄瓜、辣椒、番茄、茄了、马铃薯、蚕豆等非十字花科作物。

1. 症状识别

甘蓝整个生育期均可发生，以菜株生长后期发生较多。病苗近地面茎部出现水渍状病斑，很快软腐或引起猝倒。包心期发病，甘蓝外叶菜帮和茎基部产生水渍状凹陷病斑。病斑初为淡褐色，后呈褐色或灰白色，病部腐烂。采种株发病则更为普遍而且严重，病株根茎基部、叶柄产生黄褐色病斑，后变为灰白色，最后病部全部腐烂，但没有恶臭味。种荚不能正常结籽或结籽不实。潮湿条件下腐烂的病部长出白色绒毛和黑褐色的菌核，大的如鼠粪，小的如菜籽粒。

2. 病原特征

甘蓝菌核病由子囊菌亚门真菌的核盘菌侵染所致。病菌形成黑褐色近球形或鼠粪状菌核，直径1～10mm，菌核萌发产生盘状棕色子囊盘，具细长而弯曲的子囊盘柄。子囊棍棒状，无色，有柄，内生8个子囊孢子，子囊孢子单胞、无色、椭圆形，在子囊内排成一列。

3. 发生规律

病菌以菌核在土壤或混杂于种子和病残体中越夏和越冬。春季气温上升，菌核萌发产生子囊盘，释放大量子囊孢子。子囊孢子借气流传播侵染寄主。早春和秋后多雨有利于菌核病发生。连作地、低洼地发病往往较重。

4. 防治策略

（1）**农业防治**　选用无病种子，实行 2～3 年轮作，最好是水旱轮作。合理施肥，避免偏施氮肥，及时追肥。雨后及时开沟排水，使土壤保持适度干燥。发现病株及时拔除、深埋。

（2）**化学防治**　发病初期及时喷药保护，重点喷洒茎基部、老叶和地面。可选用50％腐霉利可湿性粉剂 2000 倍液，或 40％菌核净可湿性粉剂 800～1000 倍液，或 50％硫菌灵可湿性粉剂 500～800 倍液，每 7～10 天喷 1 次，连喷 2～3 次。

✖ **任务实训**　十字花科蔬菜常见害虫识别与防治

一、实训目的

了解当地十字花科蔬菜常见害虫种类及为害情况，识别十字花科蔬菜常见害虫的形态特征及为害特点，拟定十字花科蔬菜主要害虫的防治方案并能实施防治。

二、实训准备

校内外实训基地，农户菜田，十字花科蔬菜害虫的浸渍标本、针插标本、生活史标本及为害状标本，多媒体教学设备，照片、挂图、光盘及多媒体课件，图书资料和蔬菜害虫检索表，体视显微镜、放大镜、挑针、镊子、载玻片及培养皿，常用杀虫剂及施药设备等。

三、实训操作与要求

1. 十字花科蔬菜常见害虫形态及为害状观察

观察十字花科蔬菜常见蚜虫、甘蓝夜蛾、菜粉蝶等害虫各虫态的形态特征、寄主植物及为害特点，注意不同害虫为害状的区别。

2. 十字花科蔬菜主要害虫防治

① 调查当地十字花科蔬菜主要害虫发生为害情况、主要防治措施和成功经验。

② 选择 2～3 种十字花科蔬菜主要害虫，提出符合当地生产实际的防治方法。

③ 选择 1～2 种杀虫剂，按使用说明正确配制，采用药剂灌根、喷雾等方法防治蔬菜主要害虫，调查防治效果。

④ 调查当地蔬菜害虫的发生种类及防治技术措施，提出改进意见。

四、实训考核

① 描述十字花科蔬菜常见害虫的典型形态特征及为害状。

② 绘制常见十字花科蔬菜害虫形态特征图。

③ 针对当地十字花科蔬菜防治中存在的问题提出建议。

技能拓展　黄板诱杀使用技术

(1) **悬挂高度**　黄板悬挂高度以超过作物生长点 10～20cm 为最佳，并随着作物的生长调节悬挂高度。

(2) **悬挂时间**　防治蚜虫、黄曲条跳甲悬挂时间一般在 4 月初，防治粉虱悬挂时间一般在 5 月初。蔬菜出苗及移栽后视害虫发生情况悬挂黄板，时间越早越好，整个蔬菜生产期坚持使用，效果更佳。

(3) **悬挂密度**　黄板规格为 20cm×30cm，每亩用量 30 张。

(4) **悬挂方法**　用塑料绳或铁丝一端固定在棚架上，另一端拴在黄板上的预留孔。

(5) **悬挂方式**　采用"Z"形分布或与行向平行分布，另据试验，东西朝向放置的黄板诱虫效果优于南北朝向。

(6) **错误操作**　①黄板的悬挂高度不正确。悬挂高度应略高于作物顶端，一般高出 10～20cm，并随作物生长而调整高度。不能为了节约人工而不调整悬挂高度，这会使黄板的作用大大降低。②使用时期不正确。应从作物苗期或定植期就开始悬挂黄板。有些菜农认为等苗长大些再用，可以节省黄板的费用。其实这往往给害虫提供了繁殖的时间，使棚室内害虫逐渐增多，不利于蔬菜生长。③悬挂方位不正确。应该在棚室中部位置悬挂，使黄板的诱杀作用均匀覆盖整个棚室。有些菜农为了操作方便常常把黄板悬挂到棚室两侧贴近棚膜的部位，距离棚室中部较远，不能对整个棚室的害虫起到诱杀的作用。④不与防虫网一起使用。黄板诱杀应与防虫网一起使用，可以使棚室内蚜虫、斑潜蝇、粉虱等害虫数量降到最低值。但有些农户为了减少投入不使用防虫网，或者使用窗纱，使外界害虫可以自如进入，虽然看到黄板上粘有大量的害虫，但棚室内的害虫并不见少。

任务五

茄科主要病虫害防治技术

任务目标

知识目标：　① 掌握辣椒疫病、番茄脐腐病的形态特征和发生规律。
　　　　　　② 掌握番茄病毒病病原特征并能识别症状。

能力目标：　① 掌握茄子黄萎病的防治策略。
　　　　　　② 掌握斜纹夜蛾的防治策略。

素质目标：　① 培养学生能吃苦、爱劳动的精神。
　　　　　　② 培养学生辩证思维，保护生态环境。
　　　　　　③ 培养学生用药安全意识。
　　　　　　④ 培养学生发现问题、分析问题和解决问题的能力。

🔲 基础知识

一、茄科主要虫害防治

(一) 斜纹夜蛾

斜纹夜蛾是一种杂食性和暴食性害虫，在蔬菜中主要为害十字花科、茄科及水生蔬菜。其以幼虫取食叶片、花蕾、花及果实，严重时可将植株吃成光秆；蛀食结球的甘蓝、白菜心叶，造成腐烂和污染，使其失去食用价值。

1. 识别要点

成虫体长 14～20mm，头、胸和腹部均深褐色。前翅灰褐色，内、外横线灰白色，波浪形，其间有白色线条，由前缘向后缘外方有 3 条白色斜纹。后翅白色。前后翅上均有紫红色闪光。卵扁半球形，初产时黄白色，后变为淡绿色。老熟幼虫体长 35～47mm，头黑褐色，胸腹部常为土黄色、青黄色、灰褐色或暗绿色。从中胸到第 9 腹节在亚背线内侧有近似三角形的黑斑 1 对。腹足趾钩单序。蛹赭红色，臀棘短，有 1 对弯曲的刺。

2. 发生规律

此虫无滞育现象。羽化后 3～5 天为产卵盛期。卵成块多产在高大茂密的植株中部叶背面的叶脉分叉处。产卵历期随温度高低而异。初孵幼虫群集为害，2 龄后分散，3 龄前仅取食叶肉，呈白色纱孔状斑块，后变为黄色。4 龄后畏光，为暴食期。幼虫老熟后入土作茧化蛹。此虫为喜温性害虫，发育适温为 29～30℃，7～10 月在河南为害严重。

3. 防治策略

(1) **农业防治** 摘除卵块，利用成虫成块产卵习性，在产卵盛期及时摘除卵块，可减少田间幼虫密度。

(2) **物理防治** 诱杀成虫，利用黑光灯和半枯的杨柳枝把或胡萝卜、红薯、豆饼等发酵液诱杀成虫。

(3) **化学防治** 在幼虫 3 龄前点片发生时施药。可用 50％氰戊菊酯乳油 4000 倍液，或 2.5％高效氯氟氰乳油 5000 倍液，或 2.5％灭幼脲胶悬剂 1000 倍液喷雾。每 3～5 天检查 1 次，进行点片挑治。4 龄后幼虫抗药力强，应隔 7～10 天喷 1 次药，并交替用药，傍晚或阴天施药防治效果较好。

(二) 茄二十八星瓢虫

茄二十八星瓢虫又名酸浆瓢虫，是茄科蔬菜的主要害虫，主要为害茄子、番茄和马铃薯等茄科作物。以成虫和幼虫在叶背面剥食叶肉，形成许多不规则的半透明细凹纹，后变褐枯萎，亦可将叶吃成孔洞或仅留叶脉。严重时造成整株死亡。被害果常开裂，内部组织僵硬且有苦味，严重影响果实的产量和品质。

1. 识别要点

成虫体长约 6mm，半球形，黄褐色。多数前胸背板有 6 个黑斑，有时中间 4 个黑斑连成 1 个横长的大黑斑。两鞘翅上各有 14 个黑斑，两鞘翅合缝处黑斑不相连，翅基部 3 个黑斑后方的 4 个黑斑几乎在一条线上。卵弹头形，初产时黄白色，后变褐色。幼虫体长约 7mm，淡黄色至白色，纺锤形，体各节背面有多数白色枝刺，其基部有黑褐色环纹。蛹椭圆形，黄白色，尾端有幼虫的皮壳。

2. 发生规律

成虫在背风向阳的树皮、土缝及秸秆、杂草内越冬。翌年春季成虫出蛰活动，成虫以散居为主。越冬代成虫产卵期长，故有世代重叠现象。成虫多产卵于寄主中上部叶背面，呈块状排列。成虫有假死性和自残性，并分泌黄色黏液，幼虫扩散能力差，4 龄为暴食期。在温度 25～30℃、相对湿度 75％～85％条件下，最适宜各虫态生长发育，是幼虫为害盛期。特别在幼虫暴食期，茄科蔬菜受害更重，应隔 7～10 天喷药 1 次，共喷 2～3 次。

3. 防治策略

（1）农业防治　及时处理田间残株、杂草，消灭越冬虫源。在成虫产卵盛期摘除卵块，并利用成虫的假死性震落捕杀，可减少虫口密度。

（2）化学防治　在幼虫孵化盛期到 2 龄期，即分散为害之前施药。用 2.5％高效氯氟氰菊乳油 4000 倍液喷雾，隔 7～10 天喷 1 次，共喷 2～3 次。

二、茄科主要病害防治

（一）辣椒疫病

1. 症状识别

苗期至成株期均可受害。苗期发病，幼苗茎基部呈水渍状暗褐色，不久即枯萎死亡。成株期叶片受害，初生水渍状近圆形淡绿色斑点，后迅速扩大，使叶片软腐脱落，干燥时病斑呈褐色不规则状。果实上病斑初为暗绿色水渍状，后变褐软腐，潮湿时病部生稀疏的白色霉层，病果干缩后呈僵果残留于枝上。茎秆受害，病斑呈暗褐色条状或不规则状，若绕茎一周，病部以上枝叶凋萎死亡。此病是为害辣椒的一种毁灭性病害。

2. 病原特征

辣椒疫病病菌属鞭毛菌亚门真菌的辣椒疫霉菌。病部的霉层为其菌丝体、孢囊梗和孢子囊。菌丝无色无隔。孢囊梗无色丝状。孢子囊顶生，卵圆形，无色，顶有乳突。厚垣孢子单胞，浅黄色。卵孢子黄色、球形、厚壁。

3. 发病规律

辣椒疫病病菌主要以卵孢子及厚垣孢子随病残体在土壤中越冬，条件适宜时，病菌借雨水或灌溉水传播，田间有多次再侵染。当温度达 25～30℃、相对湿度 85％以上、土壤湿度过大时，病害易流行。多雨或大雨后天气骤晴、重茬连作、保护地通风透气不良等均有利于发病。

4. 防治策略

(1) 农业防治 选用抗病品种如'墨西哥辣椒''新丰2号'等。施足有机底肥，高垄栽培，合理密植。控制灌水，雨后及时排水，保护地及时通风排湿。及时摘除病果和拔除病株，携出田外深埋。

(2) 化学防治 床土用未种过蔬菜的新土或用土壤消毒散消毒，每平方米用6g土壤消毒散加15kg细干土拌匀。发病初期用58%甲霜灵锰锌600倍液，或50%克霉灵600倍液喷施，交替使用，隔5～7天喷1次，连喷2～3次。

（二）番茄脐腐病

1. 症状识别

发生在果实顶端，幼果较易受害。发病初期，果实脐部出现暗绿色水渍状斑点，后病斑逐渐扩大，达1～2cm。除病斑部分外，果实其他部分可继续增大，并提早转红，最后病斑变为褐色或黑色，稍内陷，因而病果底部扁平。病部皮质柔韧而不腐烂，潮湿天气病部有腐生菌寄生时，病斑上可长出各色霉层。

2. 病原特征

番茄脐腐病是一种生理性病害。

3. 发生规律

番茄脐腐病为非侵染性病害，造成脐腐的主要原因是水分供应失调，多是由前期水分供应充足，植株生长旺盛，而结果期水分缺乏造成的。因为正常运送到果实中的水分不足，果实大量失水使脐部果肉组织坏死，引起脐腐。幼果较易发生。在土壤过于黏重、盐分过多、天气干燥和有干热风造成棚内蒸发过大等情况下容易发病。土壤中可吸收的钙质不足，或植株吸收钙的能力下降，使果实细胞生理代谢紊乱，失去控水能力，也可造成脐腐病。

4. 防治策略

(1) 农业防治 选用抗病品种，果形较长或果皮光滑的品种较抗脐腐病。土壤深耕细耙，增施腐熟厩肥，及时中耕培土，促进根系生长。地膜覆盖栽培，既可提高地温，促进根系生长，又可保持土壤水分的相对稳定，减少土壤中钙质营养向地表积聚。

(2) 化学防治 适时灌水和根外施肥，定植前期，以适当控水为主，既可促进根系生长，又有利于减轻病害。根据土壤水分情况和番茄生长发育情况浇好促果水，并保证结果期有充分的水分供应。浇水选晴天上午和傍晚进行。着果后30天是番茄吸收钙质的关键时期，此间要保证钙的供应。可用1%过磷酸钙、0.1%硝酸钙或0.1%氯化钙叶面喷雾施肥。

（三）番茄病毒病

病毒病是大棚秋延后番茄生产的重要病害。由于这茬番茄幼苗期处在7～8月份的高温时节，气候干燥且日照强烈。同时，田间蚜虫量大且露地番茄等作物病毒病猖獗，因此若管理不当，严重时棚室发病率可达 $70\%\sim80\%$，导致减产 50% 以上，成为秋棚番茄生产的限制因子。棚室春番茄病毒病发生相对较轻。

1. 症状识别

番茄病毒病有多种不同的症状表现，最常见的有以下 3 种。

（1）**花叶型**　多发生在顶部嫩叶上，老叶上症状较轻。叶片上呈现浓淡不均、绿黄相间的斑驳，叶片凹凸不平，严重时叶面卷曲皱缩，明脉或叶脉呈紫色。落花落果，果实小而质劣，表面花脸状。

（2）**蕨叶型**　顶部幼叶细长，不易展开，严重时螺旋状下卷。新生叶狭小，厚而硬，叶脉紫色，有的形同黄瓜卷须，下部叶卷曲呈筒状。复叶节间缩短，丛枝状。花冠加厚成巨型花。植株矮化，病果畸形，果心呈褐色。

（3）**条纹坏死型**　叶片上病斑呈深褐色斑点或云纹状斑块，叶片卷曲枯脆，叶背面叶脉枯褐色。病斑向叶柄扩展，渐及茎秆部，呈枯褐色条纹。病斑坏死，表面稍凹陷。青果受害，表面产生不规则油渍状褐色斑块，病果表面凹凸不平，变硬而畸形。

2. 病原特征

由多种病毒侵染所致。主要的病毒有烟草花叶病毒（TMV）和黄瓜花叶病毒（CMV）。

3. 发生规律

病毒病的发生和气候条件关系密切，高温干旱天气易于发生和流行。棚室周围多年生杂草是 CMV 的越冬宿主，蚜虫是 CMV 的主要传毒介体。棚室周围杂草多，棚室内蚜虫较重，春棚病毒病也可加重。一般在雨季到来前，气温持续高于 $25℃$ 时，病毒病症状逐渐减轻。秋延后番茄病毒病比春大棚严重得多，主要症状为蕨叶和条纹病。定植后，8月中旬病害加重，9 月初严重发生。另外，棚室昼夜温差小，播期早，定植时苗龄大，传统的育苗移栽，均可加重病毒病的为害。地势低洼、排水不良、通风不畅、施用未腐熟的有机肥均可加重病毒病。

4. 防治策略

（1）**农业防治**　选用抗耐病品种，加强栽培管理。

（2）**化学防治**　种子消毒，种子先用冷水浸 5h，再用 10％磷酸三钠溶液浸 20min，清水淘洗干净；或将种子在 70℃干热条件下处理 2～3 天，再进行催芽或直播。

（四）**茄子黄萎病**

1. 症状识别

茄子黄萎病又称半边疯、黑心病、凋萎病，是为害茄子的重要病害。茄子苗期即可染病，田间多在坐果后表现症状。茄子受害，一般自下向上发展。初期叶缘及叶脉间出现褪绿斑，病株初在晴天中午呈萎蔫状，早晚尚能恢复，经一段时间后不再恢复，叶缘上卷变褐脱落，病株逐渐枯死，叶片大量脱落呈光秆。剖视病茎，维管束变褐。有时植株半边发病，呈半边黄。此病对茄子生产为害极大，发病严重年份绝收。

2. 病原特征

茄子黄萎病病菌为半知菌亚门真菌的大丽轮枝菌。病菌分生孢子梗直立，细长，上有数层轮状排列的小梗，梗顶生椭圆形、单胞、无色的分生孢子。厚垣孢子褐色，卵圆形。可形成许多黑色微菌核。

3. 发病规律

茄子黄萎病病菌以菌丝体、厚垣孢子和微菌核随病残体在土壤中越冬，可存活 6～7 年，可随耕作栽培活动及调种传播蔓延。病菌从根部伤口或根尖直接侵入，进入导管内向上扩展至全株，引致系统发病。发病适温为 19～24℃。降水多、温度低于 15℃ 且持续时间长，或久旱后灌水不当导致地温下降、田间湿度大，或连作重茬导致病害严重发生。

4. 防治策略

（1）**农业防治**　选用抗病品种。实行轮作 3～4 年。无病土育苗。施足腐熟有机底肥，增施磷钾肥。发现病株及时拔除。收获后彻底清除田间病残体烧毁。

（2）**化学防治**　苗期用 50% 多菌灵可湿性粉剂 500 倍液加 96% 硫酸铜 1000 倍液灌根后带药移栽，或定植时用 50% 多菌灵药土穴施，亩用 1kg 药加 40～60kg 细干土拌匀。

✳ 任务实训　茄科蔬菜常见害虫识别与防治

一、目的要求

了解当地茄科蔬菜常见害虫斜纹夜蛾种类及为害情况，识别茄科蔬菜常见害虫的形态特征及为害特点，拟定茄科蔬菜主要害虫的防治方案并能实施防治。

二、实训准备

校内外实训基地，农户菜田，茄科蔬菜害虫的浸渍标本、针插标本、生活史标本及为害状标本，多媒体教学设备，照片、挂图、光盘及多媒体课件，图书资料或茄科蔬菜害虫检索表，体视显微镜、放大镜、挑针、镊子、载玻片及培养皿，常用杀虫剂及施药设备等。

三、实训操作要求

1. 茄科蔬菜常见害虫形态及为害状观察

观察茄科蔬菜常见害虫斜纹夜蛾各虫态的形态特征、寄主植物及为害特点，注意不同害虫为害状的区别。

2. 茄科蔬菜主要害虫防治

① 调查当地茄科蔬菜主要害虫发生为害情况、主要防治措施和成功经验。

② 选择 2～3 种茄科蔬菜主要害虫，提出符合当地生产实际的防治方法。

③ 选择 1～2 种杀虫剂，按使用说明正确配制，采用药剂灌根、喷雾等方法防治茄科蔬菜主要害虫，调查防治效果。

④ 选择 2 块保护地，一块覆盖防虫网阻隔，防治害虫，另一块不用防虫网，比较两

块地害虫的发生情况。

四、实训考核

① 描述斜纹夜蛾的典型形态特征。

② 描述斜纹夜蛾在叶片上的为害状。

③ 绘制常见蔬菜害虫斜纹夜蛾形态特征图。

知识拓展　植保专家王鸣岐

　　1934 年，植保专家王鸣岐，首次发现了粟黑粉菌的异宗配合，并在人工培养基上完成其生活史。另外，他还发现该菌生活力极强，在室内保存 62 年的菌孢子，还有 1‰ 的发芽率。1937 王鸣岐开展了枣疯病的防治研究。他通过病株和健株嫁接试验，发现枣疯病原体可以通过嫁接传播病毒，因此提出砍除病株，以保护健株的建议，在生产上起到了良好的效果。1944 年，王鸣岐多次调查关中植物病害情况，整理出《陕西关中植物病害名录》，对当地农业发展起到了推动作用。1947 年河南小麦黑穗病流行，王鸣岐结合粟黑粉菌的研究成果，提倡推广药粉拌种方法进行防治，取得了很好的效果，受到联合国善后救济总署中国河南分署的表彰。1954 年，王鸣岐通过室内外大量实验资料分析，查明稻谷含水量与稻谷安全贮藏有密切关系，并制定出稻谷安全贮藏水分含量指标为 13.5‰ 以下。这一研究成果 30 多年来一直在国内使用。1964 年王鸣岐所带领的稻麦玉米矮缩病防治研究协作组，在国内首次鉴定出矮缩病原体为水稻黑条矮缩病毒，小麦、玉米都是该病毒的寄主，由此，王鸣岐提出了治虫防病的措施。1965 年在全国稻麦玉米病毒病防治学术讨论会上，王鸣岐绘制的一套供推广应用的《粮食作物病毒病防治》彩色挂图，对推动中国稻麦玉米病毒病的研究和防治工作起到了积极的作用。植保专家王鸣岐为中国植物保护事业跻身于世界科学之林作出了重要贡献。

任务六

葫芦科主要病虫害防治技术

任务目标

知识目标：　① 掌握黄瓜霜霉病、黄瓜细菌性角斑病的形态特征和发生规律。

　　　　　② 掌握温室白粉虱、蔬菜潜叶蝇特征和发生规律。

能力目标：　① 掌握黄瓜霜霉病、黄瓜细菌性角斑病的防治策略。

　　　　　② 掌握温室白粉虱、蔬菜潜叶蝇防治策略。

素质目标：　① 培养学生能吃苦、爱劳动的精神。

　　　　　② 培养学生辩证思维，保护生态环境。

　　　　　③ 培养学生用药安全意识。

　　　　　④ 培养学生发现问题、分析问题和解决问题的能力。

🔖 基础知识

一、葫芦科主要虫害防治

(一) 温室白粉虱

温室白粉虱属同翅目，粉虱科。成、若虫群集叶片背面吸食汁液，分泌蜜露诱发煤污病。被害叶片褪绿、变黄，植株长势衰弱，甚至全株萎蔫、死亡。还可传播某些病毒病。一般可使蔬菜减产10%～30%，个别严重发生的棚室甚至绝产。

1. 识别要点

成虫：雌成虫体长1～1.5mm，雄虫略小。虫体和翅覆盖白色蜡粉。触角较短，末端有1刚毛。喙呈粗针状，刺吸式口器。足基节膨大粗短，跗节2节，其端均具2爪。前后翅的翅脉简单。卵：长0.22～0.26mm，椭圆形，基部有卵柄。从叶背气孔中插入叶片。初产卵淡黄绿色，微覆蜡粉，孵化前变成黑色。若虫：扁平，圆形，淡黄或黄绿色。初期身体扁平，逐渐加厚呈匣状。体背有长短不齐的蜡丝，体侧有刺。

白粉虱以两性生殖为主，其后代两性比通常接近1∶1，也可营孤雌生殖，其后代发育为雄虫。卵多散产在叶背，有时排列成弧形。随着寄主植物的生长，各虫态在植株上的垂直分布常有明显的规律性，即新产的绿卵集中在上部叶片，稍靠下的叶片上是黑卵，再往下依次为初龄若虫、老龄若虫和新羽化的成虫。

2. 发生规律

在加温温室和露地蔬菜生产条件下，白粉虱每年发生6～11代，世代重叠现象严重。白粉虱主要在加温温室蔬菜和花卉上继续繁殖为害，无滞育或休眠现象。翌春和初夏由苗房移栽的菜苗传带，以及成虫飞出温室成为塑料棚和露地蔬菜的虫源。露地蔬菜白粉虱于春末夏初数量上升，仅在夏季高温多雨及天敌的抑制下虫口有所下降，秋季迅速上升达到高峰。在秋大棚适宜寄主上为害较重。由于白粉虱世代多、发育速度快、存活率高、生育力较强，在温室、塑料棚温暖及蔬菜集约栽培的环境条件下，天敌和病原微生物抑制作用微弱，而使种群数量呈指数增长的趋势。平均温度为18.9℃时，在温室黄瓜上完成一代为30天，存活率高达86%。每雌虫产卵124～324粒，经一代数量可增长64～146倍。

3. 防治策略

(1) 农业防治 ①温室和塑料棚秋冬茬栽植白粉虱不喜食的芹菜、油菜、韭菜等耐低温蔬菜，可免受其害并节省能源，基本能切断白粉虱的生活史。②在白粉虱发生的情况下，温室、塑料棚应避免果菜类先后混栽。③培育"无虫苗"，是防治白粉虱的关键性措施。冬春季育苗房应与生产温室分开，育苗前要清除残株杂草、熏杀残余成虫，培育"无虫苗"，再定植到清洁的温室和塑料棚中。④结合整枝打杈，摘除带虫老叶携出田外处理。

(2) 生物防治 当番茄上白粉虱成虫在0.5～1头/株时，释放丽蚜小蜂3～5头/株，每隔10天左右放1次，共放蜂3～4次，白粉虱若虫寄生率可达75%以上，控制效果良好。如放蜂前虫量稍高，可先喷 25％噻嗪酮可湿性粉剂 1500 倍液或 25％灭螨猛 1000 倍液，压低虫口后放蜂。

（3）**物理防治**　在白粉虱发生初期，将黄板置于保护地内，高出植株，诱杀成虫。

（4）**化学防治**　喷雾法，在白粉虱低密度时早期喷施。当黄瓜上成虫密度在 2.7 头/株以下时，用 25％噻嗪酮可湿性粉剂 2000 倍液，成虫 5～10 头/株时用 1000 倍液；如虫量更多应在 1000 倍液中加少量拟除虫菊酯类杀虫剂混用。一般喷雾 1～2 次可有效控制白粉虱为害。还可选用 50％稻丰散乳油 1000 倍液，2.5％联苯菊酯乳油 2000 倍液，25％灭螨猛可湿性粉剂 1500～2000 倍液。在历年白粉虱发生较轻地区，可选用 2.5％高效氯氟氰菊酯乳油或 20％甲氰菊酯乳油 2000～3000 倍液。

（二）蔬菜潜叶蝇

蔬菜潜叶蝇又名豌豆潜叶蝇。分布普遍，为害严重。寄主复杂，主要为害黄瓜、甜瓜、丝瓜等葫芦科作物。以幼虫潜入寄主叶片表皮下取食，曲折穿行，造成不规则的灰白色线状隧道。严重时，叶片几乎全部受害，枯萎而死。

1. 识别要点

成虫体小，暗灰色，疏生黑色刚毛。复眼椭圆形，红褐色。触角 3 节，黑色，第 3 节近圆形。中胸灰黑色，有 4 对粗背鬃，小盾片三角形，后缘有 4 根小盾鬃，列成半环形。翅 1 对，半透明，白色，有紫色闪光。平衡棒淡黄色。雌虫体肥大，产卵器黑色。雄虫体较小，有 1 对明显的抱握器。卵长椭圆形，灰白色。幼虫长圆形，乳白色到黄色，半透明，前气门有 6～10 个开口，后气门有 6～9 个开口，均排成不整齐的双行。蛹为围蛹，卵圆形略扁。

2. 发生规律

潜叶蝇为多发性害虫，在华北地区 1 年发生 5 代，以蛹在被害叶片内越冬。来年 3～4 月成虫大量发生，4～5 月份是幼虫为害盛期。成虫白天活动，善飞和爬行。卵产于嫩叶背面边缘，幼虫孵出后即由叶缘向内取食，造成隧道。幼虫历期 5～15 天。老熟幼虫在隧道末端化蛹，蛹处有孔与外界相通。温度对此虫影响大，成虫适温为 16～18℃，幼虫适温为 20℃左右。植株高大茂密地块受害较重。

3. 防治策略

（1）**农业防治**　及时清除并烧毁残株、落叶，减少虫源。

（2）**物理防治**　用糖醋液诱杀成虫。

（3）**化学防治**　幼虫期可用 20％氰戊菊酯乳剂 2000 倍液喷雾，效果好。

二、葫芦科主要病害防治

（一）黄瓜霜霉病

1. 症状识别

黄瓜霜霉病又叫跑马干、黑毛等，是为害黄瓜的重要病害之一。该病发生普遍又严重，一般病田减产 2～3 成，重者减产 5 成以上，甚至绝收。该病主要为害叶片，卷须、蔓和花梗也可受害。初在叶片背面形成水渍状小点，以后病斑逐渐扩大，因受叶脉限制，呈多角形、水渍状。潮湿时，病斑上生紫黑色霉层。叶正面病斑初黄色，边缘不明显，后变黄褐色。严重时病斑连片，全叶卷缩、干枯，仅留心叶。

2. 病原特征

黄瓜霜霉病菌为鞭毛菌亚门真菌的古巴假霜霉菌。病斑上的紫黑色霉层为病原菌的孢囊梗和孢子囊。孢囊梗从气孔伸出，单生或束生，无色，无隔，梗顶端呈锐角分枝。分枝末端着生单胞、无色、卵形、顶端具乳突的孢子囊。

3. 发病规律

黄瓜霜霉病菌为专性寄生菌，在周年栽培黄瓜的地区，秋季病菌从露地随气流传到保护地黄瓜上为害。春季又从保护地传至露地黄瓜上，周而复始，年复一年。湿度是该病发生的决定因素。当在温度 $16\sim20℃$、相对湿度 85% 以上，尤以叶面有水滴或水膜时，病菌侵入最快。

4. 防治策略

（1）**农业防治** 选用抗病品种，密刺类品种不抗病，但具早熟、丰产之优点。施足底肥，施有机肥每亩 5000kg，浇透底水，培育无病壮苗。适时移栽，地膜覆盖，膜下浇暗水。定期追肥，及时摘除病叶于田外深埋。

（2）**物理防治** 保护地采用利于黄瓜生长发育而抑制病菌的环境条件，达到防治病害之目的。一是改变浇水时间，晴天的早晨或上午浇水，浇后闭棚升温至 33℃ 保持 1h 后放风，反复 $2\sim3$ 次。二是科学放风，严格控制湿度和温度。白天温度应保持在 $25\sim30℃$，高于 $31\sim32℃$ 时应放风，先开顶风，秋春季气温高时结合放腰风或后墙风。夜间温度 $11\sim13℃$，白天相对湿度 $75\%\sim80\%$，有利于黄瓜光合作用。夜间相对湿度 $80\%\sim85\%$，可减少养分消耗，抑制病菌侵入。

（3）**化学防治** 病叶初发现时，及时用 64% 噁霜灵可湿性粉剂 600 倍液，进行喷雾，隔 $6\sim8$ 天喷 1 次，连续喷 $3\sim4$ 次。保护地遇低温阴雨天气，可用 30% 百菌清烟剂 300g/亩熏蒸，隔 5 天再熏 1 次。

（二）黄瓜细菌性角斑病

1. 症状识别

黄瓜细菌性角斑病主要侵染叶片和瓜条，偶尔还可为害瓜蔓。幼苗期即可发病。子叶上病斑圆形或卵圆形水渍状凹陷，以后病斑变褐色干枯。真叶受害后，初生针头大小水渍状病斑，后因受叶脉限制而呈多角形，黄褐色。温室大棚内湿度大时，叶背面病部常可见到乳白色黏液即细菌菌脓，这种菌脓干燥后形成一层白色膜或白色粉末。病斑后期易开裂穿孔。这种病害还可为害茎、叶柄及瓜条，病斑也呈水渍状，近圆形。淡灰色，病斑中央常产生裂纹。潮湿时，瓜条上病部也产生菌脓。病斑可向瓜条内部扩展，沿维管束的果肉变色，一直延伸到种子。病瓜后期腐烂，有臭味。幼瓜受害后，常腐烂，早脱落。

2. 病原特征

本病由丁香假单胞菌黄瓜角斑病致病变种侵染引起。此菌可随病残体、种子越冬和传播。

3. 发病规律

病菌在种子上可存活 2 年，种子发芽时即侵入子叶，在子叶上产生病斑，并形成菌脓。通过昆虫及农事操作或工具进一步传播，病菌侵入途径包括气孔、水孔及皮孔等自然孔口。流行程度与温室大棚内的结露持续时间长短、空气湿度和温度关系极为密切。一般这种病原细菌发育适宜温度为 19.5～25℃，并要求有较高的空气湿度和水环境。因此，在低温高湿和棚室内结露时间长时则病害容易流行，种植过密、通风不良的棚室黄瓜发病重，重茬地、磷钾肥不足地块病情也常较重。

4. 防治策略

(1) 农业防治 减少菌源可以从以下几方面进行：①避免从疫区引种或从病株上采种。②种子消毒，可用 50℃ 恒温水浸种 20min，也可用 150 倍的福尔马林溶液浸种 30min，冲洗干净再催芽播种。③搞好温室和大棚内卫生，及时整摘病残叶片和病瓜，携出棚室外深埋。通风降湿，控制室内结露时间，抑制病害流行，原则是在气温允许条件下尽量放风，但又需尽量避免雨水冲溅。

(2) 化学防治 初发病时，即用 50% 琥珀酸铜可湿性粉剂 500 倍液，或 70% 百菌清可湿性粉剂 500～600 倍液，防效可达 90% 以上，还可兼治霜霉病、白粉病、枯萎病等多种病害。

(三) 黄瓜枯萎病

枯萎病又称萎蔫病。一般发病率达 10%～30%，是塑料大棚和温室黄瓜生产上发生最普遍、为害最严重的病害之一，并有继续加重的趋势，已成为影响黄瓜高产稳产的重要因素。它还能为害西瓜、甜瓜、节瓜和冬瓜等。

1. 症状识别

本病的典型症状是植株萎蔫，剖视病茎，维管束变为黄褐色。天气潮湿时，病部常长出白色或粉红色霉层（分生孢子）。黄瓜从幼苗到成株均可染病，而以结瓜期为盛。受害早时，幼苗未出土即腐烂，或茎基部变褐缢缩而猝倒。成株期发病，初期下部叶片褪绿，出现网状鲜黄色病状，最后全叶变黄，黄叶渐渐向上发展，直至全株枯死。有时植株叶片不变黄，初期中午萎蔫，早晚恢复，几天后整株枯死。检视病茎基部，茎皮多纵裂，常有树脂状胶质溢出，有时病部由地上第二、三节处形成一条褐色凹陷区向上发展，而根及根颈外表完好。

2. 病原特征

本病由真菌黄瓜尖镰孢侵染所致。病害发生和流行程度受下列诸因素影响：发病温度为 8～34℃，适温为 24～28℃；多年连作黄瓜，病情严重，老菜区比新菜区病重，固定棚比移动棚病重；酸性土壤病重，一般 pH4.5～6 的土壤适宜发病；土壤黏重、地势低洼、排水不良、耕作粗放、施用未经腐熟的带菌肥料等均有利于发病。

3. 发病规律

病菌主要以菌丝、厚垣孢子和菌核随同病残体留在土壤中越冬越夏，病菌生活力很强，在土壤中可存活5～6年。种子亦可带菌成为下一茬黄瓜发病的初侵染来源。田间发病主要通过雨水、灌水、种子、土壤、肥料和昆虫等传播，从根部伤口或根毛顶端细胞间侵入，先在寄主薄壁细胞间和胞内生长，然后进入维管束，在导管内发育，阻塞导管，影响水分运输，引起植株萎蔫。

4. 防治策略

（1）**农业防治** 合理轮作避免连作是防治枯萎病的重要措施，最好与非瓜类作物实行3～4年的轮作，苗床地亦应2～3年改换1次。以‘黑籽南瓜’为砧木，以津研系统品种黄瓜为接穗，可选用生长点直插法和斜插法，或靠接法等。嫁接苗不仅高抗枯萎病，还比较耐低温和白粉病及疫病等，因此，特别适合日光温室和其他保护地栽培，增产增收效果明显。定植嫁接苗时，埋土宜在接口以下，防止病菌从伤口侵入。加强肥水管理，应小水勤灌，避免大水漫灌。夏季高温时不要在中午灌水。增施腐熟有机肥，每亩5～7t，并增施磷钾肥，以促进根系生长发育，增强抗病力。

（2）**物理防治** 温汤浸种和营养钵育苗用55℃温水浸种10min，催芽播种。这种方法对新菜区防止种子远距离传播病害有重要作用。提倡用无病土及营养钵育苗，既可减少菌源，又可减少伤根。

（3）**化学防治** 发病初期可用50％多菌灵可湿性粉剂400～500倍液，或70％甲基硫菌灵可湿性粉剂800倍液灌根，每株灌药液250mL，每隔10天1次，连续2～3次。

任务实训 葫芦科蔬菜常见害虫识别与防治

一、目的要求

了解当地葫芦科蔬菜常见害虫种类及为害情况，识别葫芦科蔬菜常见害虫的形态特征及为害特点，拟定葫芦科蔬菜主要害虫的防治方案并能实施防治。

二、实训准备

校内外实训基地，农户菜田，葫芦科蔬菜害虫的浸渍标本、针插标本、生活史标本及为害状标本，多媒体教学设备，照片、挂图、光盘及多媒体课件，图书资料或葫芦科蔬菜害虫检索表，体视显微镜、放大镜、挑针、镊子、载玻片及培养皿，常用杀虫剂及施药设备等。

三、实训操作要求

1. 葫芦科蔬菜常见害虫形态及为害状观察

观察葫芦科蔬菜常见瓜蚜、温室白粉虱、美洲斑潜蝇、瓜亮蓟马、黄守瓜、瓜绢螟等害虫各虫态的形态特征、寄主植物及为害特点，注意不同害虫为害状的区别。

2. 葫芦科蔬菜主要害虫防治

① 调查当地葫芦科蔬菜主要害虫发生为害情况、主要防治措施和成功经验。

② 选择 2～3 种葫芦科蔬菜主要害虫，提出符合当地生产实际的防治方法。

③ 选择 1～2 种杀虫剂，按使用说明正确配制，采用药剂灌根、喷雾等方法防治葫芦科蔬菜主要害虫，调查防治效果。

④ 选择 2 块保护地，一块覆盖防虫网阻隔，防治美洲斑潜蝇、瓜蚜、温室白粉虱、瓜亮蓟马等害虫，另一块不用，比较两块地害虫的发生情况。

⑤ 调查当地葫芦科蔬菜害虫的发生种类及防治技术措施，提出改进意见。

四、实训考核

① 绘制常见葫芦科蔬菜害虫形态特征图。

② 美洲斑潜蝇和南美斑潜蝇的形态、为害状有何不同？

③ 针对当地葫芦科蔬菜防治中存在的问题提出建议。

项目测试

一、填空题

1. 苹果牡蛎蚧初孵若虫_____，椭圆形，0.33～0.4mm，白色至_____色，头与尾端，色浓，触角与足发达。固定后体背分泌出_____绵状蜡粉。

2. 黄瓜霜霉病菌为_____，是一种_____寄生真菌。

3. 草莓白粉病病菌以_____随病残体遗留在土表过冬。

4. 大白菜软腐病自开盘期至_____以后均可发病，造成菜株腐烂，流行年份可致绝收。

5. 菜粉蝶幼虫发育的适宜温度为_____℃，相对湿度为_____，故夏季高温不利幼虫生存。

二、判断题

1. 番茄脐腐病为侵染性病害，造成脐腐的主要原因是水分供应失调。（　　　）

2. 甘蓝夜蛾在辽宁 1 年发生 3 代。（　　　）

3. 草莓白粉病的症状是发病部位布满白粉，后期还可能散生黄褐色到黑色小粒点。（　　　）

4. 甘蓝夜蛾以蛹在寄主根部附近土内越冬，没有明显的滞育性。（　　　）

三、选择题

1. 甘蓝夜蛾在辽宁 1 年发生（　　　）代。

A. 1　　　　　　　B. 2　　　　　　　C. 3　　　　　　　D. 4

2. 甘蓝夜蛾以（　　　）在寄主根部附近土内越冬。

A. 幼虫　　　　　B. 成虫　　　　　C. 蛹　　　　　D. 卵

3. 番茄脐腐病是一种（　　　）。

A. 真菌性病害　　　B. 细菌性病害　　　C. 生理性病害　　　D. 病毒性病害

4. 菜粉蝶属于（　　）。

A. 鳞翅目　　　　　B. 半翅目　　　　　C. 鞘翅目　　　　　D. 直翅目

四、简答题

1. 简述防治苹果腐烂病方法。

2. 简述梨小食心虫的发生规律。

3. 简述草莓灰霉病症状识别。

项目评价

评价项目	评价内容	自我评价（10%）	教师评价（70%）	学生互评（20%）	得分
学习能力（40分）	苹果、梨主要病虫害防治技术				
	桃主要病虫害防治技术				
	草莓主要病虫害防治技术				
	十字花科主要病虫害防治技术				
	茄科主要虫害防治技术				
	葫芦科主要病虫害防治技术				
	项目测试				
技术能力（40分）	苹果常见病害特征观察与防治				
	桃树常见病害特征观察与防治				
	草莓常见病害特征观察与防治				
	十字花科常见虫害识别与防治				
	茄科常见虫害识别与防治				
	葫芦科常见虫害识别与防治				
素质能力（20分）	协作意识				
	创新意识				
	学习态度				
总分（100分）					

观赏植物病虫害防治技术

📖 **学前导读**

　　观赏植物可绿化、美化城镇环境，满足人民群众的精神生活需求，所以观赏花木尤其是以观赏性为主的植物，能够接受的病虫害损伤度较低。

　　据统计，我国观赏植物的病虫害有 5500 多种，其中发生较为普遍而且相当严重的有 400 种左右，因此花卉病虫害已成为困扰观赏花木业生产和发展的重要问题。

　　通过本项目，同学们将了解观赏植物主要病虫害；学会辨识这些病虫害，并采取科学合理的防治措施。

📋 **知识导图**

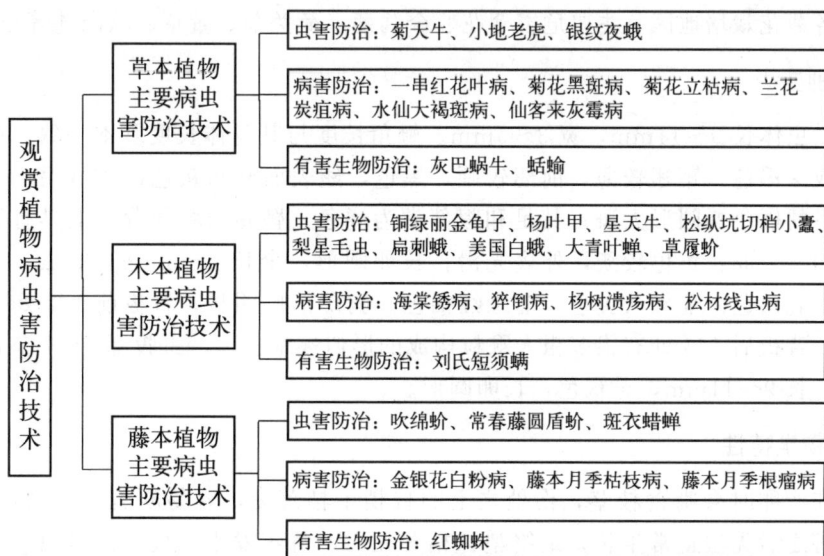

任务一

草本植物主要病虫害防治技术

任务目标

知识目标：① 了解草本植物害虫主要种类和危害特点及病害主要种类和症状特点。
② 理解主要草本植物病虫害的发生规律。
③ 掌握草本植物主要病虫害的识别特征和防治技术。

能力目标：① 能识别草本植物主要害虫的形态特征和危害症状。
② 能识别草本植物主要病害的症状特点及病原形态。
③ 能根据草本植物病虫害发生规律，拟定综合防治方案。

素质目标：① 爱护花草树木，仔细观察和正确诊断草本植物病虫害，创造生态宜居环境。
② 防治草本植物病虫害时，设置安全警示标志，关爱生命，关注安全。
③ 培养学生发现问题、分析问题和解决问题的能力。

基础知识

一、草本植物虫害防治

（一）菊天牛

别名菊小筒天牛、菊髓天牛、蛀食虫、菊虎。鞘翅目，天牛科，沟胫天牛亚科。分布于全国各菊花栽培地区。主要危害菊花、金鸡菊、荷兰菊、萱草、欧洲莲等花木。

1. 识别要点

成虫：虫体长 9～11mm，宽 3～5mm。触角长度与其身体长度基本一致。虫体筒柱形，黑色或深褐色，鞘翅较薄，前翅较硬，黑色，翅表面密布灰色松散绒毛；胸部背板中部有醒目的橘色椭圆形大斑；其足和腹部常为橘色。鞘翅与胸部背面上具有很多细小的坑洼小凹点。卵：黄色较淡，外表光滑，长卵圆形，全长 2～3mm。幼虫：虫体圆柱形，细长，乳白色。前额淡黄色，前缘红褐色。胸部前倾明显，背板前 1/2 处有一个浅褐色大斑，背板后 1/3 处有很多粗大颗粒构成的形似蝙蝠状斑。虫腹部 4～7 节背面向上凸起。蛹：长 9～11mm，黄褐色，长卵圆形。

2. 生物学特性

成虫在产卵时会啃食枝茎，伤处之上的枝梢干枯蔫萎，容易断裂。幼虫啃食根茎，植株被侵害之后无法正常生长，最终整株枯萎死亡。每年发生一代。大多地区是以成虫在菊科植物的根部越冬。次年 5～7 月成虫越冬后飞出，在 5 月时最多。白昼成虫于叶背面进食，突发惊吓时具有假死性。成虫在交尾之后把卵产于菊花等植物枝茎梢被啃咬的大型伤口中，每个位置产一枚卵。伤口很快变黑，植株上部茎梢渐渐枯萎，伤口处易折断。幼虫孵化后直接啃食蛀入植株茎秆内部，顺着茎秆往下啃食到根部。9月份幼虫成熟，于蛀蚀道化蛹；10月份成虫羽化，且以成虫形态在根部越冬；还有一部分以老熟幼虫在蛀蚀道内部越冬；次年早春化蛹后5、6月份羽化成虫。

3. 防治策略

(1) 物理防治　在每年5～7月成虫羽化飞出盛期尽量捕捉成虫；除掉越冬期有虫害的老根。在发现茎秆快速萎蔫或者容易折断后，及时检查并除掉蛀蚀道内的幼虫。

(2) 化学防治　寻常年份6～7月间，可以选用90%晶体敌百虫1500倍液喷洒，或者80%敌敌畏乳油1500倍液，间隔10～15天喷洒1次，连续喷洒2～3次，可以除灭初期的幼虫。

(二) 小地老虎

别名土蚕、地蚕、切根虫、夜盗虫。属鳞翅目，夜蛾科。分布于长江流域以及东南沿海各省区，危害上百种植物，如一串红、鸡冠花、孔雀草、菊花、万寿菊、雏菊、金盏菊、百日草、羽衣甘蓝、石竹、香石竹、含笑、大丽花、凤仙花、蜀葵、桂花、广玉兰、芙蓉等珍贵花木幼苗。

1. 识别要点

成虫：体长为17～23mm，翅展为40～50mm。虫体灰黑褐色，前额上有黑色条纹，头顶有黑色斑块，颈有黑色横向纹。触角黄褐色，雄虫触角呈栉齿状，雌虫触角呈丝状。前足胫节的侧面有刺。前翅灰褐色，肾纹黑色。后翅白色，顶角、前缘以及缘线等都为褐色。卵：圆形，长约0.5mm，宽约0.3mm。表面遍布凸起的细纹，刚产出时为乳白色，之后颜色逐渐加深由浅黄色直至深黄色。幼虫：老熟幼虫体长在30～50mm之间，虫体略扁，深黄褐色。虫体表面布满黑色小凸粒。面部蜕裂线的顶端左右相连和额沟汇合形成"Y"字形。每节腹部背面都生有2对刚毛，刚毛从前向后逐渐变长。蛹：全长为20～24mm，锈红褐色，腹部第4～7节前端的背面生有1列黑色条纹。腹部尾端生有一对较短的臀棘。

2. 生物学特性

每年发生3～4代，越冬代的成虫在3月下旬至4月上旬开始陆续出现，在4月下旬发生最为繁盛，成虫羽化4～6天后开始产卵。成虫昼伏夜出，喜欢觅食甜酸味的花蜜、发酵物及蚜虫排泄物等，黑光灯的趋向性比较强。成虫一生可产卵800～1000粒，通常选在粗糙或多毛的物体表面，如田间主要产在土壤上、地面缝隙内，植株根须及杂草如小旋花、小蓟、灰菜等幼苗的叶片背面。幼虫共为6龄，幼虫的取食活动因虫龄期而异，1～2龄的幼虫全天活动，在植物幼苗的心叶之间或者叶背面啃食叶肉，留下一层表皮，或者啃食成小孔洞、刻缺等。3龄之后昼伏夜出，会咬断植株嫩茎，将嫩梢拖入土穴内食用。4～6龄是幼虫的暴食期，这时的食量占整个幼虫期总食量的97%以上。幼虫具有假死性，遇到惊吓会蜷缩成圈，3龄以上幼虫还具有相互残杀的习性。小地老虎生长活动的适宜温度为18～26℃，相对湿度为70%。高温对其生长发育不利，30℃左右就会出现成虫羽化不健全、产卵量降低以及初孵幼虫死亡率增高等现象，并且在相对湿度小于

45%时，幼虫孵化率和存活率都很低。

3. 防治策略

（1）**农业防治** 除草灭虫。杂草是小地老虎产卵的场所，也是幼虫向园林植物转移危害的桥梁，因此，在春播育苗之前先铲除杂草，可消灭部分虫卵。

（2）**物理防治** 清晨在缺苗植株附近用人工挖虫的方法有一定除虫效果。

（3）**化学防治** 在受害严重地区可选用50%辛硫磷乳油1000倍液喷洒苗间及根际附近的土壤。

（三）银纹夜蛾

别名豆银纹夜蛾、黑点银纹夜蛾、桥虫、菜步曲、豆尺蠖。属鳞翅目，夜蛾科。全国各地均有发生。主要危害一串红、菊花、翠菊、大丽花、美人蕉等花卉。

1. 识别特征

成虫：体长为15～17mm，翅展为30～32mm，虫体浅灰褐色，前翅为深灰褐色，中部有马掌形的银边褐色斑块，其外有一个近似三角形的银色斑点。后翅深褐色。卵：半球形，浅黄色。幼虫：体长23～25mm，青绿色，虫体前端较细，渐至后端较宽，背线有两条白线，前行动作如尺蠖。蛹：19～20mm长，5mm左右宽，黄绿色，有黑色条纹，包在浅黄色的茧中。

2. 生物学特性

低龄幼虫蚕食叶肉，残留一侧表皮，透明状；大龄幼虫会啃食成孔洞或缺刻，甚至将叶片吃光，其排泄物会污染植株。每年发生三代，以蛹的状态在土层中越冬，次年5到6月间成虫飞出。成虫在白天活动，卵产在叶背，初孵的幼虫群居，取食叶肉时留下表皮，3龄后分散为害植株，白天静伏于枝条或叶的背面，早晚取食，啃食叶和花，呈孔洞或缺刻状。幼虫老熟时会在叶背作浅黄色薄茧化蛹。蛹期约为1周，第一代成虫和第二代成虫分别于7月和9月出现，第二代幼虫和第三代幼虫分别于8月和9月为害，10月初时幼虫老熟钻入土层中化蛹过冬。

3. 防治策略

（1）**物理防治** 根据植株被害状况或虫粪，仔细检查、捕捉幼虫。

（2）**化学防治** 在发现初孵幼虫且数量较多时，应及时喷洒药剂，可喷洒50%辛硫磷、80%敌敌畏乳油或40%氧乐果乳剂1500～2000倍液。药剂防治必须掌握在幼虫3龄之前进行，因为3龄后，虫体抗性大增，药效降低，因此，选择适当的时期防治是取得良好效果的关键。

二、草本植物病害防治

（一）一串红花叶病

花叶病是一串红的常见病害，发生普遍，分布广，栽培一串红的地区均有发生，尤其在北京、武汉、杭州、上海、南昌及唐山等地发病严重。一串红是北京等很多城市每年国庆期间用来布置和美化街头、公园、天安门花坛的重要花卉之一，经常发生病害，严重影响节日花卉的用花数量和观赏效果。

1. 症状识别

植株被病害侵染后，叶片主要表现为浅绿与深绿相间或黄色与淡绿色斑驳杂乱的花叶。叶片也会变小且皱缩不平，质地变薄脆，甚至呈蕨叶状现象。花量减少，感病植株一般比健康株矮小。

2. 发病规律

引起一串红花叶病的病原有多种病毒。我国一串红病毒病的主要病原为黄瓜花叶病毒（CMV），其次还有烟草花叶病毒（TMV）和马铃薯 Y 病毒（PVY）等。此外，国外报道危害一串红的病毒还有一串红黄脉花叶病毒、一串红病毒 1 号、甜菜曲顶病毒及蚕豆萎蔫病毒等。黄瓜花叶病毒的寄主范围很广，可以由多种蚜虫传播。北京及河北地区秋天播种一串红在"五一"节期间用花很少发病，而春播的一串红在秋季发病就甚为严重，这与蚜虫的发生和危害有密切关系。北京地区 9～10 月间正是蚜虫繁殖危害的适宜季节，蚜虫大量繁殖并传播病毒，因而病害得以大量蔓延，危害严重。

3. 防治策略

（1）**物理防治** 选用无毒健康植株作采种母株。同时应清除一串红栽培区内非观赏用的黄瓜花叶病毒的其他寄主。

（2）**化学防治** 要控制该病的发生和蔓延，施用杀虫剂防治蚜虫是极为重要的措施。

（二）菊花黑斑病

菊花黑斑病病原是链格孢。菊花黑斑病又被称为褐斑病、斑枯病，是菊花的一种严重病害，全国各地均有发生。

1. 症状识别

植株上被感染的叶片一开始会在叶表面出现圆形、椭圆形或不规则形且大小不一的暗紫红色病斑，直径在 2～10mm 不等，之后病斑颜色会逐渐加深变为黑褐色或黑色。受病害侵染的病部与健康部位界限分明，后期病斑中心颜色变浅，直至呈灰白色，并出现细小黑点，严重时只有顶部 2～3 片叶片无病，病叶会很快枯萎，但并不会马上脱落，蔫枯地挂在植株上。

2. 发病规律

病菌会以菌丝体和分生孢子器在受侵染的病株残体上越冬，成为翌年的侵染源。其传播途径由分生孢子器散发出大量的分生孢子，借风雨传播。秋季多雨、种植密度大、通风不良等情况均有利于病害的发生及传播。该病的植物品种间抗病性存在着差异，如'春水绿波''紫桂'以及'日本大花'品种对此病抗性较强，分根繁殖的植株病重，从健壮植株上部取芽扦插时感病较轻。

3. 防治策略

（1）**物理防治** 小面积种植时，人工摘除病叶，集中烧毁。

（2）**农业防治**　发病严重的地区实行轮作，栽植密度不要过密。以利通风透光，及时排除积水。

（3）**化学防治**　发病期间用 100～150 倍的波尔多液或 80％敌菌丹可湿性粉剂 500 倍液喷洒，也可将 50％甲基硫菌灵 1000 倍液与 80％敌菌丹 500 倍液混合喷洒，或用 45％百菌清、多菌灵混合胶悬剂 1000 倍液喷洒，效果比单一用药要好。

（三）菊花立枯病

立枯病是菊花扦插育苗期间的常见病害，常常造成幼苗死亡，影响扦插苗的成活率。该病在天津、上海、苏州、南通、广州、福州等地均有发生，能危害多种草本和木本花卉植物。

1. 症状识别

该病害主要发生在扦插的幼苗和育苗期幼龄植株上。被病害感染的幼苗和幼株最初的表现为长势缓慢，叶片还会出现失水萎蔫下垂现象，随着病害逐渐发展加重，直至菊苗最后枯死。在检查感病苗株时，会发现接近地面的茎基部会呈水渍状腐烂、变细。拔起病苗会发现根部变黑、枯死。在茎部组织木质化前，病苗会发生倒伏，木质化后则呈现立枯形态。

2. 发病规律

菊花立枯病是由立枯丝核菌和镰刀菌（镰孢霉）侵染所致。这类病原菌腐生性很强，在土壤中和落入土壤的植株残体上能长期存活，当遇到适宜环境和寄主植物时便会侵染。表土板结，土壤水分过多或土地表面温度过高使得幼苗茎基部发生灼伤等情况都会诱发菊花立枯病。该病在整个育苗期间都可发生。

3. 防治策略

（1）**农业防治**　施用充分腐熟的肥料，氮肥不宜过多。刚扦插的小苗不宜马上浇水，根据具体情况或最好 1～2 天后浇水，并要控制水量，土地不要过湿。大雨将至前应将苗盆移至避雨处，雨后盆内积水要及时倒出，最好用清水将被泥浆溅污的幼苗叶片冲洗干净。育苗期间幼苗要避免强烈阳光直射，以免表土温度高而灼伤幼苗。另外，苗木种植密度不宜过大。

（2）**化学防治**　可用 50％福美双可湿性粉剂，或 50％克菌丹可湿性粉剂，按每亩苗床用药 500g 与适当细干土搅拌成药土，再施入土壤，进行土壤消毒，可控制发病。或用上述药剂 500 倍液浇灌土壤均可。

（3）**生物防治**　可试用木素木霉菌，按土重的 0.2％用量拌入土壤后再进行扦插。

（四）兰花炭疽病

兰花炭疽病病原是兰花炭疽菌。炭疽病是兰花上发生普遍且严重的一种病害，在我国栽培兰花的地区均有发生，尤以天津、上海、南京、连云港、福州、广州以及西安、成都、贵阳、昆明等地受害较为严重。炭疽病除危害墨兰、春兰、寒兰、蕙兰、建兰等地生兰（即中国兰花，简称兰花）以外，还会危害虎头兰、宽叶兰等附生兰，以及广东万年青、紫罗兰、金盏花、扶桑、桂花等多种花卉。该病不仅影响兰花的正常生长，使得叶片斑痕累累，严重时还会导致全叶枯死。

1. 症状识别

炭疽病主要是侵染危害兰花的叶片，有时也会危害嫩茎和果实。叶片上的病斑以出现在叶缘和叶尖处较为普遍，起初为近似圆形或不规则形大斑，中央为浅灰色或浅灰褐色，边缘为深褐色或黑褐色，并在周围有绿色渐变晕圈。染病后期病斑上会产生黑色小斑点即为分生孢子器，散生或略呈圆圈状排列，在较为潮湿的条件下，还会出现橙黄色黏稠物。叶片上的病斑随着病害的发展可扩展为不规则形大斑，或连接成片最后引起花叶干枯变黄。

2. 发病规律

病菌以菌丝体和分生孢子盘在病叶等植株残体或土壤中越冬，次年在适宜的气候条件下，兰花展开新叶时，分生孢子进行初次侵染。借助风雨和昆虫等传播途径，进行多次再侵染。主要通过各种伤口侵入植株，在嫩叶上也可直接侵入。潜育期 2~3 周。适宜病菌生长的温度在 22~28℃ 之间，相对空气湿度在 95% 以上，土壤 pH 值在 5.5~6.0 之间。该病终年均可以发生，遇叶片受伤或高湿闷热、放置过密通风不良、盆内积水等情况时病害发生最严重。从植株上方（当头）浇水也容易传播病害。当年分株繁殖的兰花，因根部受伤往往发病严重。盆土板结也会加重病害。另外，该病在不同品种之间抗病性存在差异，墨兰、建兰较为抗病；春兰、寒兰不抗病；蕙兰抗病性适中。

3. 防治策略

（1）农业防治　温室内要加强通风、透光性。移出室外后，花盆放置不宜过密，更换新土，并置于荫棚内防止风雨的侵袭，同时荫棚内也要有充足的阳光，不宜过暗，浇水方式当以自花盆边缘缓缓浇入或浸盆灌溉为佳，可以减少由于在植株上方淋浇造成的病菌随水滴飞溅传播。及时清除病叶及其残体，尤其是冬季入室前，要将植株上的病叶及盆中的病株残体彻底清除烧毁或深埋，以消灭侵染源，防止病害传播。

（2）化学防治　发病前用 0.5%~1.0% 波尔多液，或 65% 代森锌可湿性粉剂 600~800 倍液，每隔 7~10 天喷洒 1 次，有较好的保护作用。发病期间可用 50% 多菌灵 800 倍液，或 75% 甲基硫菌灵 1000 倍液喷洒，均能有效地控制病害蔓延。

（五）水仙大褐斑病

水仙大褐斑病病原是水仙大褐斑菌，是世界性病害。受病害感染的植株，轻者部分叶片干枯萎蔫，重者叶片呈火烧状，因此花农们又称其为"火团病"，并且水仙植株的地上部分会较正常鳞茎成熟提早 1~2 个月凋萎死亡，从而严重降低了鳞茎的成熟度，造成病株鳞茎比正常鳞茎轻而且体积小。该病除危害水仙以外，还会危害君子兰、文殊兰、朱顶红等花卉。

1. 症状识别

在植株每年初次被侵染时，病斑一般会出现在花叶尖部，黄褐色，与正常部分的分界较为明显。通常可致使叶尖成段干枯死亡。病斑起初为淡褐色小斑，之后扩展成为近圆形或不规则形褐色大斑，并使周围组织变为黄褐色。病斑在叶边缘发生时，由于感病组织停止生长，而健康组织仍在正常生长，致使叶片呈扭曲状生长。病害发生严重时，可导致全叶干枯或全株死亡。另外，不同种的水仙之间症状略有差异，中国水仙的病斑明显较厚，周围组织黄化；喇叭水仙的病斑为褐色，周围不黄化。

2. 发病规律

水仙大褐斑病病菌会以菌丝体或分生孢子在鳞茎表皮的较上部分或枯死的叶片残体上越冬或越夏。分生孢子会借风雨、浇灌的水滴飞溅传播。病菌也可在其他寄主如朱顶红、文殊兰等植株上越夏而在水仙幼苗上越冬。病害的发生与温度、湿度、栽培方式以及花卉品种均有密切关系。如南方地区4～5月间气温偏高（病原菌生长较适宜温度为25℃左右）、雨水多，就会发病较重；栽培时如果种植过密、排水不畅、邻作或连作朱顶红、文殊兰等其他寄主，都会加重发病。另外，该病在品种间的抗病性也有差异，其中以多花型水仙，如崇明水仙最易感病，而黄水仙及纸白水仙抗病力较强。

3. 防治策略

（1）农业防治 选用无病鳞茎作种球，种植区最好修筑高畦，以利于排水。栽植不要过密，应保持植株之间的通风、透光性。浇灌时避免对植株直接喷浇，避免病菌借助水滴飞溅传播。同时还要避免与朱顶红、文殊兰、百子莲等寄主邻作或连作。

（2）物理防治 发病期间，应及时摘除病叶等染病部位。收获后尽早清理大田里的病叶、病株残体及鳞茎外皮等，并集中烧毁或深埋，切勿混入肥料中，以减少田间传播和越冬的菌源。

（3）化学防治 鳞茎收获时要注意避免产生伤口，种植前剥去种球的膜质鳞片，并用0.5%福尔马林浸泡30min，50%多菌灵500倍液浸泡12h，或用65%代森锌300倍液浸泡15min，都可减少初次侵染的病源菌。从水仙萌发到花期末，定期用75%百菌清600～800倍液，或50%克菌丹可湿性粉剂500倍液，或80%代森锌500～700倍液，每隔10天左右喷洒1次，在发病严重时，最好将这几种药交替使用。

（六）仙客来灰霉病

仙客来灰霉病病原是灰葡萄孢菌，是温室中的常见病害之一。以温室栽培发病较为严重，同时该病害还会危害瓜叶菊、百合、月季、芍药、倒挂金钟、樱花等多种花卉。该病会引起花叶枯萎、叶柄折断、花冠霉烂，更为严重时会造成植株死亡。

> **想一想**
> 仙客来灰霉病与草莓灰霉病有什么区别？还有哪些植物易患灰霉病？

1. 症状识别

该病主要发生在植株的叶片及叶柄上，也会侵染块茎和花。叶片感染病害后，先是在叶边缘出现深绿色或淡黄色水渍状斑纹，在室内温度高的情况下，会迅速发展成褐色发软的不规则形大斑，斑纹表面皱褶或略具轮纹，最后可使得全叶腐烂；叶柄或花梗感染病菌后，会发生黄褐色水浸状腐烂并软化，出现灰霉层，使得病部向地面弯折。花冠受害时，起初会产生水渍状小斑，后扩大呈近圆形大斑，有色品种的病斑中央呈黄褐色，边缘颜色较深。病害发展后期花瓣变为褐色，腐烂并长出灰霉层。

2. 发病规律

该病菌以菌核、菌丝或分生孢子随感病植株残体在土层中越冬。次年春当气温在

20℃左右、空气湿度较大时，产生大量分生孢子，借风雨等传播途径侵染，发展迅速。主要通过植株伤口侵入，对生长健壮的植株一般不易侵染。花器和叶片通常比较容易感染病害。一年中有两次发病高峰期，即2～4月和7～8月。在土壤黏重、排水不良、高温多湿、光照不足环境以及连作地块都易发病，可重复侵染造成整年发生。室内花盆摆放过密，造成通风不良，空气湿度大，同时植株相互接触摩擦使叶表面出现伤口，都是有利于发病的条件。氮肥施用过多，植株组织嫩弱也易发病。

3. 防治策略

（1）农业防治 ①及时清除病叶病花等染病残体，集中销毁，以减少侵染来源。栽种过感病花卉的盆土，需更换新土或经土壤消毒后才可作为栽培土使用，以免土壤带菌传播病害。②温室栽培要注意加强透光通风，降低湿度，最好使用换气扇或暖风机。浇水不宜多，从花盆边缘将水注入土中，尽可能不将水浇在叶面上，以免叶片因较长时间保持高湿度而发病。在养护管理的过程中，还应尽量避免植株出现伤口，以防病菌入侵。③合理施肥，增施钙肥，控制氮肥的用量。

（2）化学防治 在生长季节可喷施杀菌剂，如50%代森锰锌可湿性粉剂300倍液、50%苯菌灵可湿性粉剂1000倍液、50%乙烯菌核利可湿性粉剂600倍液。每15天喷洒1次，并注意交替用药。发病初期可用70%甲基硫菌灵可湿性粉剂800～1000倍液，或用50%多菌灵500～800倍液，每隔10～15天喷洒1次。

三、草本植物有害生物防治

（一）灰巴蜗牛

别名蜒蚰螺、水牛儿。属柄眼目，巴蜗牛科。主要分布在辽宁、吉林、黑龙江、河北、河南、山西、江苏、浙江、安徽、福建、广东等地。灰巴蜗牛食性杂，可危害菊花、鸢尾、牡丹、芍药、大丽花、月季等植物，以及多种温室内花卉植物的幼嫩茎叶。

1. 识别要点

成贝：贝壳为圆球状，有5.5～6个螺层，贝壳黄褐色，壳口为椭圆形。幼贝：刚刚孵化时幼体仅2mm，贝壳淡黄褐色。4个月之后螺层增加至三层；8个月之后螺层增至5.5～6层。卵：圆球形，经常是10～20粒虫卵黏集在一起成为卵块；卵孔为白色，不透明，有光泽；卵壳质硬，直径1～1.5mm。

2. 生物学特性

幼小个体仅仅啃食叶片内肉，后留下表皮；长大之后的个体会用齿舌刮食叶和茎，啃食成孔洞或者直接啃断，亦或者啃食叶片形成不规则的咬痕，虫害严重时叶片只剩下叶脉。可以啃折植株幼苗的茎，使得育苗圃缺苗断垄。有虫害的叶片上也会有蜗牛排出的黑色粪便致使叶片受到污染；在蜗牛爬过的茎叶上时常留有灰白色的线痕。

每年发生一代，寿命可在一年以上。成贝与幼贝经常伏于灌木丛中，草堆、石块下或落叶下等潮湿处越冬。越冬的蜗牛在贝壳口处有层白膜封口，以防失水过多；次年3月份开始活动，白昼藏伏于草丛或石块下，夜间出来活动，喜阴湿，阴雨天可以整天活动；5月份成贝会在被侵害的植物或花卉根际附近土壤内产卵。蜗牛是雌雄同体，异体受精，也可以自体受精繁殖；刚孵化的幼贝初期是群集活动，随着成长之后逐渐分散活动。11月份成贝、幼贝开始入土越冬。

3. 防治策略

（1）**物理防治** 在蜗牛活动旺盛时，如清晨或阴雨天，可人工捕捉，集中除灭。在5月份，蜗牛产卵期间，经常除草松土，灭除虫卵。

（2）**农业防治** 初春时期，清理花卉和灌木丛中的杂草，用鲜嫩青草或其他植株的幼嫩茎叶集中堆放的方法诱捕蜗牛，集中灭除。

（3）**化学防治** 在受蜗牛危害的植株附近撒施6％四聚乙醛颗粒剂，此药对蜗牛具有较强诱惑力，施洒此药后蜗牛会被引诱接触或进食，从而中毒死亡。

（二）蛞蝓

别名蜒蚰，水蜒蚰，鼻涕虫。柄眼目，蛞蝓科。分布于全国各地，特别是温室及潮湿地区经常发生。主要危害菊花、瓜叶菊、鸢尾、一串红、唐菖蒲、仙客来、月季、海棠以及其他幼嫩的观叶植物、花木幼嫩叶片。

1. 识别要点

成虫：整体由头部、躯干和足三个部分组成，头部上方生有两对触角。眼生于触角顶端。其躯干前端较钝，后端较尖，腹部表面比较平，上部有不规则圆柱形隆起，背部生有2条浅灰色纵向线条。足在躯干下，平滑，肌肉发达。头部和躯干由明显的环状沟纹作为分界。蛞蝓的肌肉组织内部存在着很多腺体。腺体可以分泌透明的胶状液体，这些黏液在接触空气后硬化为丝状，干后发亮，也就是蛞蝓活动后可以看见的痕迹，植株受蛞蝓所危害也根据这些痕迹来判断。卵：椭圆形，透明，卵表面膜胶质，牢固有弹性。卵堆长8mm，宽4mm，经常连成串。幼虫：刚刚孵化的蛞蝓幼体没有斑点及色带，半透明，只有触角是浅灰色。

2. 生物学特性

被害植株受虫害轻的叶片有孔洞、缺刻，严重的幼苗顶尖被啃食，使秧苗残缺，影响观赏和生产。蛞蝓不喜光，主要生活在阴暗潮湿并且多腐殖质的地方，其中温室的环境最为适宜。雌雄同体，正常情况是异体受精，偶然也有自体受精出现，但这种情况一般发育不良。蛞蝓忍受饥饿的能力较强，有资料显示其在9.9℃的潮湿环境内能忍受不进食130天以上。土壤含水量为20％～30％，比较适于蛞蝓生长发育，含水量为10％～15％以及超过40％时，都会引起蛞蝓大量死亡。温度方面最适宜的是12～20℃，25℃时大部分蛞蝓会潜伏在盆底或者石块下，当温度升到30℃以上时则会引起蛞蝓大量死亡。蛞蝓寿命可达1～3年，以成虫或幼虫在植物根部附近的泥土里或石块、枯枝烂叶堆下越冬。

3. 防治策略

（1）**农业防治** ①在利用苗床育苗时覆盖地膜，可较好地减轻受害。②尽可能清除温室内的杂草及石块，并保持地面干燥，不给蛞蝓生长活动的环境条件，可以在一定程度上控制蛞蝓在温室内发生危害。

（2）**物理防治** 傍晚时分在温室内的地面上集中堆放杂草或者菜叶，引诱蛞蝓集中活动，天亮前将成虫、若虫集中捕捉。

（3）**化学防治** 可以撒施8%灭蜗灵颗粒剂或者6%四聚乙醛颗粒剂，撒施在盆栽植物附近的地面，防治效果较好。

任务实训 草本植物主要病害识别与防治

一、实训目的

① 熟练识别一串红花叶病、菊花立枯病、菊花黑斑病等病害特征。

② 培养学生实践动手能力以及对染病植株的病害防治。

二、实训准备

① 物品准备：放大镜、镊子、常用病害药品、手套、刷子、喷壶等。

② 材料准备：染病的植物活株。

三、实训操作要求

1. 观察染病植株

用放大镜认真观察每一种染病植株，边观察边记录，将观察结果记入记录表。

（1）**一串红花叶病** 该类病害特征主要表现为叶片黄色与淡绿色斑驳杂乱；叶片皱缩不平，质地变得薄脆。

（2）**菊花立枯病** 该类病害特征为叶片萎蔫；接近地面的茎基部会呈水渍状腐烂、变细；根部变黑，枯死。

（3）**菊花黑斑病** 该类病害特征为被感染的叶片表面出现圆形或不规则形且大小不一的暗紫红色、黑褐色病斑，病斑中心呈灰白色为染病后期，并且病叶蔫枯后挂在植株上并不脱落。

2. 植株病害的防治

① 配制药液。确定要使用的药剂并稀释到适当浓度。

② 注意药品使用安全，佩戴手套，根据实际情况利用刷子或喷壶等工具对植株进行病害防治。

四、实训考核

① 填写病害形态特征记录表。

② 书写实验报告。

知识拓展 种兰蕙四季口诀

我国有悠久的草本花卉栽培史，为使所爱植株更好地成长同时减少病虫害的发生，前人还总结了许多经验，如1805年由浙江嘉兴人许齐楼在所著的《兰蕙同心录》中编写了“种兰蕙四季口诀”。

正月：又是春风月建寅，暖房安置倍留神。向阳窗拓勤宵闭，不使寒侵到昀晨。

二月：杏花春雨闹枝头，喜见幽芳日渐抽。檐下避霜更防冻，惜花时动夜寒愁。

三月：清明时节雨如丝，湿透苔痕蕊长时。防闷更移宣爽处，临檐犹禁朔风吹。

四月：蕙兰开罢又清和，渐觉阳骄奈何何。整顿护花障帘架，半阴争比竹林寡。

五月：霉雨连朝长翠茎，旧从又见子芽萌。阴阳天气宜珍护，莫使骄阳漏竹棚。

六月：暑浸中庭热不消，重帘晨蔽夜为挑。明年花信胚胎试，谨慎还宜草汁浇。

七月：凉风乍动暑犹薰，泥燥留心灌浇勤，得气蕊应先出土，计时不必定秋分。

八月：桂花蒸后烈秋阳，乾润防将根本伤。记取时逢菱角燥，一壶清水即琼浆。

九月：木叶摧残霜暗飞，任它夜露受风微。直看瓦上痕添薄，始置南檐纳曙晖。

十月：岭梅乍放小春回，又恐喧和霜雪来。移置草堂迎爽气，瓦盆高供小窗开。

十一月：广寒月冷仲冬交，天地无情冻怎熬。旁午拓窗申又闭，周围护惜更编茅。

十二月：九九尝防冻不开，窗封更恐雪飞来。倘逢滴水成冰候，炉火能将春唤回。

任务二

木本植物主要病虫害防治技术

任务目标

知识目标： ① 了解木本植物害虫主要种类和危害特点及病害主要种类和症状特点。
② 理解主要木本植物病虫害的发生规律。
③ 掌握木本植物主要病虫害的识别特征和防治技术。

能力目标： ① 能识别木本植物主要害虫的形态特征和危害症状。
② 能识别木本植物主要病害的症状特点及病原形态。
③ 能根据木本植物病虫害发生规律，拟定综合防治方案。

素质目标： ① 养护管理植物时有责任心，养成多动脑、多观察的好习惯。
② 爱护生存环境，注意减少病虫害栖息场所。
③ 在害虫防治中加强生物多样性的保护。

基础知识

一、木本植物虫害防治

(一) 铜绿丽金龟

别名铜绿金龟子，铜绿异丽金龟。属鞘翅目，丽金龟科。危害蔷薇、月季、玫瑰、十姊妹、贴梗海棠、西府海棠、梅花、桃花、樱花、夹竹桃、扶桑、葡萄等花木。

1. 识别要点

成虫：虫体长在 15～19mm 之间，宽 8～9mm，长椭圆形。头上触角有 6 节，浅黄褐色。复眼，呈红黑色。鞘翅呈铜绿色，有金属光泽，有三条不明显的隆起线。前胸部呈铜绿色，腹板和足呈黄褐色，着生有细毛。背板绿色有光泽，长满斑点。前缘呈弧状，向内弯曲。卵：近圆形，表面光滑，长约 2mm，开始为乳白色，后逐渐转变为淡黄色。幼虫：老熟幼虫体长约 40mm，头部为黄褐色，虫体为乳黄色。腹部末节的腹面上有毛呈钩状，以纵向排成两列的刺状毛。蛹：裸蛹，开始为白色，之后逐渐转变为浅褐色。

2. 生物学特性

成虫食性杂，啃食多种木本植物的叶、嫩梢、花，给受害处造成缺刻，严重时还会将叶和花吃光。幼虫在地下活动，危害植物根系，给植物正常生长造成影响。

每年发生一代。以老熟幼虫在地下越冬，次年 5 月化蛹。成虫的发生期较短并且集中，成虫最初可见于 6 月上旬，6 月下旬至 7 月上旬为害最严重，于 8 月下旬时结束。成虫发生的适宜温度在 25℃左右，相对空气湿度为 70%～80%。低温时和降雨天活动较少，闷热无雨的傍晚，虫害发生最为旺盛。成虫一般白天潜伏于草丛或地表土中，傍晚时活动，较多聚集在蔷薇、海棠、梅花、桃花、梨等花木上取食叶片，或飞翔及进行交尾活动等。夜间 9～10 时是活动高峰期，凌晨 2～3 时活动逐渐减少并潜入土中隐藏起来。成虫食性杂、食量大，有趋光性和假死性，对黑光灯的感知最为敏锐。成虫一般寿命在 30 天，6 月中旬后成虫开始交尾，之后 3 天开始产卵，虫卵一般散产在植株根系附近的土壤中。雌成虫每次产卵 20～30 粒，卵期为 10 天左右。在条件适宜的情况下，虫卵的孵化率几乎是 100%。孵化后的幼虫在土壤中危害植株的根系，1、2 龄时食量较小，3 龄之后食量逐渐增大。10 月中上旬时幼虫逐渐开始向土层深处中越冬。

3. 防治策略

（1）**物理防治** 利用成虫的假死性，在早晚或白天时，人工震动树枝，收集、除灭落地的成虫；利用成虫的趋光性，在夜间用黑光灯诱集成虫并灭除。

（2）**农业防治** 结合冬耕时翻土整地，清除土壤中的幼虫（蛴螬）、蛹或成虫。

（3）**化学防治** 成虫危害期，喷施 50% 杀螟硫磷乳油 800～1000 倍液；在成虫盛发期每隔 2～3 天喷洒 1 次，连续喷洒 2～3 次。

（二）杨叶甲

别名杨金花虫、小叶杨金花虫、赤杨金花虫。属鞘翅目，叶甲科。主要危害杨柳科植物。

1. 识别要点

成虫：体长 10～15mm，长椭圆形。虫体呈蓝黑色，有金属光泽。头顶触角较短，第 1～6 节为蓝黑色，有光泽，第 7～11 节为黑色，无光泽。前胸背板呈蓝紫色，鞘翅为红色，近翅基的四分之一处略微收缩，末端较圆钝。卵：长卵圆形，橙黄色，长约 2mm。幼虫：老熟幼虫体长约 17mm，橙黄色，头部为黑色。前胸背板上有黑色的 "W" 形斑纹，其他各节背面具有二列黑色斑点，第 2、3 节的两侧各有一个黑色刺状凸起，之后各节的侧面在气门上线、下线上也有同样黑色的疣状凸起，但都较为扁平。蛹：金黄色，长约 10mm。

2. 生物学特性

以幼虫及成虫危害多种杨柳科植物的叶片。每年发生 1 到 2 代，以成虫在枯枝落叶、杂草或土层中越冬。次年 4 月份寄主发芽后开始啃食叶片及交尾产卵。虫卵一般产于叶背面或嫩枝、叶柄处，呈块状。1 龄的幼虫有群集的习性，2 龄之后会逐渐分散进食，被其啃食的叶缘呈缺刻状。幼虫于 6 月上旬开始老熟并附着在叶片背面悬垂化蛹，10 天左右羽化成虫。气温高于 25℃时，新羽化的成虫多潜伏在草丛等隐蔽处或松散的表土层越夏，等秋季时再次出现危害植株叶片，在 9 月下旬或 10 月上旬潜入枯枝、落叶或土中越冬。

3. 防治策略

（1）**农业防治**　加强养护管理，在局部植株开始受害时及时清理。

（2）**物理防治**　人工震落除灭成虫或人工摘除卵块。

（3）**生物防治**　保护与利用天敌，如寄生小蜂、瓢虫、蠋蝽等。

（4）**化学防治**　在各代成虫、幼虫发生期喷洒 20％氰戊菊酯乳油、2.5％溴氰菊酯乳油 2000～4000 倍液。也可根施 3％克百威颗粒剂等内吸性除虫剂。

（三）星天牛

别名白星天牛、牛头夜叉、花牯牛、花夹子虫、柑橘星天牛。属鞘翅目，天牛科。食性杂。危害杨、柳、榆、刺槐、悬铃木、相思树、柑橘、樱花等园林树木。

1. 识别要点

成虫：虫体黑色，有金属光泽。雌成虫体长在 35～45mm 之间，宽为 11～14mm，触角超出身体 1、2 节；雄成虫体长在 26～36mm 之间，宽为 8～12mm，触角超出身体 4、5 节。触角丝状，1、2 节黑色，其余各节有淡蓝色的行环。头部和腹部有银色和蓝灰色细毛。前胸背板两侧有尖锐粗大的刺突。鞘翅上有不规则的白斑，鞘翅基部有黑色细小颗粒。卵：长椭圆形，初生为白色后转为浅黄色。幼虫：老熟幼虫体长 40～65mm，圆筒形，乳白色至淡黄色，头部褐色。前胸背板黄褐色，有"凸"字斑，足略退化。蛹：纺锤形，长 30～40mm，初化时为淡黄色，羽化前逐渐变为黄褐色。

2. 生物学特性

以成虫啃食枝干嫩皮，以幼虫钻蛀枝干，造成植株输导组织被破坏，枝干千孔百洞，影响正常生长及观赏价值，严重时被害植株容易因风折枯死。北方地区两至三年一代，以幼虫在被害植株枝茎内越冬，次年 3 月开始活动，成虫在 5～7 月间羽化飞出，6 月中旬为盛期。成虫啃食枝条嫩皮。雌成虫产卵时先咬一个"T"形或"八"字形刻槽。虫卵一般产在树干基部和主侧枝下部。每一个刻槽产 1 粒，产卵后分泌一种胶状物质封口。初孵幼虫先取食植株表皮，1～2 个月以后会蛀入木质部，11 月初开始越冬。

3. 防治策略

（1）**农业防治**　加强管理、适地适树、增强树势，清除受害严重的植株，及时修剪园内枯立木、风折木等。

（2）**物理防治**　①在成虫羽化后于树冠活动的时期，人工捕杀成虫。②寻找产卵刻槽，可用锤击、手剥等方法除灭其中的虫卵。③寻找有新鲜虫粪及木屑排出的地方，可用铁丝或其他利器清除幼虫。④对公园及其他风景区古树名木上的天牛，可采用饵木诱捕，并及时修补树洞、干基涂白等，以减少虫口密度，保证其观赏价值。

（3）生物防治 保护利用天敌，如人工招引啄木鸟或肿腿蜂、啮小蜂等。

（4）化学防治 在幼虫危害期，先用镊子或嫁接刀将有新鲜虫粪排出的排粪孔清理干净，然后塞入磷化铝片剂或磷化锌毒签，并用黏泥堵死其他排粪孔，或用注射器注射80%敌敌畏、50%杀螟硫磷50倍液，或在树干基部刮去表皮（10～30cm），用40%氧乐果原液涂环，毒杀初孵幼虫。在成虫期可喷洒2.5%溴氰菊酯触破式微胶囊。

（四）松纵坑切梢小蠹

属鞘翅目，小蠹科。分布与危害范围很广，主要危害油松、樟子松、华山松、马尾松、赤松等松木。

1. 识别要点

成虫：体长3.5～4.5mm，褐色或黑褐色，有光泽，密布刻点并着生灰黄色绒毛，前胸背板近梯形，有清晰的刻点和棕色细毛，前翅基部具锯齿，前翅斜面上第2列间部的瘤起和绒毛消失，光滑稍下凹。卵：乳白色、椭圆形。幼虫：长5mm左右，乳白色，头部黄色，圆柱形，多褶皱，虫体弯曲。蛹：体长5mm左右，白色，腹末端有一对向两侧伸出的尖锐突起。

2. 生物学特性

幼虫会在树干韧皮部内蛀食坑道，致使林木死亡。成虫会蛀入松树顶梢，使被害梢头枯黄脱落，造成植株像被切梢一样，因此而得名。每年发生一代，以成虫越冬。北方如辽宁，大多数成虫在被害植株根部周围土层内越冬。越冬成虫于3月下旬至4月中旬间飞至新梢上蛀食，交尾后再啃蛀与树干平行的母坑道，并将卵产在坑道两侧。幼虫孵化后，在母坑两侧横向蛀食，啃蛀出与树干略成垂直的子坑道。幼虫于5月下旬至6月中旬间开始化蛹。6～7月羽化成虫后，再侵入新梢蛀食，成虫有转移危害的习性，一只成虫能蛀食多个新梢。于10月上、中旬开始越冬。

3. 防治策略

（1）农业防治 加强养护管理，适时合理地修枝、间伐，改善环境、增强树势，提高树木本身的抗虫能力。将受害植株伐除，并及时运出园外，减少虫源。

（2）物理防治 根据小蠹虫的习性，可在成虫羽化前或早春时设置饵木，收集清除。

（3）化学防治 早春时，在植株根部施撒氧乐果、辛硫磷等粉剂，然后干基培土高5cm以上，灭虫率可达90%以上。在成虫羽化盛期或越冬成虫出蛰盛期，可喷洒2.5%溴氰菊酯乳油、20%氰戊菊酯乳油2000～3000倍液。

（五）梨星毛虫

别名饺子虫、梨叶斑蛾等。属鳞翅目，斑蛾科。分布在东北、华北、华东、西北等地。危害梨、苹果、海棠、樱桃等植物。

1. 识别要点

成虫：虫体长约 10mm，灰黑色，翅展在 20～30mm 之间，半透明状。雄蛾的触角为短羽毛状，雌蛾的触角为锯齿状。卵：扁椭圆形，长为 70～75mm，初产时为白色，后逐渐变为淡乳黄色，孵化前变为紫褐色。一般产卵量在数十粒至数百粒之间不等，单层排列呈块状。幼虫：幼虫早期为淡紫色，后变为白色或浅黄色，纺锤形，虫体背部两侧各节具有两个黑色斑点和白色毛丛。老熟幼虫体长为 15～20mm，乳白色或淡黄色，虫体粗短呈纺锤形。胸中部、后部及腹部，第 1～8 节侧面各有一圆形黑斑，每一体节有 6 个星状毛丛，故名星毛虫。蛹：虫茧为白色，内外两层。蛹初期为浅黄色，接近羽化时变为黑色，呈纺锤形，体长为 12mm 左右。

2. 生物学特性

以幼虫危害叶片。每年发生一代，个别地区每年会发生两代，以 2～3 龄幼虫在树干裂缝及老粗翘皮下、土块缝隙中等处结茧越冬。次年 4 月上旬梨树发芽时，幼虫出蛰，啃食花蕾、嫩叶等，在植株展叶后用黏丝将叶黏合成饺子状叶苞，藏匿在其内啃食叶肉。幼虫还有转叶危害习性。幼虫在 6 月上、中旬老熟后在最后一个叶苞内化蛹，6 月下旬羽化成虫，产卵于叶背，卵单层排列成块状。幼虫于 7 月上旬进入盛期，之后开始越冬。

3. 防治策略

(1) 物理防治 以幼虫越冬的，可在幼虫越冬前在植株干基处放置草束之后集中销毁。也可以在生长期人工捏杀虫苞、捕捉成虫等。

(2) 生物防治 利用其寄生天敌，如绒茧蜂及花胸姬蜂等将其除灭。

(3) 化学防治 可在初龄幼虫期喷洒 50％杀螟硫磷乳油、50％辛硫磷乳油 1000 倍液、5％氯氰菊酯乳油 1500～2000 倍液、2.5％的溴氰菊酯乳油 3000 倍液。

(六) 扁刺蛾

别名黑点刺蛾，幼虫俗称洋辣子。属鳞翅目，刺蛾科。分布很广，在东北、华北、华东、中南及四川、云南、陕西等地区均有发生。食性很杂。危害杨、柳、榆、悬铃木、泡桐、大叶黄杨、樱花、牡丹、芍药等多种园林树木及花卉。

1. 识别要点

以幼虫取食叶片。成虫：虫体长约为 16mm。前翅紫灰褐色，有一条较为明显的暗褐色条纹，从前缘接近顶角处斜伸至后缘。后翅为暗灰褐色。卵：椭圆形，扁平光滑，长约 1mm，起初为浅黄绿色，孵化前转为灰褐色。幼虫：老熟幼虫体长在 20～25mm 之间，虫体呈浅绿色或黄绿色。椭圆形，背上有 1 条白色条纹，虫体各节的背面横向着生有 4 个突刺，两侧的较长，第 4 节背面两侧各具有 1 个红色斑点。蛹：茧椭圆形，呈黑褐色，坚硬。

2. 生物学特性

每年发生一至三代，以老熟幼虫结茧在土层中越冬。6 月和 8 月为全年幼虫危害的盛期。成虫在傍晚时羽化，有趋光性。卵一般散产于叶面，初孵幼虫会啃食叶肉，有剩余，稍大时会食成缺刻和孔洞，严重时取食全叶，导致植物生长衰弱。幼虫全天进食。9

月下旬之后开始在树下土层中结茧越冬。

3. 防治策略

（1）**物理防治**　初孵幼虫有群集习性，人工摘除虫叶。
（2）**农业防治**　消灭越冬虫茧，可结合抚育修枝、冬季清园等进行。
（3）**生物防治**　保护、利用其天敌，如上海青蜂、姬蜂、蠋蝽等。
（4）**化学防治**　对于中、小龄幼虫，可喷施 Bt 乳剂 500～800 倍液等。

（七）美国白蛾

别名秋幕毛虫。属鳞翅目，灯蛾科。在辽宁、河北、山东、上海、陕西等地均有发生。国外分布于美国、加拿大、日本、朝鲜等国。食性杂，可危害榆树、樱花、红叶李、垂丝海棠、桃、紫荆、桂花、丁香、栀子花、锦带花、金银花、紫藤、葡萄、地锦等园林景观绿化树木。

1. 识别要点

成虫：雄蛾触角双栉齿状，头白色，虫体长 9～15mm，翅展在 25～35mm 之间，白色。第一代雄蛾前翅散生黑褐色斑点，第二代雄蛾前翅少有斑点。雌蛾触角锯齿状，虫体长 14～17mm，翅展在 33～48mm 之间，前翅纯白。雌蛾前足基节及腿节端部呈橙黄色。卵：圆球形，直径约为 0.5mm，表面上密布规则的小刻点，起初为淡绿色或黄绿色，有光泽，孵化前逐渐转变为灰褐色。幼虫：老熟幼虫有两种，即红头型和黑头型，在我国基本上以黑头型为主。虫体长在 28～35mm 之间，背部纵向生有一条灰黑色或暗褐色的带状纹，背中线、气门上线、气门下线浅黄色。各体上的节毛疣较发达，毛疣上丛生白色、橙黄色及黑褐色的毛。头部及腹足黑色有光泽。蛹：虫茧呈浅灰色，椭圆形，由稀疏的虫丝混杂幼虫体毛织构成网状。虫蛹体长 8～15mm，宽 3～5mm，暗红褐色，臀棘具有 8～17 根几乎等长的细刺，每根刺端部膨大，末端凹陷呈盘状。

2. 生物学特性

以幼虫在寄主植株上吐丝作网幕并啃食叶片。在我国北方地区，如辽宁每年发生两代，以蛹越冬。一般多在屋檐下、树皮下、树基土层中、石头缝隙里等处化蛹越冬。次年5月底至6月上旬是越冬蛹羽化成虫的高峰期，后成虫将卵产于叶背，块状。6月下旬起是幼虫危害和网幕盛发期，幼虫孵化后几小时即可吐丝拉网，3～4 龄时网幕直径达1m 以上，有的高达 3m，幼虫共 7 龄。7月中旬老熟幼虫开始化蛹。第一代成虫7月下旬始见，第二代幼虫网幕盛发期在8月下旬至9月上旬，9月中旬至10月中旬老熟幼虫逐渐化蛹越冬。在北方有些地区，第二代幼虫在8月下旬就开始化蛹，可在9月份出现不完全的第三代幼虫。美国白蛾食性极杂、产卵量大、抗饥饿能力强，是世界性检疫害虫之一。

3. 防治策略

（1）**物理防治**　在成虫羽化期，可利用引诱剂集中除灭成蛾；在 4 龄幼虫分散前，可摘除网幕并销毁网幕内幼虫；在化蛹期可在树干或树根基部围放草束诱集虫蛹，之后集中销毁。

（2）**化学防治**　喷施 10％氰戊菊酯 1500 倍液，或 45％辛硫磷乳油 1000 倍液，或 2.5％溴氰菊酯 1000 倍液，或使用 25％灭幼脲 3 号胶悬剂 1500～2000 倍液，防治 2、3 龄幼虫，效果可达 96％。

（八）大青叶蝉

别名青叶跳蝉、大绿浮尘子、青头虫等。属同翅目，叶蝉科。分布于全国。危害月季、翠菊、茉莉、山茶、芙蓉、杜鹃、月桂、竹、黄杨、地锦、樱花、海棠、苹果、山楂、葡萄、梅、桃、李、茶、杨、柳、槐、泡桐、桧柏等多种花木以及草坪。

1. 识别要点

成虫：虫体长 7～10mm，青绿色。头三角形，触角窝上方、两单眼之间有 1 对黑斑。复眼三角形，绿色。前翅绿色带有青蓝色泽，端部透明，后翅烟黑色，半透明。足橙黄色。卵：长椭圆形，乳白色。若虫：黄绿色，具翅芽。腹部生有 4 条褐色纵向条纹。

2. 生物学特性

以成虫和若虫刺吸植物汁液，致使受害叶片出现小白斑、枝条枯死，并且还可传播病毒性病害。每年发生三至五代，世代重叠现象严重，以卵在被害植株枝条的皮层内越冬。次年 4 月中旬左右越冬卵孵化为若虫，后逐渐长翅变为成虫。若虫孵化后常群集在植株上，如遇惊扰会斜行或横行。4～11 月份均有此虫的危害。成虫喜在潮湿背风处栖息并有较强的趋光性。产卵时以产卵器刺破枝条表皮将卵产在皮层内，伤口呈半月形，每处产卵 7～12 粒，整齐排列。卵期为两周左右。成虫和若虫会在叶片背面刺吸汁液，致使被害叶片出现小白点，严重时白点连片，叶片褪色枯干，提早凋落，影响植株正常生长。

3. 防治策略

（1）**物理防治**　设置黑光灯，诱集除灭成虫。

（2）**农业防治**　结合花卉管理养护，勤除草，结合修剪，剪除带卵枝条以减少虫源。

（3）**化学防治**　在成虫、若虫危害期，喷施 50％异丙威乳油、40％氧乐果乳油、80％敌敌畏乳油 1000 倍液、2.5％溴氰菊酯乳油、2.5％高效氯氟氰菊酯乳油 2000 倍液、20％氰戊菊酯乳油 2000～3000 倍液、50％抗蚜威乳油 3000 倍液进行防治。

（九）草履蚧

别名草鞋蚧、树虱子、桑虱、柿裸蚧。属同翅目，硕蚧科。分布于辽宁、吉林、黑龙江、河北、河南、山西、上海、江苏、浙江、江西、湖南、湖北、福建、广东、广西等地区。食性杂。危害月季、绣球、大叶黄杨、十大功劳、碧桃、海棠、紫叶李、龙爪槐、罗汉松、海桐、樱花、广玉兰、紫薇、红枫、垂柳、樱桃、柑橘、无花果、柿、泡桐等花木。

1. 识别要点

成虫：雌成虫体长 8～10mm，扁椭圆形，形似草鞋。背面红褐色，腹面黄褐色，体被细毛和白色霜状蜡粉，腹部有横向皱褶和纵向凹沟。雄成虫体长 5～6mm，紫红色，具翅 1 对，翅展 10mm 左右，淡黑色半透明。卵：椭圆形，初产浅黄色，渐变为橙红色。有棉絮状白色蜡丝形成的卵囊。若虫：形似雌成虫，体略小。初孵化时棕黑色，腹面较淡，触角棕灰色，唯第三节淡黄色，很明显。蛹：红褐色，有白色薄层蜡茧包裹，有明显翅芽。

2. 生物学特性

每年发生一代，以卵囊在树根附近的土层中越冬。次年 2 月上旬开始孵化，孵化期要延续 1 个多月。若虫出土后沿植株茎秆上爬至梢部、芽腋或新叶的叶腋刺吸危害。4 月份危害最严重。雄性若虫 4 月下旬化蛹，5 月上旬羽化为雄成虫，羽化期较为整齐，前后一周左右，羽化后即觅偶交配，寿命 2～3 天。雌性若虫 3 次蜕皮后即变为雌成虫，自植株茎顶部下爬，经交配后潜入土层中产卵，卵有白色蜡丝包裹成卵囊，每囊有卵 100 多粒。若是冬季气温较高时，则 12 月就会有若虫孵化。另外土壤含水量对雌成虫产卵极有影响，极度干燥的表土层会使雌虫很快死亡。草履蚧若虫、成虫的虫口密度高时，往往会群体迁移，爬满附近墙面和地面。

3. 防治策略

（1）**物理防治**　在初孵若虫上树或雌成虫下树产卵的时期，在树干基部涂刷粘虫环，用废机油即可。

（2）**生物防治**　保护和利用天敌昆虫，例如红环瓢虫。

（3）**化学防治**　可喷棉油皂液（油脂厂副产品）80 倍液，一般洗衣皂也可，对植物更安全，或喷 25％甲萘威可湿性粉剂 400～500 倍液，作用快速，对人体安全。

二、木本植物病害防治

（一）海棠锈病

病原为山田胶锈菌、梨胶锈菌。分布范围极广，东北、华北、西北、华中、华东、西南等地区都有发生，主要危害海棠、苹果、桧柏及龙柏等果木。在海棠、苹果与桧柏等混植的公园、绿地等处发病严重，主要表现为引起病叶枯黄、提早脱落，小枝干枯，影响美观性甚至整株死亡。

1. 症状识别

海棠锈病主要危害叶片，也侵染嫩梢和果实。初期染病叶片上表面出现黄绿色或橙黄色的不规则油状病斑，病斑内会逐渐出现黑色小斑点，后期叶片背面生出黄色须状物。该病转主寄主是桧柏等，秋冬时病菌危害桧柏针叶或小枝，被侵部位肿起豆状灰褐色的病瘤，早期时表面光滑，之后变粗糙，棕褐色，直径 0.5～1.0cm 或更大，次年春天 3～4 月遇雨膨大破裂，呈橘黄色花朵状。

2. 发病规律

以菌丝在桧柏上越冬，可存活多年。次年春天产生冬孢子角，3～4 月遇雨冬孢子萌发产生担孢子，担孢子借风传染到苹果、海棠上并萌发直接侵入寄主表皮，10 天左右就可在受侵叶片正面产生性孢子器，3 周左右形成锈孢子器。8～9 月时锈孢子成熟并随风传播到桧柏上，侵入嫩梢等部位越冬。该病的发生受雨水影响。

3. 防治策略

（1）农业防治 在园林景观设计栽培时，海棠和桧柏等植株要相距 100m 以上，柏属植物尽可能栽植在下风口；加强栽培管理，提高植株抗病性。

（2）物理防治 结合庭院树木枝叶清理和修剪，及时将染病枝芽、叶片等集中深埋，减少病原菌。

（3）化学防治 早春 3～4 月可在桧柏上喷布 1∶2∶100 倍的石灰倍量式波尔多液，抑制冬孢子堆遇雨膨裂产生小孢子。

（二）猝倒病

侵染性病原，主要是真菌中的腐霉菌、丝核菌和镰刀菌。是世界性病害，危害大多数针叶树和阔叶树，尤其以松杉类植株的幼苗最易感病。

1. 症状识别

该病有以下几种类型：

（1）种芽腐烂型 植株种芽未出土或刚出土时，被病菌侵染至死亡。

（2）猝倒型 幼苗出土后，嫩茎还未木质化时，病菌从茎基部侵入，感病处呈水渍状腐烂，之后幼苗迅速倒伏，此时叶片为绿色。随着病害逐渐向两端扩展，植株根部腐烂，直至全苗干枯死亡。此类型多发生于 4 月中旬至 5 月中旬的多雨时期，也是最为严重的一种类型。

（3）立枯型 在幼苗木质化后发生，苗根部受侵染感病腐烂，茎叶枯萎蔫黄，之后病死苗直立不倒，但易拔起，该类型也称根腐型。

（4）叶枯型 发生在苗木生长后期，常因苗木栽植过密，苗丛内光照不足，植株下部叶片染病腐烂枯死，常造成苗木大片死亡。

2. 发病规律

腐霉菌、丝核菌、镰刀菌的腐生性均较强，平时腐生在土壤内的植株残体上。它们分别以卵孢子、菌核和厚垣孢子度过不良环境，在遇到合适的寄主及潮湿的环境时发生侵染病害。腐霉菌多在地温 12～23℃时危害严重。丝核菌生长的适宜温度在 24～28℃之间，但温度稍低时危害更为严重。镰刀菌的生长适宜温度在 10～32℃之间，并以地温在 20～30℃之间时发病最多。病原菌可借风雨及灌溉水传播，并在适宜条件下进行再次侵染。影响发病的因素有：长期连作感病植物，在土壤中积累了较多的病原菌；栽种的种子质量差、发芽势弱、发芽率低；幼苗出土期遇到连续阴雨天光照不足，致使幼苗木质化程度差、抗病力低；栽培操作不得当，播种晚、覆土厚、揭草不适时、施用生肥等。

3. 防治策略

（1）农业防治 精选种子、适时播种、培育壮苗等提高抗病性，推广高床育苗及营养钵育苗。不选用瓜菜栽培地及土质黏重、排水不良的地块作为圃地。

（2）化学防治 土壤消毒可用溴甲烷 $50g/m^2$ 在密闭的拱棚内进行熏蒸处理，熏蒸 2～3 天后，掀开薄膜通风 14 天以上。用 72.2% 霜霉威盐酸盐水剂 400～600 倍液浇灌苗床、土壤，用以防治腐霉病，用量为 30g/m²，间隔 15 天。用以五氯硝基苯为主的混合药剂处理土壤，如五氯硝基苯与代森锰锌或敌磺钠（比例为 3∶1）5g/m²，然后进行药土沟施。用 2% 左右的硫酸亚铁浇灌土壤。种子消毒用 0.5% 高锰酸钾溶液在 60℃ 的温度下浸泡 2h。幼苗出土后，可喷洒 64% 噁霜灵可湿性粉剂 300～500 倍液或喷洒 1∶1∶2000 倍波尔多液，每隔 10～15 天喷洒 1 次。

（三）杨树溃疡病

病原为茶藨子葡萄座腔菌。分布于辽宁、吉林、黑龙江、河北、河南、山东、江苏、陕西、甘肃等地。主要危害杨树、柳树的枝干，能造成大苗及新造的杨柳林大量枯死。

1. 症状识别

此病有溃疡型和枯梢型两种症状。

（1）溃疡型 在 3 月中下旬时易发生，感病植株的枝干上出现褐色斑块，圆形或椭圆形，1cm 左右大小，病斑较为松软，按压会有褐色臭水流出。个别病斑会有水泡出现，泡内有略带腥味的黏液。在 4 月中旬左右时，病斑上散生许多小黑点即病菌的分生孢子器，并突破表皮。5 月下旬病斑逐渐停止发展，在其周围形成隆起的愈伤组织，并且从中间处裂开，呈典型的溃疡症状。至 11 月在老病斑处出现大黑点，即病菌的子座及子囊壳。

（2）枯梢型 在当年定植的幼树主干上先出现不明显的小斑，红褐色，2、3 月后病斑发展到包围主干，使得植株梢头枯死。有时也会在感病植株冬芽附近发生黑色或暗褐色斑块，剥开表皮发现里面已经腐烂，后引起梢头枯萎，并且枯死部位有黑点。枯梢型发生较为普遍，危害性也较人。

2. 发病规律

以菌丝在寄主植株内越冬，次年春天气温回升到 10℃ 以上时开始发生。一般于 3 月下旬或 4 月上旬开始发病，4 月下旬至 5 月中旬为发病高峰，病害发生轻重与温度、湿度、土壤和栽培技术等密切相关。倒春寒、寒流次数多会引起病害发生严重；沙丘地比沙地发病要重；苗木生长不良，病害发生严重；苗木假植时间长，病害发生较重；栽植时根系受伤多，病害发生重。不同品种间抗性有差异，日本白杨、沙兰杨、毛白杨、意大利 214 杨、新疆杨等较抗病，而小叶杨、小美旱杨等则易感病。

3. 防治策略

（1）物理防治 对出圃苗木加强检查，严防带菌苗木出圃；对插条进行消毒处理；重病苗木要及时销毁，以免传播。

（2）农业防治 加强栽培管理，提高植株抗病力。如随起苗随栽植，避免假植时间过长。避免移栽中伤根和干部皮层损伤，定植后及时浇水等。

（3）化学防治 发病时可喷洒 50% 多菌灵可湿性粉剂 200 倍液或 80% 抗菌剂乙蒜素 200 倍液，秋季 9 月份喷药防治效果相对较好。

（四）松材线虫病

病原是松材线虫。松材线虫病又称松树萎蔫病，危害赤松、白皮松、马尾松、黑松、琉球松等松属植物。致病力强，寄主死亡速度快，对我国松林资源构成严重威胁，不仅对社会造成了经济损失，也破坏了自然景观及生态环境。

1. 症状识别

松属植株受病害侵染后，针叶失绿变为黄褐色至红褐色，萎蔫直至整株枯死，针叶不会很快脱落。病害发生时，首先是树脂分泌快速减少或停止，植株的蒸腾作用下降，而后边材中水分快速下降，导致植株枯萎致死。染病松树一般在 9、10 月份就会枯死。

2. 发病规律

主要传播媒介是松褐天牛。线虫由卵发育至成虫，其间要经过 4 龄幼虫期。在 25℃ 左右的条件下约 4 天完成 1 代。10～11 月份病死植株内的松材线虫会逐渐停止繁殖，以分散型 3 龄虫进入休眠越冬。次年春天，媒介昆虫松墨天牛羽化时，分散型 3 龄虫蜕皮后形成的分散型 4 龄虫，会潜入天牛体内，随其传播到其他植株。

3. 防治策略

（1）**物理防治**　加强检疫，严禁疫区内的病死木材及其制品外运和进入无病地区；发现病害后要及时彻底地清除病死植株。

（2）**生物防治**　用管氏肿腿蜂可防治松褐天牛；用白僵菌黏膏防治天牛，效果在 80% 以上；野生灌木苦豆草中所含的苦豆碱对松材线虫有较强的毒杀作用。

（3）**化学防治**　主要是防治传播媒介，降低松褐天牛的数量。每年 5 月份左右用饵木引诱天牛产卵，后于 8 月份前后收回集中处理。使用引诱剂和氧乐果，可毒杀 60% 以上的天牛幼虫。在松褐天牛羽化期，每株黑松树干注射一次涕灭威或用克线磷 200g/株根埋处理，均可明显减轻松材线虫病的发生。

三、木本植物有害生物防治

刘氏短须螨，别名橘短须螨。属真螨目，细须螨科。在辽宁、河北、山东、江苏、安徽、四川、河南、云南、台湾等地区均有发生。危害红枫、海棠、紫丁香、紫玉兰、白兰花、桧柏等花木。

1. 识别要点

成螨：雌成螨虫体椭圆形，较扁平，长度小于 0.3mm，褐色，微小，体背纵向隆起；中侧部有网格；后半部有短小的侧毛 6 对。雄成螨，表皮花纹与雌螨相似，后足与体末之间有横缝，体末相对雌螨较窄。卵：卵圆形，鲜红色，有光泽。幼螨：鲜红色，生有 3 对白色足，足端有 1 条刚毛，前足间有 2 条叶片形刚毛，腹部末端有 4 对刚毛，第 3 对是针形，其他是叶片形。若螨：淡红色或灰白色，4 对足，背有披针形毛。

2. 生物学特性

每年可发生六代。以雌成螨在植株皮层缝隙间及叶腋等处越冬。次年 4 月间开始活动为害。虫卵散生，雌螨产卵量在 20～30 粒之间，寿命短，1 个月左右，7～8 月份为虫害盛期。成螨、幼螨、若螨多在叶片背面为害，10 月下旬从叶片处逐渐转移到皮层缝隙间越冬。

3. 防治策略

（1）**物理防治** 冬季清除植株的老旧外皮，并集中烧毁以消灭越冬的雌螨和幼螨。

（2）**生物防治** 保护及利用天敌昆虫，例如尼氏钝绥螨等。

（3）**化学防治** 早春植株萌发时，喷洒 3°Bé 石硫合剂，加 0.3%合成洗衣粉进行防治；虫害盛期，用1%阿维菌素乳油 3000～4000 倍液、40%氧乐果 1000 倍液或 15%哒嗪酮乳油 3000～4000 倍液，喷洒在叶背等处。

任务实训 木本植物主要病害识别与防治

一、实训目的

① 熟练识别海棠锈病、杨树溃疡病的形态特征。

② 培养学生实践动手能力以及对染病植株的病害防治。

二、实训准备

① 物品准备：放大镜、镊子、常用病害药品、手套、刷子、水桶、喷壶、多媒体设备等。

② 材料准备：染病的植物活株。

三、实训操作要求

1. 观察染病植株

用放大镜认真观察每一种染病植株，边观察边记录，将观察结果记入记录表。

（1）**海棠锈病** 叶片表面有黄绿色不规则油状病斑，病斑内有黑色小斑点，为染病初期；叶片背面生有黄色须状物为染病后期。

（2）**杨树溃疡病** 春季发病期观察，根据症状分辨类型及严重程度。

2. 植株病害的防治

（1）**配制药液** 确定要使用的药剂并稀释到适当浓度。

（2）**注意药品使用安全** 佩戴手套，根据实际情况利用刷子或喷壶等工具对植株进行病害防治。

四、实训考核

① 填写病害形态特征记录表。

② 书写实验报告。

知识拓展 颐和园的“以虫治虫”

颐和园是我国现存几座古代皇家园林之一，其内植物种类繁多，珍稀古木随处可见，病虫害治理成为一项重要课题。比如每年 5 月份，天牛、蚜虫等时常成灾。其中天牛作为蛀干类害虫，被称为“不冒烟的火灾”。幼虫在树干内越冬，蛀食枝干，造成植株生长势弱，严重时直接导致植物死亡。天牛的天敌主要是肿腿蜂和花绒寄甲，前者应用更多。它们会在天牛周围或其虫体上产卵，卵孵化后会汲取天牛幼虫的营养来满足自己的生长需要，从而起到了消灭害虫的作用。据员工介绍，近年来园内释放了几十万头肿腿蜂和花绒寄甲。除此以外，颐和园在团城湖周围，栽种了不少"蜜源"植物，为的是在自然条件下繁育天敌。因为蚜虫会在 5 月份暴发到峰值，然后在 6 月至 8 月间减少，这会使得蚜虫的天敌瓢虫因为食物短缺而难以越夏。这些新栽植的"蜜源"植物，就是瓢虫夏季的食物来源。

虽然"以虫治虫"发挥作用的速度不会像农药那样立竿见影，但颐和园边上的团城湖是北京重要的水源保护地，如果在其周围喷洒农药，势必会造成湖水污染，所以这种"以虫治虫"的技术既可防治害虫，又对环境没有污染，成为了团城湖周边地区园林植物病虫害的重要防治方法。

任务三

藤本植物主要病虫害防治技术

任务目标

知识目标：　① 了解藤本害虫主要种类和危害特点及病害主要种类和症状特点。
　　　　　　② 理解藤本植物病虫害的发生规律。
　　　　　　③ 掌握藤本植物主要病虫害的识别特征和防治技术。

能力目标：　① 能识别藤本植物主要害虫的形态特征和危害症状。
　　　　　　② 能识别藤本植物主要病害的症状特点及病原形态。
　　　　　　③ 能根据藤本植物病虫害发生规律，拟定综合防治方案。

素质目标：　① 保障生物安全，促进人与自然的和谐发展。
　　　　　　② 在分析花卉病虫害发生原因时具有辩证思维。
　　　　　　③ 客观评价农药，能正确认识农药的作用与风险。

基础知识

一、藤本植物虫害防治

（一）吹绵蚧

别名吹绵介壳虫、白条蚧、棉团蚧、白蚰、白蟬、棉籽虫等。属半翅目，硕蚧科。食性杂，主要危害常春藤、葡萄、桂花、海棠、牡丹、玫瑰、月季、米兰、广玉兰等花木。

1. 识别要点

成虫：① 雌虫长椭圆形，红褐色，长 4～7mm。胸中、后部较明显突起，周围有浅黄色绵状蜡块，并附有银白色颗粒状蜡粉和纤维状蜡丝。触角黑褐色 11 节，足 3 对。雌成虫产卵期腹部逐渐生出银白色、半椭圆形隆起的卵囊，与虫体连为一体，长 4~8mm，并生有 14~16 条纵向条纹。②雄虫较为瘦小，长 2~3mm，翅展为 5~7mm，胸部黑色，腹部橙红色，虫翅窄长，暗紫色或灰褐色，前翅 1 对，翅面有 2 条翅脉和 2 条白色纵线。卵：长椭圆形，长 0.7mm 左右，初产时为橙黄色，后变为橘红色。若虫：雌若虫有 3 龄；雄若虫有 2 龄。各龄若虫均为椭圆形；初龄若虫体呈红色，触角有 6 节；1 龄若虫背面红褐色，覆有草黄色粉状蜡质，并且散生黑色短毛；2 龄时才能区别雌雄性；雄虫体形较细长；体表蜡粉及银白色细长蜡丝均较少；3 龄若虫体红褐色，均为雌性，体表布满蜡粉和蜡丝；触角 9 节，虫体较粗大，体表黑毛发达；雄虫第二次蜕皮即化蛹。蛹：长 3~4mm，橙红色；茧长椭圆形，质地疏松，外被有少量白色蜡粉。

2. 生物学特性

北方地区每年发生两代。雌成虫或若虫在被害植株枝干上越冬。若虫孵化后多寄生在叶片背面的主脉两侧，随着虫龄的增大逐渐迁移至枝干。雄虫常在枝干裂缝或根部附近的松土层中、杂草丛中作白色薄茧化蛹，经 7~10 天羽化为雄成虫，飞翔力不强。吹绵蚧世代重叠，在同一时间内，卵、若虫、雌成虫均可见到。雌成虫在卵囊内一边分泌蜡丝一边产卵，会持续 1 个月左右。繁殖方式以孤雌生殖为主。若虫、雌成虫群集在寄主的嫩芽、叶片及枝茎上活动，严重时可布满整个植株，致使寄主叶片变黄，生长势变弱，枝干枯萎至死亡。同时吹绵蚧分泌的蜜露及其排泄物均可导致煤污病的发生，使植株丧失观赏价值。

3. 防治策略

(1) **农业防治** 结合修剪，剪除虫枝，确保植株生长地透光通风，也可减轻危害。

(2) **生物防治** 引进和利用天敌昆虫，如澳洲瓢虫、大红瓢虫，可有效抑制虫害发生；放养小红瓢虫、黑缘红瓢虫、红环瓢虫等，也是较好的生物防治方法。

(3) **物理防治** 虫口密度较小时，可人工刷除雌虫及卵囊；或用水管冲洗，以减轻虫害。

(4) **化学防治** 若虫活动期，可喷洒 50％杀螟硫磷乳油或 25％喹硫磷乳油各 1000 倍液；每隔 10 天喷洒 1 次，连续喷 2~3 次；冬季可选用 3~5°Bé 石硫合剂或 10 倍液的松脂合剂，均有良好效果。

(二) 常春藤圆盾蚧

别名夹竹桃圆盾蚧、夹竹桃圆蚧、蓝图盾蚧。属同翅目，盾蚧科。以危害常春藤、夹竹桃为主；也危害文竹、苏铁、兰花、鹤望兰、含笑花、蔷薇、杜鹃花、桂花等花木。

1. 识别要点

成虫：雌虫长椭圆形，橙黄色，腹部较大，长约 1mm。雌介壳卵圆形，较薄，可见到虫体，淡黄色，壳点较小，近中央，直径 2mm 左右。雄虫黄褐色，有红褐色斑点，体长约 0.8mm，翅透明，翅长约为体长的 1.5 倍，腹部有长尾针。雄介壳长圆形，白色，较薄，壳点淡黄色。卵：长卵形，淡黄色，有光泽，约 0.2mm。若虫：初孵若虫为淡黄色，体长约 0.2mm，较扁平，复眼不明显，有两根很细的尾须，2 龄以后，雄虫逐渐变长，雌虫若虫形状与成虫类似，雄虫后期呈橙红色，雌虫后期呈黄色。蛹：裸蛹，黄色，生有红褐色斑点，长约 1mm，腹末端常有白色絮状物，锥形交尾器较突出。

2. 生物学特性

若虫、雌成虫在叶片正面吮吸汁液，影响植株生长，造成大量短枝枯萎凋落，失去观赏价值及经济价值。每年发生三至四代。以受精雌成虫在受害植株枝叶上越冬，次年 3 月份开始产卵，雌成虫可产卵 200 粒左右，第二代若虫 6 月份孵化，第三代若虫 9 月份发生，如果气候等条件适宜，将会发生第四代。世代不齐，夏秋季随时都有若虫出现的可能。若虫发生较多的时期在 3 月、6 月和 9 月，11 月也偶有发生。雌成虫产卵期长，卵期短，产卵后不到 24 小时即可孵化。

3. 防治策略

（1）**农业防治**　结合园艺修剪，合理疏枝，剪除虫枝、虫叶，并及时集中烧毁。

（2）**生物防治**　保护和利用天敌昆虫，例如：红点唇瓢虫，其成虫及幼虫均可捕食此蚧的卵、若虫、蛹和成虫。另外，也可以利用寄生蝇和扑食螨等进行防治。

（3）**化学防治**　若虫孵化期，可选喷 1 次 50% 三硫磷 1500 倍液、50% 杀螟硫磷乳油 1000 倍液或 40% 氧乐果 1500 倍液。冬季可喷施 10～12 倍液的茶饼松脂合剂。

（三）斑衣蜡蝉

别名斑蜡蝉、椿皮蜡蝉、椿蹦、花蹦蹦、樗鸡、灰花蛾等。属同翅目，蜡蝉科。可为害葡萄、地锦、樱花、梅花、海棠、洋槐等多种园林花木。

1. 识别要点

成虫：体长在 15～25mm 之间，翅展 40～50mm，全身灰褐色，有灰色蜡粉。前翅革质，基部约三分之二为浅灰褐色，翅面上有 20 个左右的黑色斑点，端部约三分之一为暗褐色；后翅膜质，基部鲜红色，有 7、8 个黑色斑点，端部为黑色。翅表面附有一层白色蜡粉。头顶触角向上卷起，呈短角突起。卵：卵圆形状似麦粒，灰褐色，2～3mm 大小，较整齐地排列成卵块，有灰褐色蜡粉状物覆盖其上。若虫：体貌似成虫，体翅不发达，初孵时为白色，后变为黑色，体背有许多白色蜡粉形成的斑点。2 龄若虫 7mm 左右，冠毛短，和 1 龄很像，3 龄若虫 10mm 左右，触角鞭节小，4 龄若虫 13mm 左右，体背呈淡红色。足黑色，布有白色斑点。

2. 生物学特性

每年发生一代，以虫卵在树干或附近建筑物上越冬。次年 4 月中下旬若虫孵化出现危害植株，5 月上旬为盛孵期。1～3 龄的若虫会聚集在叶片背面及嫩梢上食害活动，栖息时头翘起，稍有惊动则奔跳散去。至 6 月中、下旬出现 4 龄若虫，受惊动时较之前迟缓，后脱下外皮悬挂在叶背，且不易脱落。为害花卉植物的主要是 3 龄前若虫，4 龄若虫及成虫大多转移到其他寄主植物上为害，花卉上较少见。7 月间羽化成虫，8 月中旬时开始交尾产卵。不同的寄主其产卵点也不同，一般每个卵块有 40～50 粒卵，最多时可达上百粒，卵块平行排列整齐，第一排产完会先覆盖蜡粉，之后再产出第二排，产完一个卵块需 2～3 天。成虫于 10 月末逐渐死亡。成虫及若虫均具有群栖性，飞翔能力较弱，但善于弹跳。

3. 防治策略

（1）**农业防治**　结合冬季、春季的修剪和管理，发现并清除卵块。

（2）**化学防治**　在若虫和成虫的盛期，可选喷 40％氧乐果乳油 1000 倍液或 50％辛硫磷乳油 1500 倍液。另外，若虫初期也可使用 2.5％溴氰菊酯乳油 3000 倍液喷雾防治。

二、藤本植物病害防治

（一）金银花白粉病

病原是忍冬叉丝壳，属子囊菌亚门真菌。主要分布于忍冬种植区，是危害忍冬等藤本植物叶片、嫩茎和花蕾的真菌性病害。高温低湿以及种植密度高导致透光透气较差都有可能引发该病害。

1. 症状识别

在病害发生起初，植株叶片上会出现白色小点，后扩展为白色粉状病斑，发展到后期时整个叶片布满白粉层，最严重时，叶片会发黄、变形，最后脱落；植株嫩茎被侵染后，先是出现浅褐色、褐色小斑点，而后发展成霉点状灰白色病斑，再不断扩大，最后连接成大片的不规则白粉状病斑；病害发生严重时也会侵染植株的茎，呈不规则的褐色病斑，感染到花时，花扭曲、脱落。

2. 发病规律

病菌以子囊壳在染病植株的残体上越冬，次年病原菌子囊释放子囊孢子传播病原对健康植株进行初侵染，发病后染病部位再产生分生孢子继续侵染。温暖干燥或株间荫蔽的情况容易引起病害发生；当施用氮肥过多以及气候干湿交替频繁时，病害发生较为严重。病害通常在 4 月底开始出现，到 6 月时较为严重。

3. 防治策略

（1）**农业防治**　选用抗病品种；适时开展修枝整形，改善通风透光透气性，可增强植株的抗病能力；多施钾肥、磷肥，控制氮肥施用量，或是施用充分腐熟的农家肥。

（2）**化学防治**　发病初期可施用 15％三唑酮可湿性粉剂 2000 倍液喷雾。若是以预防为主，可在每年 4 月上旬选用 1.5％多抗霉素可湿性粉剂 2000 倍液或 5％己唑醇悬浮剂 2000～2500 倍液喷雾防治，在一个月后选择相同的药剂进行二次防治，这个需要注意的是开花前不要用药。

（二）藤本月季枯枝病

病原为伏克盾壳霉，又名蔷薇盾克霉，属半知菌亚门，腔胞纲，球壳孢目，盾壳霉属。危害藤本月季等蔷薇属花卉。主要危害植物枝条，病害发生严重时可使枝条枯死。

1. 症状识别

枝枯病仅限于侵染植株茎干部位，通常发生在枝条上，出现溃疡病斑。发病初期枝条上出现细小紫红色斑点，后逐渐颜色加深并扩大为长椭圆形病斑，病斑边缘有红褐色或紫红色晕圈与枝条的绿色对比明显，中部浅褐色至灰白色。病菌的分生孢子近球形或卵形生于分生孢子器内，分生孢子器为扁三角瓶状着生在子座内，初埋于寄主隔表皮下，后突破表皮开口外露。体现为病斑分生孢子器在病斑中心变褐色时浮现，随着分生孢子器增大隆起，枝条表皮出现纵向开裂，病部出现黑色孢子堆。病害严重时病斑环割枝条，致使病部以上部分枝叶变黄褐色萎缩枯死。

2. 发病规律

该病菌属种弱寄生菌，以分生孢子器和菌丝体在染病枝条上越冬。次年春季产生分生孢子，在因抽生新枝等原因消耗能量而虚弱的植株枝条上乘虚而入后迅速扩展蔓延。而后病枝上产生的大量子实体和孢子，在 6、7 月间雨季借雨水和气流传播，使得病害发生严重。分生孢子病菌自伤口侵入，如修剪后的伤口、昆虫咬伤和嫁接伤口等。病害发生的轻重还与植株长势有密切关系。凡老、弱、残株及水肥缺乏的植株发病严重；长势健壮的植株则不易发病。老病斑中的菌丝体也能不断地扩大危害。

3. 防治策略

（1）农业防治 ①秋冬季彻底剪除病枯枝并集中烧毁。②加强栽培管理，施足基肥，促使植株长势旺盛。③生长期及时修剪病枯枝。注意要在晴天进行修剪，伤口更容易干燥愈合。风雨后伤折的枝条也应剪除，注意剪切口尽量靠近腋芽处，连同部分健枝剪除。修剪、嫁接后管理要跟上，促使伤口早日愈合。可以喷药保护，剪口用 1∶1∶15 的硫酸铜、石灰、水配成的波尔多液涂抹愈伤防腐膜，保护伤口愈合组织，防止腐烂病菌侵染；或者用 50％多菌灵 800～1000 倍液，0.2％代森锌和 0.1％苯菌灵混合液喷药。

（2）化学防治 ①生长期可喷施 0.2％尿素溶液加新高脂膜粉剂以增强植株长势；休眠期喷施石硫合剂；发病时可喷 70％百菌清可湿性粉剂或 50％多菌灵可湿性粉剂 1000 倍液进行防治，同时喷施新高脂膜粉剂，可巩固防治效果。②出现花蕾后，定期在花蕾上喷施花朵壮蒂灵，可促使花蕾强壮、色泽艳丽并延长花期。

（三）藤本月季根瘤病

根瘤病会对植株造成致命性危害，且很难治愈。由于其危害严重且难以控制，根瘤病也被称为根癌病，主要危害月季、菊、夹竹桃、天竺葵、松、柏等多达 59 科 142 属 300 多种植物。

1. 症状识别

（1）胞束线虫病原 其虫卵长圆形，微弯，聚生于雌成虫体内，成为胞束。雄成虫和幼虫为线形，雌成虫为梨形，膨大后顶破植株根部皮层而外露，即为根部所见的白色瘤状物。发病初期，病部形成灰白色瘤状物，表面粗糙，内部组织柔软有弹性，白色，逐渐变硬。

（2）土壤杆菌属细菌病原 这种病害主要发生在根颈、侧根以及嫁接处。植株感染根瘤病以后，病瘤会逐渐增大，表皮慢慢枯死，变为褐色至暗褐色，内部组织坚硬，木质化，大小不等。随着根瘤成倍增长，根系的数量会急剧减少，根的吸收功能变得很差，并会阻碍营养成分的向上运输，让叶片出现发黄发软、植株生长不良、萎蔫无力的情况，会严重弱化植株的长势，直至植株死亡。

2. 发病规律

胞束线虫每年在春秋两季各有一次侵染期，并可以雄虫、卵或二龄幼虫在土壤或病瘤内越冬。线虫侵入植株根部后，能刺激根皮细胞增生，致使其发生癌瘤病变。根瘤病具有较强的传染性，防治起来特别困难，堪称"不死的癌症"。地栽时，如果种植带有病原的植株，同一块地里的健康植株都会被其传染。所以当发现病株时应立即刨除销毁，并对病株附近土壤消毒杀菌杀虫，且短期之内不建议再在此处栽植可被侵染的植物种类。

3. 防治策略

（1）农业防治 ①加强栽培管理，多施有机肥料，增施磷、钾肥，注意防涝，促进根系生长发育。②改善土壤环境，保持土壤疏松透气，酸化土壤，使之不利于细菌生长繁殖。③注意防寒防冻，及时防治地下害虫，尽量减少植株根部出现伤口，出现伤口时应及时消毒保护，减少细菌侵染。④选用抗病力较强的树苗，其在一定程度上也能抵御根癌病的侵害。

（2）化学防治 认真执行检疫措施，严格淘汰病苗，选用无病苗木栽植，可在栽植前用硫酸铜 100 倍液浸泡根部 5min。

（3）物理防治 及时发现并清除病瘤，当病瘤过大或密集成片时，很难治愈。

三、藤本植物有害生物防治

红蜘蛛，别名棉红蜘蛛、叶螨，俗称大蜘蛛、大龙、砂龙等。属绒螨目，叶螨科。繁育周期短，生长速度快，雌雄两性均可繁殖，食性杂。主要危害豆科、葫芦科等多种花木。

1. 识别要点

成螨：成螨体长约 0.5mm，宽约 0.3mm，雄螨略小，尾部突尖。虫体背上方微微隆起，有刚毛，背两侧均生有一暗绿色条纹，虫足浅黄色。卵：呈圆球形，直径约0.1mm，初始为无色透明，随后逐渐从淡黄色变为橙红色。越冬卵红色；非越冬卵淡黄色，较少。幼螨：初孵幼螨近圆形，浅黄色，有 3 对足。蜕皮后，颜色渐变为橙红色，并发育出第 4 对足。越冬代幼螨红色，非越冬代幼螨黄色。若螨：具有 4 对足。初期虫体背部开始出现刚毛，两侧有暗绿色斑纹。后期通过外部形态特征可以区分雌雄，雌若螨卵圆形虫体，翠绿色；雄若螨尾端较为尖锐。

2. 生物学特性

通常在植物枯枝落叶、浅土层及杂草根部越冬。一年中可繁殖 8～10 代，完成一代平均需要 10～15 天，可两性生殖，也可孤雌生殖，雌螨一生只交配一次，雄螨可交配多次。早春气温达到 7℃时恢复活动，越冬卵一般在次年 3 月初开始孵化，4 月初全部孵化完毕，先在杂草或越冬寄主上取食繁殖为害，5 月逐渐开始在多种植物上为害。此螨喜欢高温干燥环境，在此气候条件下繁殖迅速，因此 7～8 月高温干旱期为害最为严重。10月中下旬开始进入越冬期。越冬代雌成螨出现时间的早晚与寄主自身的营养状况相关。红蜘蛛在幼螨期就能展现出强大的移动能力，善于爬行和隐藏，能够进行长距离移动，并可通过风雨以及寄主携带进行传播。初孵化幼螨在 2 天内可爬行的最远距离约为150m，若 2 天内找不到食物，即可因饥饿而死亡。转移的主要途径是沿树干向上爬行。红蜘蛛的各个活动虫态均可转移。

3. 防治策略

（1）**农业防治**　做好田间管护，及时剪除受害枝条、叶片，及时清除枯枝、落叶、烂叶，并集中烧毁消灭成虫、卵等，降低虫源基数。根据红蜘蛛的习性，在早春进行土地翻耕，清除地面杂草，使其因缺乏食物来源而消亡。

（2）**物理防治**　大型植株可以每隔 2 个月涂抹一次无毒粘虫胶，形成闭合的粘胶环，宽度约 1cm，以阻止红蜘蛛转移，防治效果可达 95％以上。

（3）**化学防治**　在红蜘蛛开始生长繁殖时，可选用 1.8％阿维菌素乳油 3000～5000倍液或 5％噻螨酮乳油 2000 倍液喷施，每 7～10 天喷施 1 次，连续喷 2～4 次。注意喷施药剂防治红蜘蛛时，以喷雾喷施在叶片背面，才能起到杀灭害螨的作用。喷施药剂最好在室外进行，若在室内喷药，切勿接近食物、用具。每次结束后要把多余的药液倒出，并用清水将喷雾器清洗洁净。

（4）**生物防治**　红蜘蛛的天敌主要有捕食螨、食螨瓢虫、草蛉、蓟马等，其中捕食螨在自然天敌种群中占优势地位，保护和增加天敌数量可增强其对红蜘蛛种群的控制作用。

✤ **任务实训**　藤本植物主要虫害识别与防治

一、实训目的

① 熟练识别常春藤圆盾蚧、斑衣蜡蝉等藤本植物常见病虫害形态特征及危害特点。
② 培养学生实践动手能力及让学生克服心理恐惧，观察、捕捉昆虫。

二、实训准备

① 物品准备：放大镜、双目镜、解剖剪、挑针、玻片、镊子、多媒体设备、手套、刷子、喷壶、水桶等。
② 标本材料准备：受虫害植株及捕捉不同时期昆虫样本，常用杀虫药剂等。

三、实训操作要求

① 用双目镜、放大镜认真观察每种昆虫不同时期的形态特征，边观察边记录，将观察结果记入记录表。观察从虫蛹到成虫不同时期的形态及危害特征，绘制形态简图。
② 利用性诱剂、诱蛾器或虫情测报灯进行预测。

③ 调查了解当地虫害发生为害情况及其防治措施和成功经验。选择 2～3 种虫害，提出符合当地生产实际的防治建议和方法。针对不同染病活株上的病虫害选择相应药剂，加入适量的水按比例稀释。注意药品使用安全，佩戴手套，根据实际情况利用刷子或喷壶等工具给植株清除病害。

四、实训考核

① 填写昆虫外部形态特征记录表。
② 书写实验报告。

项目测试

一、填空题

1. 美国白蛾又名_____，属鳞翅目，_____科，是世界性_____害虫。

2. 天牛主要以幼虫钻蛀植物茎和干，在_____部和_____部蛀道危害，是观赏植物重要的蛀茎蛀干害虫。

3. 观赏植物钻蛀性害虫主要有_____类、_____类、_____类、_____类等。

4. 目前观赏植物害虫防治中，以菌治虫方面应用较多的病原微生物是_____、_____和_____ 3 类。

5. 灰霉病是草本观赏植物上最常见的真菌病害，病症很明显，在潮湿条件下_____显著，_____是该病最重要的病原菌。

二、选择题

1. 观赏植物根部害虫金针虫是（　　）幼虫的总称。
A. 金龟子　　　　　B. 天牛　　　　　C. 叩甲　　　　　D. 地老虎

2. 观赏植物发病前，可喷施哪种杀菌剂进行保护？（　　）
A. 甲基硫菌灵　　　B. 多菌灵　　　　C. 棉隆　　　　　D. 波尔多液

3. 以下哪种病害的病原是丝核菌？（　　）
A. 仙人掌茎腐病　　B. 菊花立枯病　　C. 月季黑斑病　　D. 水仙大褐斑病

4. 以下哪种锈病有转主寄生现象？（　　）
A. 贴梗海棠锈病　　B. 月季锈病　　　C. 菊花锈病　　　D. 草坪草锈病

5. 兰花炭疽病可采用多种农药进行防治，其中哪种农药可起到预防作用？（　　）
A. 代森锌　　　　　B. 克菌丹　　　　C. 多菌灵　　　　D. 甲基硫菌灵

三、简答题

1. 对观赏植物的介壳虫类害虫可以采取哪些防治措施？
2. 观赏植物害虫防治时如何做到对化学药剂的合理使用？
3. 怎样防治观赏植物煤污病？

📚 项目评价

评价项目	评价内容	自我评价 （10%）	教师评价 （70%）	学生互评 （20%）	得分
学习能力 （40分）	草本植物主要病害识别与防治				
	木本植物主要病害识别与防治				
	藤本植物主要病害识别与防治				
	项目测试				
技术能力 （40分）	草本植物主要虫害识别与防治				
	木本植物主要虫害识别与防治				
	藤本植物主要虫害识别与防治				
素质能力 （20分）	协作意识				
	创新意识				
	学习态度				
总分（100分）					

杂草防治技术

学前导读

　　杂草是指生长在对人类活动不利或有害于生产场地的一切植物，主要为草本植物，也包括部分小灌木、蕨类及藻类。全球经定名的植物有三十余万种，认定为杂草的植物约八千种。同学们能分清杂草吗？大家认识的杂草有哪些？

知识导图

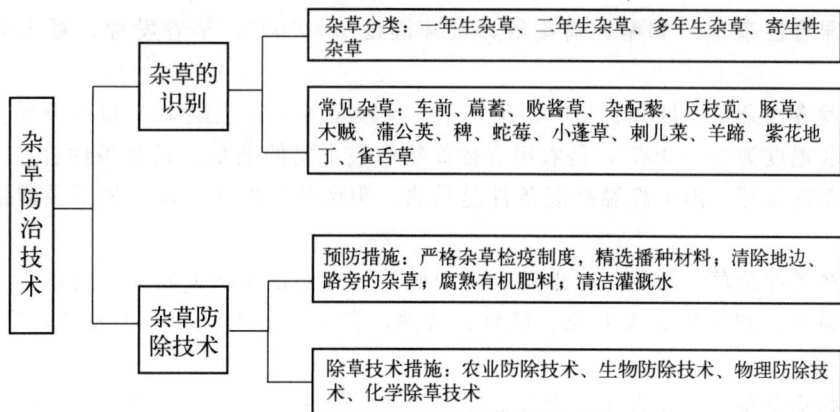

任务一

杂草的识别

任务目标

知识目标： ① 掌握杂草的形态特征。
② 掌握杂草的分类方法。
能力目标： 能够识别不同种类的杂草。
素质目标： ① 培养学生能吃苦、爱劳动的精神等。
② 认真识别杂草特征。
③ 培养学生发现问题、分析问题和解决问题的能力。

基础知识

一、杂草的分类

1. 一年生杂草

这类杂草在一年中完成其生活周期，即从发芽、生长、开花、结果直至死亡在一年中完成。它们是农田中主要为害者，数量、种类都多，也是农田中主要防除对象。其中又可分为以下几种。

（1）**早春性杂草** 如藜、萹蓄等，发芽温度 5～10℃。早春发芽，夏天即可开花结果。

（2）**晚春性杂草** 如稗、马唐、狗尾草、反枝苋等，在土温 10℃以上开始发芽，最宜发芽生长温度为 20～35℃，是农田春播作物中最主要的杂草。只要条件合适，大部分生长期中都能发芽。雨季高温高湿条件是马唐、狗尾草等发芽高峰，如不及时清除最易造成草荒。

（3）**越冬性杂草** 如荠、附地菜、看麦娘等。它们是在秋天发芽，与冬小麦等冬季作物一起越冬，到次年春天开花、结籽、成熟，有一部分也可在春天发芽，当年开花、结籽、死亡。

（4）**短命杂草** 指北方或高山气候寒冷、生长期很短地区的杂草，它们能在一两个月中完成其生活周期。此类杂草在农田中很少见。

2. 二年生杂草

二年生杂草指要经两个生长季才能完成其生活周期的杂草。如益母草、野胡萝卜等。这些草若在秋天发芽，第二年只长根系及叶簇，到第三年才能开花结果后枯死。

3. 多年生杂草

多年生杂草一般能活三年或更多年限，一生中能多次结籽繁殖。许多多年生杂草第一年不结籽，第二年起当植株结籽后地上部分死去，但当年或次年又能从地下根茎或根蘖处重新发出新枝或分蘖，形成新的植株，这样能多次结实。多年生杂草种子发芽当年，在其未形成地下无性繁殖器官以前，其特性与一年生杂草无多大差别。多年生杂草除种子繁殖外，往往更主要的是进行无性繁殖。根据繁殖特性又可分为下列几种。

（1）**简单多年生杂草** 指新生的植株是从主茎上的不定芽长成的。其中又可分成须根杂草（如车前）和直根杂草（如蒲公英）。这些杂草以种子繁殖为主。

（2）**匍枝多年生杂草** 指新生植株多从地下无性繁殖器官部分长出。其中又可分为根茎杂草与匍枝杂草。根茎杂草地下茎上有节，节上生芽形成新枝，如狗牙根、茅草等。匍枝杂草根系较深，根上生有大量根芽，根芽萌发成新枝，根内积累大量养分供根芽出土所需，如田蓟、旋花等。

（3）**球茎杂草** 此类杂草主要靠地下茎膨大呈球（块）状，次年由球（块）茎上的芽长成新植株，如扁秆藨草、水莎草等。从总体范围来说，多年生杂草的危害面积损失不大，但从局部面积上来说，多年生杂草的危害往往大于一年生杂草。由于除草剂的广泛应用，一年生杂草明显减少，而多年生杂草可代之发展成为主要的杂草群落。

4. 寄生性杂草

寄生性杂草是指不能进行独立光合作用和制造养分的杂草，必须寄生在别的植物上，靠特殊的吸收器官吸取寄主的养分而生活。有茎寄生如大豆菟丝子，靠它的吸盘从大豆等寄主的茎上吸取养料而生活。

二、常见杂草

（1）**车前** 是车前科，车前属植物。一年生或二年生草本。直根长，具多数侧根，多少肉质。根茎短。叶基生呈莲座状，平卧、斜展或直立；叶片纸质，椭圆形、椭圆状披针形或卵状披针形，叶柄基部扩大成鞘状。花序梗有纵条纹，疏生白色短柔毛；穗状花序细圆柱状。花萼无毛，花冠白色，无毛。雄蕊着生于冠筒内面近顶端，同花柱明显外伸，花药卵状椭圆形或宽椭圆形，新鲜时白色或绿白色，干后变淡褐色。胚珠5。蒴果卵状椭圆形至圆锥状卵形。

（2）**萹蓄** 是蓼科，蓼属植物。一年生草本。茎平卧、上升或直立，高 10～40cm，自基部多分枝，具纵棱。叶椭圆形、狭椭圆形或披针形，长 1～4cm，宽 3～12mm。花单生或数朵簇生于叶腋，遍布于植株。瘦果卵形。花期 5～7 月，果期 6～8 月。

（3）**败酱草** 多年生草本，高 30～100cm；根状茎横卧或斜生，节处生多数细根；茎直立，黄绿色至黄棕色，有时带淡紫色，下部常被脱落性倒生白色粗毛或几无毛，上部常近无毛或被倒生稍弯糙毛，或疏被 2 列纵向短糙毛。基生叶丛生，卵形、椭圆形或椭圆状披针形，不分裂或羽状分裂或全裂，顶端钝或尖，基部楔形，边缘具粗锯齿，上面暗绿色，背面淡绿色，具缘毛；茎生叶对生，宽卵形至披针形，常羽状深裂或全裂，具 2～3 对侧裂片，顶生裂片卵形、椭圆形或椭圆状披针形，先端渐尖，具粗锯齿，两面密被或疏被白色糙毛，或几无毛，上部叶渐变窄小，无柄。花序为聚伞花序组成的大型伞房花序，顶生，具 5～6 级分枝；花序梗上方一侧被开展白色粗糙毛；总苞线形，甚小；苞片小；花小，萼齿不明显；花冠钟形，黄色，花冠裂片卵形；雄蕊 4，稍超出或几不超出花冠。瘦果长圆形，具 3 棱。

（4）**杂配藜**　一年生草本，高 30～120cm。茎直立，粗壮，单一或上部分枝，具淡黄色或紫色条纹，无毛。单叶互生；叶柄长 2～7cm；叶片卵形、宽卵形或三角状卵形，先端急尖或渐尖，基部微心形或近截形，边缘有不规则波状浅裂，不等大，无毛；上部叶较小，叶片多呈三角状戟形。大圆锥花序顶生或腋生，花两性或兼有雌性；花被 5 裂，裂片卵形，先端钝圆，边缘膜质，背部有纵隆脊；雄蕊 5。胞果薄膜质，具蜂窝状的四至六角形网脉。种子扁圆形，黑色，无光泽，有明显的凹点。花期 7～8 月，果期 8～9 月。

（5）**反枝苋**　一年生草本，高 80～150cm；茎粗壮，绿色或红色，常分枝，幼时有毛或无毛。叶片卵形、菱状卵形或披针形，长 4～10cm，宽 2～7cm，绿色或常成红色，紫色或黄色，或部分绿色夹杂其他颜色，顶端圆钝或尖凹，具凸尖，基部楔形，全缘或波状缘，无毛；叶柄长 2～6cm，绿色或红色。花簇腋生，直到下部叶，或同时具顶生花簇，呈下垂的穗状花序；花簇球形，直径 5～15mm，雄花和雌花混生；苞片及小苞片卵状披针形，长 2.5～3mm，透明，顶端有 1 长芒尖，背面具 1 绿色或红色隆起中脉；花被片矩圆形，长 3～4mm，绿色或黄绿色，顶端有 1 长芒尖，背面具 1 绿色或紫色隆起中脉；雄蕊比花被片长或短。胞果卵状矩圆形，长 2～2.5mm，环状横裂，包裹在宿存花被片内。种子近圆形或倒卵形，直径约 1mm，黑色或黑棕色，边缘钝。花期 5～8 月，果期 7～9 月。

（6）**豚草**　一年生草本，高 20～150cm；茎直立，上部有圆锥状分枝，有棱，被疏生密糙毛。下部叶对生，具短叶柄，二次羽状分裂，裂片狭小，长圆形至倒披针形，全缘，有明显的中脉，上面深绿色，被细短伏毛或近无毛，背面灰绿色，被密短糙毛；上部叶互生，无柄，羽状分裂。雄花头状花序半球形或卵形，具短梗，下垂，在枝端密集成总状花序。雌花头状花序无花序梗，在雄头花序下面或在下部叶腋单生，或 2～3 个密集成团伞状，花期 8～9 月，果期 9～10 月。

（7）**木贼**　大型植物。根茎横走或直立，黑棕色，节和根有黄棕色长毛。地上枝多年生，高达 1m 或更多，中部直径 5～9mm，节间长 5～8cm，绿色，不分枝或直基部有少数直立的侧枝。地上枝有脊 16～22 条，脊的背部弧形或近方形，无明显小瘤或有小瘤 2 行；鞘筒 0.7～1.0cm，黑棕色或顶部及基部各有一圈或仅顶部有一圈黑棕色；鞘齿 16～22 枚，披针形，小，长 0.3～0.4cm。

（8）**蒲公英**　根略呈圆锥状，弯曲，长 4～10cm，表面棕褐色，皱缩，根头部有棕色或黄白色毛茸。叶呈倒卵状披针形、倒披针形或长圆状披针形，长 4～20cm，宽 1～5cm，先端钝或急尖，边缘有时具波状齿或羽状深裂，有时倒向羽状深裂或大头羽状深裂，顶端裂片较大，三角形或三角状戟形，全缘或具齿，每侧裂片 3～5 片，裂片三角形或三角状披针形，通常具齿，平展或倒向，裂片间常夹生小齿，基部渐狭成叶柄，叶柄及主脉常带红紫色，疏被蛛丝状白色柔毛或几无毛。

（9）**稗**　一年生草本。秆高 50～150cm，光滑无毛，基部倾斜或膝曲。叶鞘疏松，平滑无毛，下部者长于而上部者短于节间；叶舌缺；叶片扁平，线形，长 10～40cm，宽 5～20mm，无毛，边缘粗糙。

（10）**蛇莓**　多年生草本；根茎短，粗壮；匍匐茎多数，长 30～100cm，有柔毛。小叶片倒卵形至菱状长圆形，长 2～3.5cm，宽 1～3cm，先端圆钝，边缘有钝锯齿，两面皆有柔毛，或上面无毛，具小叶柄；叶柄长 1～5cm，有柔毛；托叶窄卵形至宽披针形，长 5~8mm。

(11) 小蓬草 一年生草本，根纺锤状，具纤维状根。茎直立，高 50~100cm 或更高，圆柱状，多少具棱，有条纹，被疏长硬毛，上部多分枝。叶密集，基部叶花期常枯萎，下部叶倒披针形，长 6~10cm，宽 1~1.5cm，顶端尖或渐尖，基部渐狭成柄，边缘具疏锯齿或全缘，中部和上部叶较小，线状披针形或线形，近无柄或无柄，全缘或少有具 1~2 个齿，两面或仅上面被疏短毛，边缘常被上弯的硬缘毛。

(12) 刺儿菜 基生叶和中部茎叶椭圆形、长椭圆形或椭圆状倒披针形，顶端钝或圆形，基部楔形，有时有极短的叶柄，通常无叶柄，长 7~15cm，宽 1.5~10cm，上部茎叶渐小，椭圆形或披针形或线状披针形，或全部茎叶不分裂，叶缘有细密的针刺，针刺紧贴叶缘。或叶缘有刺齿，齿顶针刺大小不等，针刺长达 3.5mm，或大部茎叶羽状浅裂或半裂或边缘粗大圆锯齿，裂片或锯齿斜三角形，顶端钝，齿顶及裂片顶端有较长的针刺，齿缘及裂片边缘的针刺较短且贴伏。全部茎叶两面同色，绿色或下面色淡，两面无毛，极少两面异色，上面绿色，无毛，下面被稀疏或稠密的茸毛而呈现灰色，亦极少两面同色，灰绿色，两面被薄茸毛。

(13) 羊蹄 多年生草本。植株中型，叶基生，长圆状披针形，圆锥花序。茎直立，高 70~120cm，粗壮，上部有纵沟。基生叶较大卵状披针形或阔披针形。上面有皱褶，叶柄较长，光滑无毛，叶缘为波状齿缘，茎生叶披针形，近全缘，有短柄，基部膨大，顶部叶较小，近无柄，托叶鞘膜质，管状，易破，边缘裂片不规则白色。大型圆锥花序，由总状花序组成，花小型，花被 6 枚，广卵圆形黄绿色。小坚果卵状三棱形，棕褐色，有光泽。花期 7 月。

(14) 紫花地丁 多年生草本，无地上茎，高 4~14cm，果期高可达 20cm。根状茎短，垂直，淡褐色，长 4~13mm，粗 2~7mm，节密生，有数条淡褐色或近白色的细根。叶多数，基生，莲座状；叶片下部者通常较小，呈三角状卵形或狭卵形，上部者较长，呈长圆形、狭卵状披针形或长圆状卵形，长 1.5~4cm，宽 0.5~1cm，先端圆钝，基部截形或楔形，稀微心形，边缘具较平的圆齿，两面无毛或被细短毛，有时仅下面沿叶脉被短毛，果期叶片增大，长可达 10cm，宽可达 4cm；叶柄在花期通常长于叶片 1~2 倍，上部具极狭的翅，果期长可达 10cm，上部具较宽之翅，无毛或被细短毛；托叶膜质，苍白色或淡绿色，长 1.5~2.5cm，2/3~4/5 与叶柄合生，离生部分线状披针形，边缘疏生具腺体的流苏状细齿或近全缘。

(15) 雀舌草 一年生或二年生草本。茎直立，高 5~45cm，单一或分枝，疏生叶片或无叶，但分枝茎有叶片；下部密生单毛、叉状毛和星状毛，上部渐稀至无毛。基生叶莲座状，长倒卵形，顶端稍钝，边缘有疏细齿或近于全缘；茎生叶长卵形或卵形，顶端尖，基部楔形或渐圆，边缘有细齿，无柄，上面被单毛和叉状毛，下面以星状毛为多。总状花序有花 25~90 朵，密集成伞房状，花后显著伸长，疏松，小花梗细，长 5~10mm；萼片椭圆形，背面略有毛；花瓣黄色，花期后呈白色，倒楔形，长约 2mm，顶端凹；雄蕊长 1.8~2mm；花药短心形；雌蕊椭圆形，密生短单毛，花柱几乎不发育，柱头小。短角果长圆形或长椭圆形，长 4~10mm，宽 1.1~2.5mm，被短单毛；果梗长 8~25mm，与果序轴成直角开展，或近于直角向上开展。种子椭圆形，褐色，种皮有小疣。花期 3~4 月上旬，果期 5~6 月。

✲ 任务实训 杂草特征观察

一、实训目的

① 熟练识别不同杂草形态特征。

② 培养学生挑战新事物的勇气与克服心理恐惧。

二、实训准备

① 物品准备：放大镜、镊子、多媒体设备等。

② 标本材料准备：杂草标本。

三、实训操作要求

用放大镜认真观察每一种杂草标本，边观察边记录，将观察结果记入记录表。观察不同杂草的根、茎、叶。准确识别田间杂草，记录田间不同杂草的种类和数量。

四、实训考核

① 填写杂草形态特征记录表。

② 书写实验报告。

任务二

杂草防除技术

⊕ 任务目标

知识目标：① 理解农田杂草的预防措施。
　　　　　② 掌握农田杂草的防除技术。

能力目标：① 能够正确使用农田杂草的防除技术。
　　　　　② 能够针对作物，根据当地气候等环境条件制定正确的杂草防治措施。

素质目标：① 培养学生能吃苦、爱劳动的精神等。
　　　　　② 培养学生发现问题、分析问题和解决问题的能力。
　　　　　③ 培养学生用药安全意识，保护生态环境。

基础知识

一、预防措施

1. 严格杂草检疫制度，精选播种材料

对国外引进的种子必须严格经过杂草检疫，凡属国内没有或尚未广为传播的杂草必须严格禁止输入，或有限制地在指定地点种植，并及时加以消灭。国内某些地区的恶性杂草也应避免传入别的地区。

2. 清除地边、路旁的杂草

大田周围和路旁的杂草是田间杂草来源之一，如管理粗放，未将这些杂草消灭，使其成熟结籽，它们能以每年 1～3m 的速度向耕地内扩散，如不及时防除，杂草会很快增多。最好能在路边地头种上草皮、多年生牧草及灌木等覆盖植物，既可以减少杂草籽的来源，也有益于保持水土、改善生态环境。

3. 腐熟有机肥料

目前农业上应用的有机肥料类型较杂，有家畜粪便、饲料余渣、路旁杂草、粮食加工厂的糠末废料甚至垃圾等。其中往往含有大量的杂草种子，而且保持相当的发芽能力，若不经过高温腐熟，便不能杀死其发芽力，这样施入田间，等于不断向田间播种草籽。因此，必须将这些有机肥料经过 50～70℃高温堆沤处理 2～3 周，以杀死杂草种子的活力。

4. 清洁灌溉水

将渠道两旁掉入渠道的杂草籽及水库与河流中的杂草籽清理掉。

二、除草技术措施

（一）农业防除技术

1. 合理轮作，阻止杂草发芽

如水田杂草眼子菜、寸草，在旱田中就大受抑制。冬性杂草看麦娘、荠主要在秋天发芽，次春开花结籽，轮种春作物，则播前耕作可将其消灭。寄生性杂草菟丝子主要寄生于大豆，若与小麦、玉米等非寄主作物轮作，则菟丝子在作物中没有寄主而死亡。

2. 土壤耕作

目前生产上广泛应用的基本方法，就是用各种耕地措施，在不同时期进行耕作，消灭不同时期杂草。如播种前浅耕耙地，能消灭秋天或早春发芽的杂草。

（二）生物防除技术

在水稻田或池塘中放养草鱼可以消灭大量的杂草。新疆等地还利用鹅在向日葵、烟

草、番茄田中取食寄生性杂草列当。盘锦地区稻田养蟹也有防除杂草的效果。南方有的地区用鸭子吃稻田里的水莎草、草的地下球茎，也有一定防除杂草效果。

利用植物进行杂草防除也是常用的方法。如水稻田水面放养绿萍或红萍，使其布满水面，既可定期压埋肥田，也可以抑制某些杂草的生长。又如作物生长健壮，占据了整个田间的地面和空间，杂草就没有地盘生长了；若作物长得差，空地较多，杂草也就较多。

生物除草法的优点：没有污染，昆虫和动物吃草方法简单，总费用较低，是有一定发展前途的方法。

（三）物理防除技术

随着科学技术的发展，火、电、微波等物理方法正逐步被用来消除杂草。火力除草就是利用火力的高温，在一年生杂草幼苗期将其除去。这个方法对一年生杂草有较好的作用，对多年生杂草效果很差。同时，该方法在燃料丰富的地方才有一定应用价值。电力除草是利用不同杂草在不同生育期对电磁能的感应情况不同的特性，用高频电磁能来防除农田杂草。微波除草是根据不同物体有不同的热效应，从而可以选择对作物安全但能杀死杂草的频率消除杂草。

（四）化学除草技术

1. 化学除草的优越性

化学除草就是利用化学药剂来消灭和控制杂草。化学除草效力高、及时、节省劳力。我国农村每年在除草方面要花费很多劳力，化学除草可以代替人工除草并能节省大量劳动力，不仅提高了劳动生产率，也可减轻劳动强度。

化学除草灭草彻底，对作物起到增产效果。据调查，用化学除草比人工除草可增产10％以上，草荒严重地块则更多。

化学除草对实现农业机械化具有重要意义。农业实现机械化后，在除草问题上，机械除草仅能解决播行间杂草问题，株间靠近作物的杂草难以除掉。化学除草在这些难题上显示出它的优越性，因此已成为实现农业机械化不可缺少的组成部分。

采用化学除草还有利于促进耕作制度与栽培技术的改革，加速实现农业现代化。例如实施少耕法、免耕法以及合理密植等。

采用化学药剂除草所获得的经济效益，除了上述内容外，节省下来的劳动力，可以从事其他方面的工作，如开展多种经营，创造更多的财富。

2. 化学除草剂的使用技术

化学除草剂的使用，必须掌握好品种的选择、施用适期、施用方法、用药时间等，更好地发挥除草剂应有的防除杂草的效果。

（1）**除草剂品种的选择**　根据杂草发生的种类和除草的要求，因地制宜，分类用药。如以稗草为主的稻田，选用丁草胺的效果极为良好，对于稗草和眼子菜并重地块，可采用西草净与禾草丹混用的方法以扩大杀草谱，提高除草效果。

（2）**施用适期**　一般来讲，杂草种子刚萌发的幼芽和幼苗期对药剂反应敏感，易中毒死亡。这个时期是防除杂草的适期，可收到用药少、防效高的良好效果。例如应用丁草胺防除插秧后的杂草，要在杂草处于萌动至 1 叶期施药效果最好，1 叶期后用药效果则差。因此，掌握防治适期合理用药，是提高除草剂除草效果的关键，适期用药可收到事半功倍的效益。

任务实训 常见杂草的识别与防治

一、实训目的

识别杂草的特征，掌握田间调查及防治方法。

二、实训准备

① 物品准备：放大镜、搪瓷盘、镊子、喷雾器、量筒、除草剂、天平、多媒体设备等。

② 地点及材料准备：学校实训基地、农业企业，观察器具与药品，常用除草剂及其施用设备等。

三、实训操作要求

① 规范天平和量筒，准确配制除草剂。

② 正确使用喷雾器，准确喷洒除草剂，操作规范。

四、实训考核

① 填写喷洒农药记录表。

② 书写实验报告。

技能拓展 水田化学除草剂使用口诀

在水田使用化学除草剂时必须考虑以下几个方面的问题。

① "一平"。土地平整。

② "二匀"。配制药液、药土要匀，喷撒要匀。

③ "三准"。土地面积、用药量、施药适期要准。

④ "四看"。看药剂、喷药器械要灵活掌握，看作物要注意安全使用，看草情要对症下药，看气候、土壤要因地制宜。

⑤ "五不施"。有露水不施，药土过干过湿不施，水层过深过浅不施，喷雾时降雨刮风天不施，渗漏性大的田块不施。

项目测试

一、填空题

1. 一年生杂草可分为_____、_____、_____。

2. 二年生杂草指要经_____个生长季才能完成其_____的杂草。

3. 按除草剂在植物体内的转移性不同可分为_____与_____除草剂。

4. 一般来讲，杂草种子刚萌发的_____和_____对药剂反应敏感，易于中毒死亡。这个时期是防除杂草的适期。

5. 除草剂按作用方式可分_____与_____除草剂。

二、判断题

1. 药剂施用于土壤后，杂草通过根、芽鞘或下胚轴等部位吸收而产生毒效。（　　）

2. 一年生杂草在一年中完成其生活周期，即从发芽、生长、开花、结果直至死亡在一年中完成。（　　）

3. 除草剂可按作用方式、在植物体内的转移性、使用方法及其化学结构等方面来分类。（　　）

4. 除草剂被植物吸收后，不能在植物体内移动，药剂主要在接触的部位发生作用。（　　）

5. 杂草刚萌发的幼芽和幼苗对药剂反应敏感，易于中毒死亡。（　　）

三、简答题

1. 化学除草的优越性有哪些？
2. 除草技术措施有哪些？
3. 杂草的分类有哪些？

项目评价

评价项目	评价内容	自我评价（10%）	教师评价（70%）	学生互评（20%）	得分
学习能力（40分）	杂草的识别				
	杂草防除技术				
	项目测试				
技术能力（40分）	杂草特征观察				
	杂草防除				
素质能力（20分）	协作意识				
	创新意识				
	学习态度				
总分（100分）					

参考文献

[1] 冯艳梅,肖启明.植物保护技术.3版.北京:高等教育出版社,2019.
[2] 王存兴.植物保护技术.北京:中国农业出版社,2001.
[3] 宋志伟.植物生产与环境.北京:高等教育出版社,2013.
[4] 邱晓红,迟全元.植物保护技术实训.北京:中国农业出版社,2021.
[5] 萧玉涛,吴超,吴孔明.中国农业害虫防治科技 70 周年的成就与展望.应用昆虫学报,2019,56(6):1115-1124.
[6] 游彩霞.农作物病虫害绿色防治技术.北京:中国农业出版社,2019.
[7] 张建平.中国植保病虫草害图谱大全暨防治宝典.郑州:中原农民出版社,2018.
[8] NY/T 393—2020 绿色食品 农药使用准则.
[9] 骆焱平.农药知识精编.北京:化学工业出版社,2023.
[10] 侯慧锋.园艺植物病虫害防治.3版.北京:高等教育出版社,2021.
[11] 强磊.园林植物保护.4版.北京:中国农业出版社,2019.
[12] 许志刚.植物检疫学.3版.北京:高等教育出版社,2008.
[13] 徐汉虹.植物化学保护学.4版.北京:中国农业出版社,2007.
[14] 洪晓月.农业昆虫学.3版.北京:中国农业出版社,2017.
[15] 王润珍.园林植物病虫害防治.北京:化学工业出版社,2011.
[16] 蔡平,祝树德.园林植物昆虫学.北京:中国农业出版社,2003.
[17] 王琦,杜相革.北方果树病虫害防治手册.北京:中国农业出版社,2000.
[18] 朱天辉.园林植物病理学.北京:中国农业出版社,2003.
[19] 费显伟.园艺植物病虫害防治.北京:高等教育出版社,2010.
[20] 中国农业百科全书编辑部.中国农业百科全书(农药卷).北京:中国农业出版社,1993.
[21] 孙丹萍.园林植物有害生物控制.北京:高等教育出版社,2014.
[22] 虞轶俊,施德.农药应用大全.北京:中国农业出版社,2008.